高等院校公共基础课系列教材

高校计算机等级考试指导书
（二级办公软件高级应用技术）

主　编　吴建军

电子工业出版社
Publishing House of Electronics Industry
北京·BEIJING

内 容 简 介

本书为"浙江省高校计算机等级考试二级办公软件高级应用技术（Windows 10 + Office 2019）"的实践教程。本书根据浙江省高校计算机等级考试实施新大纲（2019版）具体要求，以任务驱动的方式，通过学习与实践，让读者全面掌握考试大纲要求，有助于培养和提高读者的计算机实际应用能力。本书围绕浙江省高校计算机等级考试试题进行全面解析，完整讲解案例的操作过程，并在操作过程中合理嵌入对相关知识点的操作要领与注意事项的讲解，让读者掌握操作过程、理解办公软件的应用诀窍。

本书既适合作为高校计算机基础公共课（办公软件高级应用）教学的实践教材，也可以作为自学教材或考试辅导教材。

未经许可，不得以任何方式复制或抄袭本书之部分或全部内容。
版权所有，侵权必究。

图书在版编目（CIP）数据

高校计算机等级考试指导书：二级办公软件高级应用技术 / 吴建军主编. —北京：电子工业出版社，2021.7
ISBN 978-7-121-40795-6

Ⅰ. ①高… Ⅱ. ①吴… Ⅲ. ①办公自动化—应用软件—高等学校—教材 Ⅳ. ①TP317.1

中国版本图书馆 CIP 数据核字（2021）第 046752 号

责任编辑：贺志洪
印　　刷：三河市华成印务有限公司
装　　订：三河市华成印务有限公司
出版发行：电子工业出版社
　　　　　北京市海淀区万寿路 173 信箱　邮编 100036
开　　本：787×1092　1/16　印张：12.5　字数：320 千字
版　　次：2021 年 7 月第 1 版
印　　次：2024 年 8 月第 9 次印刷
定　　价：39.00 元

凡所购买电子工业出版社图书有缺损问题，请向购买书店调换。若书店售缺，请与本社发行部联系，联系及邮购电话：（010）88254888，88258888。
质量投诉请发邮件至 zlts@phei.com.cn，盗版侵权举报请发邮件至 dbqq@phei.com.cn。
本书咨询联系方式：（010）88254609，hzh@phei.com.cn。

前 言

本书为"浙江省高校计算机等级考试二级办公软件高级应用技术（Windows 10 + Office 2019）"的实践教程。本书根据浙江省高校计算机等级考试实施新大纲（2019 版）具体要求，以任务驱动的方式，通过学习与实践，让读者全面掌握考试大纲要求，有助于培养和提高读者的计算机实际应用能力。

本书围绕浙江省高校计算机等级考试试题进行全面解析，完整讲解案例的操作过程，并在操作过程中合理嵌入对相关知识点的操作要领与注意事项的讲解，让读者掌握操作过程、理解办公软件的应用诀窍。全书以 MS Office 2019 应用为主，由短文档单项操作、长文档综合操作、表格综合操作、演示文稿综合操作和理论题共五部分内容组成，并包括了相关的试题材料，既适合作为高校计算机基础公共课（办公软件高级应用）教学的实践教材，也可以作为自学教材或考试辅导教材。

第一部分　Word 2019 短文档单项操作。该部分内容主要通过对 11 种不同知识点的短文档操作，介绍 Word 软件的主控文档、版面设计、索引和目录、邮件合并、样式、审阅、域、书籍折页等知识。由于案例众多，在知识点讲解过程中，有关知识点首次出现时会进行完整讲解并说明操作要领，后面再次出现时则偏向于简要说明，以提高学习效率，故建议初学者按照本书的内容顺序，循序渐进地完成学习。

第二部分　Word 2019 长文档综合操作。该部分内容的主要特点是题干要求长，文档复杂，需要具有 Word 软件的综合运用能力，但每套试题的要求基本相同。本书着重讲解了一套典型试题案例，完整地分析了长文档综合应用技能，展示了每个操作细节，并且通过两个差异案例，分析比较了相关知识点的不同操作。理解上述操作过程后，本书在线资源提供了 24 套试题作为学习巩固。

第三部分　Excel 2019 表格综合操作。该部分讲解 Excel 2019 软件的高级应用技能，安排了 23 套试题案例，并进行了完整讲解。书中介绍了 Excel 工作簿、工作表基本操作、各种数据输入和数据验证管理等常规应用，重点讲述了函数和公式的使用，要求读者能够理解数据分析的基本思路，掌握数据表设计、筛选、分类汇总、数据透视图表及输出显示等综合应用。本书通过丰富的案例，全面解析了 Excel 应用技能，突出重点，讲清难点，满足读者掌握表格处理高级应用技能的需求。

第四部分　PowerPoint 2019 演示文稿综合操作。该部分讲解 PowerPoint 2019 演示文稿设计综合应用技能，精解 7 套试题、分析对比 6 套习题。书中对演示文稿综合应用的主要功能进行提炼，通过对 7 套试题完整讲解，使读者可以快速、全面掌握相关知识；通过 6 套习题的分析，指明操作过程中的细节，突出重点，确保读者对知识的高效学习和掌握。演示文稿综合操作主要包括演示文稿创建和保存、内容插入与编辑、设计主题应用、切换与操作控制、动画高级应用、幻灯片放映与演示文稿输出等，解题与设计并重，让读者全面掌握演示文稿高级应用技能。

  第五部分　理论题。该部分内容，以单选题和判断题呈现，全面提供了等级考试的考纲知识点内容，并附以参考答案。书中通过理论题帮助读者提高对办公软件操作技能的理解，在掌握对相关操作怎么做的基础上，进一步体会办公文档的设计方法，提升计算机操作高级应用素养。

  本书提供了全面的在线资源（会不断更新），包括各单元的学习素材、试题材料等，访问地址为 https://cloud.zjnu.edu.cn/share/363d80da3a05e5262c83c5bfa7。注意：受云服务资源的限制，若地址变更，将另行说明。

  本书由浙江师范大学行知学院计算机基础教研室统一策划与组织，编写成员由吴建军、马文静、倪应华等老师组成，全书由吴建军负责统稿并担任主编。

  本书在编写过程中得到了学院相关领导的大力支持和帮助，在此表示感谢。

  由于编者水平有限，错误和纰漏在所难免，敬请各位同行和广大读者批评指正。主编邮箱：253542262@qq.com。

编　者
2021 年 2 月

目　录

第一部分　Word 2019 短文档单项操作 ·· 1

　　试题 1　主控文档和子文档 1 ··· 1
　　试题 2　主控文档和子文档 2 ··· 4
　　试题 3　分页和域 ··· 5
　　试题 4　节和版面设计—考试成绩 ·· 8
　　试题 5　节和版面设计—国家信息 ··· 10
　　试题 6　索引—省份信息 ··· 11
　　试题 7　邮件合并—考生信息 ··· 14
　　试题 8　邮件合并—成绩信息 ··· 17
　　试题 9　邀请函 ··· 18
　　试题 10　样式&审阅 ·· 22
　　试题 11　样式&域 ·· 25

第二部分　Word 2019 长文档综合操作 ·· 29

　　试题 1　泰山 ·· 29
　　习题 1　奥斯卡 ··· 44
　　习题 2　黄埔军校 ·· 46

第三部分　Excel 2019 表格综合操作 ·· 48

　　试题 1　学生成绩统计 ·· 48
　　试题 2　采购表 ··· 56
　　试题 3　教材订购情况表 ··· 61
　　试题 4　电话号码升位 ··· 65
　　试题 5　灯泡采购情况表 ·· 69
　　试题 6　房产销售表 ··· 72
　　试题 7　公务员考试成绩统计 ·· 75
　　试题 8　员工信息表 ··· 79
　　试题 9　停车情况记录表 ·· 82
　　试题 10　温度情况表 ·· 86

试题 11	学生成绩表	90
试题 12	三月份销售统计表	93
试题 13	等级考试成绩表	96
试题 14	通信费年度计划表	100
试题 15	医院病人护理统计表	104
试题 16	图书订购信息表	107
试题 17	学生体育成绩表	111
试题 18	员工资料表	115
试题 19	公司员工人事信息表	119
试题 20	打印机备货清单	122
试题 21	零件检测结果表	126
试题 22	图书销售清单	129
试题 23	房屋销售清单	133

第四部分 PowerPoint 2019 演示文稿综合操作 137

试题 1	汽车购买行为特征研究	137
试题 2	CORBA 技术介绍	142
试题 3	如何进行有效的时间管理	144
试题 4	枸杞	146
试题 5	数据挖掘能做些什么	149
试题 6	盛夏的果实	152
试题 7	成功的项目管理	154
习题 1	数据仓库的设计	159
习题 2	中考开放问题研究	160
习题 3	植物对水分的吸收和利用	161
习题 4	IT 供应链发展趋势	162
习题 5	行动学习法	163
习题 6	关系营销	164

第五部分 理论题 166

模块 1	Word	166
模块 2	Excel	176
模块 3	PowerPoint	190
模块 4	Office 文档安全	192

主要参考文献 194

第一部分　　Word 2019 短文档单项操作

试题 1　主控文档和子文档 1

试题描述

建立主控文档 Main.docx，按序创建子文档 Sub1.docx、Sub2.docx、Sub3.docx。要求：

（1）Sub1.docx 中第一行内容为"Sub^1"，样式为正文。

（2）Sub2.docx 中第一行内容为"办公软件高级应用"，样式为正文，将该文字设置为书签（名为 Mark）；第二行为空白行；在第三行中插入书签 Mark 标记的文本。

（3）Sub3.docx 中第一行使用域插入该文档创建时间（格式不限）；第二行使用域插入该文档的存储大小。

操作过程

1. 在指定文件夹中单击右键，选择"新建"→"Microsoft Word 文档"，如图 1-1 所示，将文档命名为"Main.docx"。

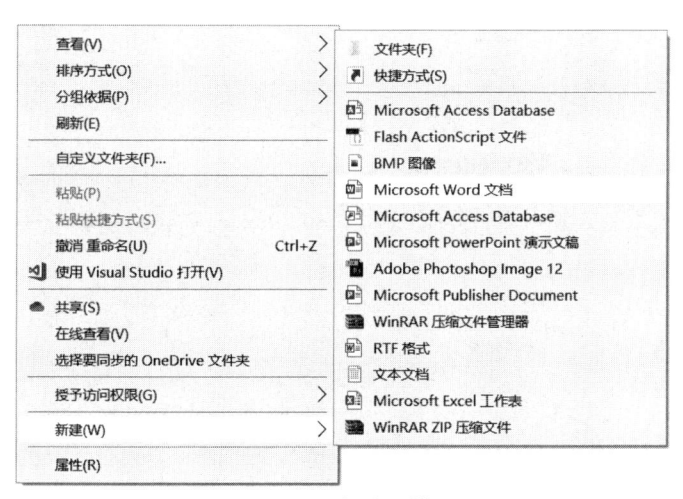

图 1-1　新建文档

2. 继续新建文档 Sub1.docx、Sub2.docx、Sub3.docx。

3. 双击打开 Sub1.docx，输入文字"Sub1"，然后选中"1"，单击"开始"选项卡下"字体"功能组中的"上标"按钮，保存后关闭 Sub1.docx 文档。

4. 双击打开 Sub2.docx，输入"办公软件高级应用"，然后选中"办公软件高级应用"，单击"插入"选项卡→"链接"功能组中的"书签"按钮，在打开的"书签"对话框的"书签名"框中输入"Mark"，再单击"添加"按钮。

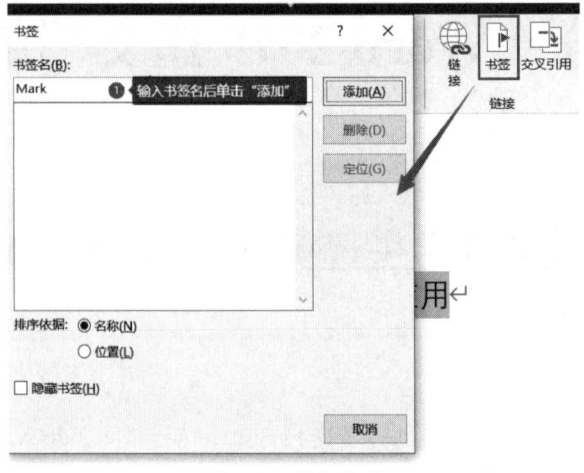

图 1-2　插入书签

在"用"字后按回车键空一行；继续按回车键进入第三行，单击"插入"选项卡→"文档部件"→"域"，打开"域"对话框。在"域"对话框中，"类别"选择"链接和引用"，"域名"选择"Ref"，在"域属性"中选择"Mark"，最后单击"确定"退出，如图 1-3 所示。保存文档后关闭。

图 1-3　插入书签标记的文本

5. 双击打开 Sub3.docx，单击"插入"选项卡→"文档部件"→"域"，在打开的"域"对话框中选择"类别"为"日期和时间"，"域名"为"CreateDate"，"域属性"下的"日期格式"中任意选择一种，单击"确定"按钮即可，如图 1-4 所示。

按回车键进入第二行，继续单击"插入"选项卡→"文档部件"→"域"，在打开的"域"对话框中选择"类别"为"文档信息"，"域名"为"FileSize"，单击"确定"按钮即可。保存文档后关闭。

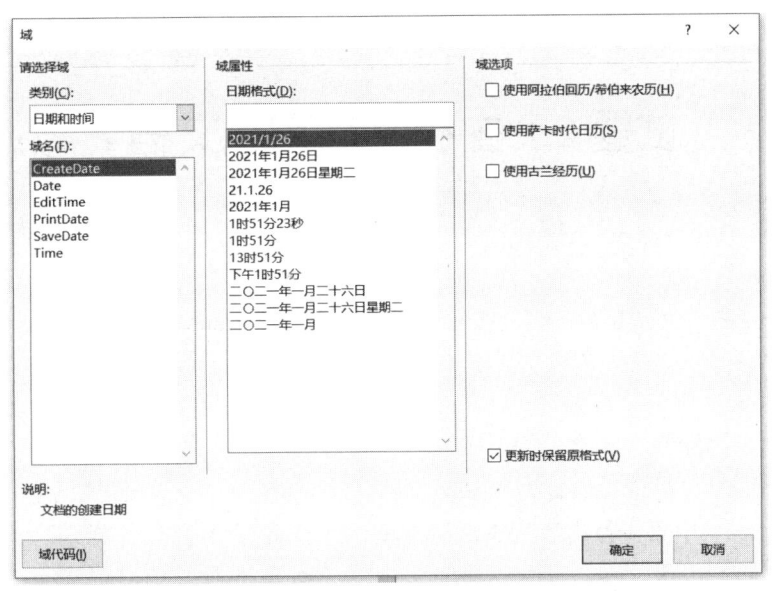

图 1-4 插入域"文档的创建日期"

6. 双击打开 Main.docx，单击"视图"选项卡下的"大纲"按钮，如图 1-5 所示，进入到大纲视图。

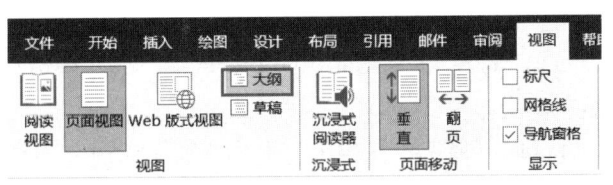

图 1-5 大纲视图

单击"大纲显示"下的"显示文档"按钮，展开子命令，然后单击"插入"命令按钮，如图 1-6 所示，在打开的对话框中选择前面创建好的 Sub1.docx，然后继续同样插入 Sub2.docx、Sub3.docx。

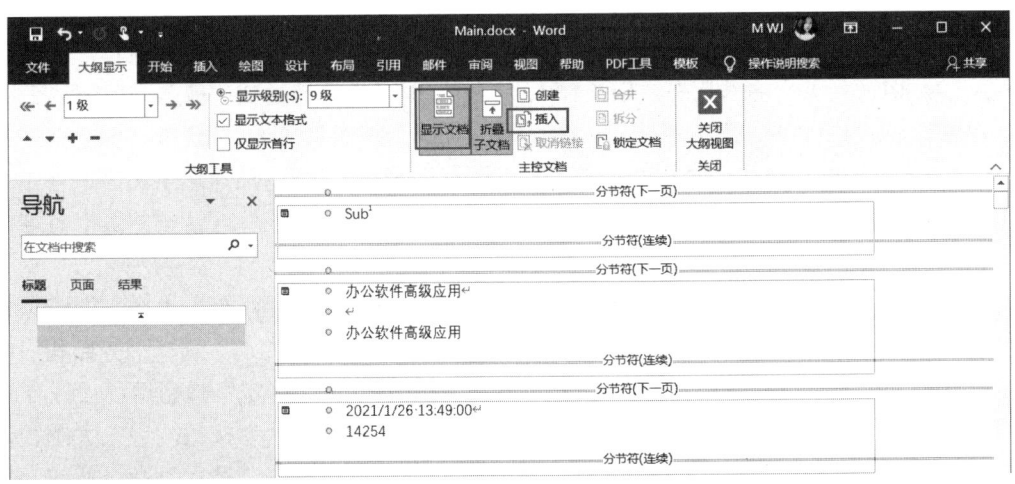

图 1-6 插入子文档

最后关闭大纲视图，保存文档后关闭即可。

试题2　主控文档和子文档2

试题描述

建立主控文档"主文档.docx",按序创建子文档 Sub1.docx、Sub2.docx 和 Sub3.docx。要求:

(1) Sub1.docx 中第一行内容为"Sub^1",第二行内容为文档创建的日期(使用域,格式不限),样式均为"标题1"。

(2) Sub2.docx 中第一行内容为"Sub^2",第二行内容为"➔",样式均为"标题2"。

(3) Sub3.docx 中第一行内容为"浙江省高校计算机等级考试",样式为正文,将该文字设置为书签(名为 Mark);第二行为空白行;在第三行中插入书签 Mark 标记的文本。

操作过程

1. 在指定文件夹中单击右键,选择"新建"→"Microsoft Word 文档",将文档命名为"主文档.docx"。同法按序创建 Sub1.docx、Sub2.docx 和 Sub3.docx。

2. 双击打开 Sub1.docx,输入文字"Sub1",然后选中"1",单击"开始"选项卡下"字体"功能组中的"上标"按钮。

按回车键进入第二行(此时需要再次单击"上标"按钮去掉上标格式),再单击"插入"选项卡→"文档部件"→"域",在打开的"域"对话框中选择"类别"为"日期和时间","域名"为"CreateDate","域属性"任意,单击"确定"按钮。

选中两行文字,在"开始"选项卡下"样式"组中单击"标题1"样式。保存后关闭 Sub1.docx 文档。

3. 双击打开 Sub2.docx,输入文字"Sub2",然后选中"2",单击"开始"选项卡下"字体"功能组中的"上标"按钮;按回车键进入第二行(此时需要再次单击"上标"按钮去掉上标格式),切换到英文输入状态,依次输入"==>"即可自动转换成"➔",选中两行文字,在"开始"选项卡下"样式"组中单击"标题2"样式。保存后关闭 Sub2.docx 文档。

4. 双击打开 Sub3.docx,输入"浙江省高校计算机等级考试";然后选中文字,单击"插入"选项卡→"链接"功能组中的"书签"按钮,在打开的"书签"对话框的"书签名"框中输入"Mark",再单击"添加"按钮。

在"考试"两字后按回车键空一行;继续按回车键进入第三行,单击"插入"选项卡→"文档部件"→"域",打开"域"对话框。在"域"对话框中,"类别"选择"链接和引用","域名"选择"Ref",在"域属性"中选择"Mark",最后单击"确定"按钮退出。

5. 双击打开"主文档.docx",单击"视图"选项卡下的"大纲"按钮,进入大纲视图。单击"大纲显示"下的"显示文档"按钮,展开子命令,然后单击"插入"命令按钮,在打开的对话框中选择前面创建好的 Sub1.docx,然后继续同样插入 Sub2.docx、Sub3.docx。保存后关闭文档。

试题 3　分页和域

试题描述

在本题文件夹下,建立文档"MyDoc.docx",要求:
（1）文档共有 6 页,第 1 页和第 2 页为一节,第 3 页和第 4 页为一节,第 5 页和第 6 页为一节。
（2）每页显示内容均为三行,左右居中对齐,样式为"正文"。
　　a）第一行显示：第 x 节；
　　b）第二行显示：第 y 页；
　　c）第三行显示：共 z 页。
其中,x,y,z 是使用插入的域自动生成的,并以中文数字(壹、贰、叁)的形式显示。
（3）每页行数均设置为 40,每行 30 个字符。
（4）每行文字均添加行号,从"1"开始,每节重新编号。

操作过程

1. 在指定文件夹中单击右键,选择"新建"→"Microsoft Word 文档"命令,将文档命名为"MyDoc.docx"。

图 1-7　输入文字

2. 双击打开文档,按图 1-7 所示输入文字。
3. 将光标置于"第"和"节"中间,单击"插入"选项卡→"文档部件"→"域",在打开的"域"对话框中设置"类别"为"编号","域名"为"Section","域属性"格式为"壹,贰,叁…",单击"确定"按钮,如图 1-8 所示。

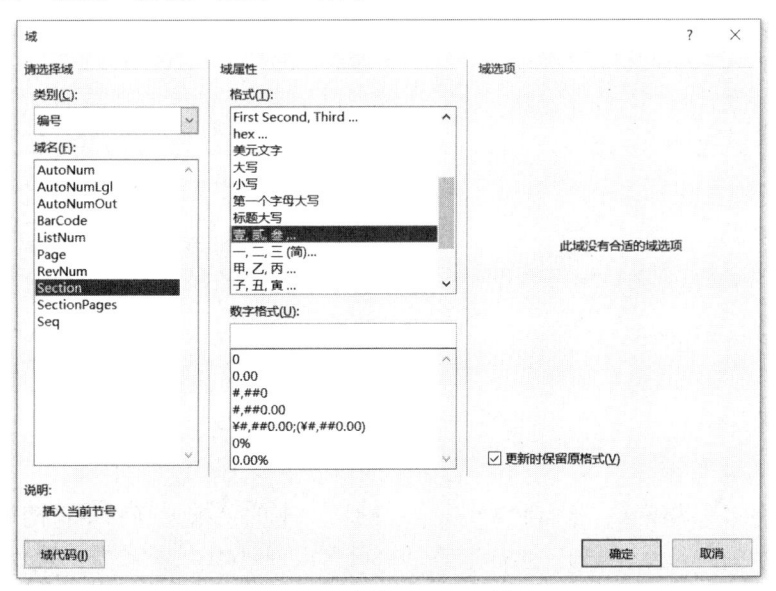

图 1-8　插入 Section 域

将光标置于第二行"第"和"页"中,用同样的方法插入 Page 域,"域属性"格式为"壹,贰,叁…"。

将光标置于第三行"共"和"页"中,用同样的方法插入 NumPages 域,其中域"类别"为"文档信息","域属性"格式为"壹,贰,叁…"。

4. 选中三行文字,单击右键,选择"复制"命令。

5. 将光标置于第三行的末尾,单击"布局"选项卡→"分隔符"→"分页符",进入第二页,单击右键,选择"粘贴"命令(快捷键 Ctrl+V)。

单击"布局"选项卡→"分隔符"→"下一页分节符",进入第三页,单击右键,选择"粘贴"命令(快捷键 Ctrl+V)。

单击"布局"选项卡→"分隔符"→"分页符",进入第四页,单击右键,选择"粘贴"命令(快捷键 Ctrl+V)。

单击"布局"选项卡→"分隔符"→"下一页分节符",进入第五页,单击右键,选择"粘贴"命令(快捷键 Ctrl+V)。

单击"布局"选项卡→"分隔符"→"分页符",进入第六页,单击右键,选择"粘贴"命令(快捷键 Ctrl+V)。

6. 按 Ctrl+A 组合键全选,单击右键,选择"更新域"命令,完成后的效果如图 1-9 所示。

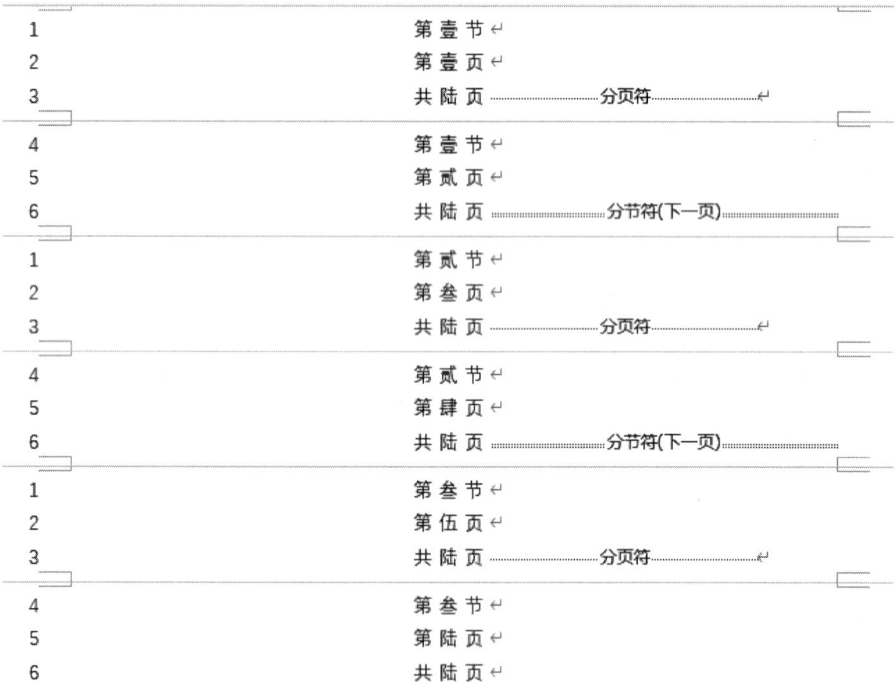

```
1                        第 壹 节
2                        第 壹 页
3                        共 陆 页 ········分页符········
4                        第 壹 节
5                        第 贰 页
6                        共 陆 页 ········分节符(下一页)········
1                        第 贰 节
2                        第 叁 页
3                        共 陆 页 ········分页符········
4                        第 贰 节
5                        第 肆 页
6                        共 陆 页 ········分节符(下一页)········
1                        第 叁 节
2                        第 伍 页
3                        共 陆 页 ········分页符········
4                        第 叁 节
5                        第 陆 页
6                        共 陆 页
```

图 1-9 分页分节效果

7. 单击"布局"选项卡下"页面设置"功能组右下角的扩展按钮,打开"页面设置"对话框。在其中的"文档网格"选项卡下选中"网格"下的"指定行和字符网格"单选按钮,"字符数"下"每行"设为"30","行"下"每页"设为"40",并设置"应用于"为"整篇文档",如图 1-10 所示。

8. 切换到"布局"选项卡,单击下方的"行号"按钮。在打开的"行号"对话框中勾选"添加行编号",单击"每节重新编号"单选按钮,确定"起始编号"为"1",如图1-11所示,确定后返回"页面设置"对话框,再单击"确定"按钮退出。

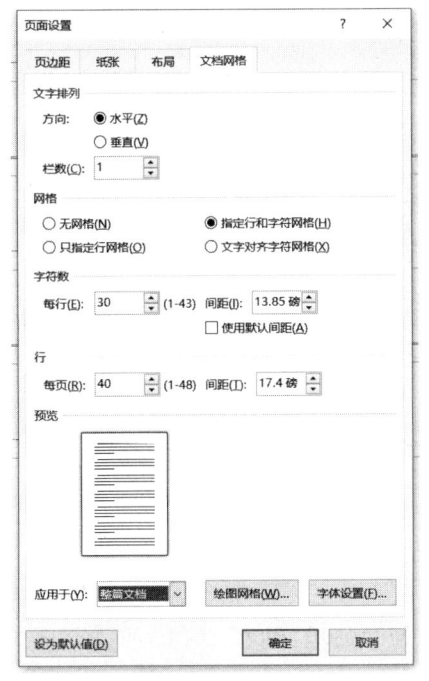

图 1-10 文档网格

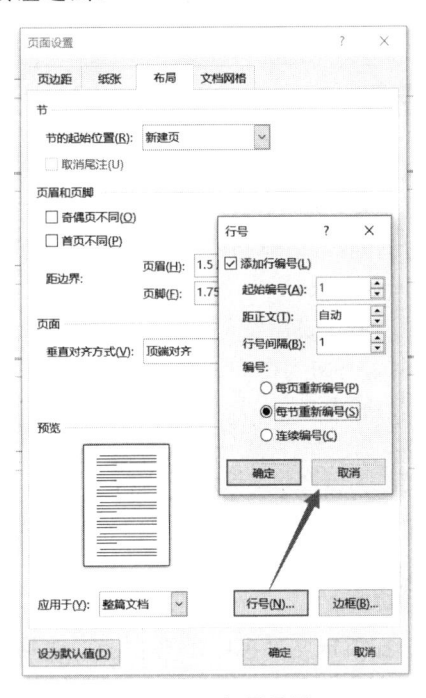

图 1-11 行号设置

最后整篇文档的效果如图 1-12 所示。

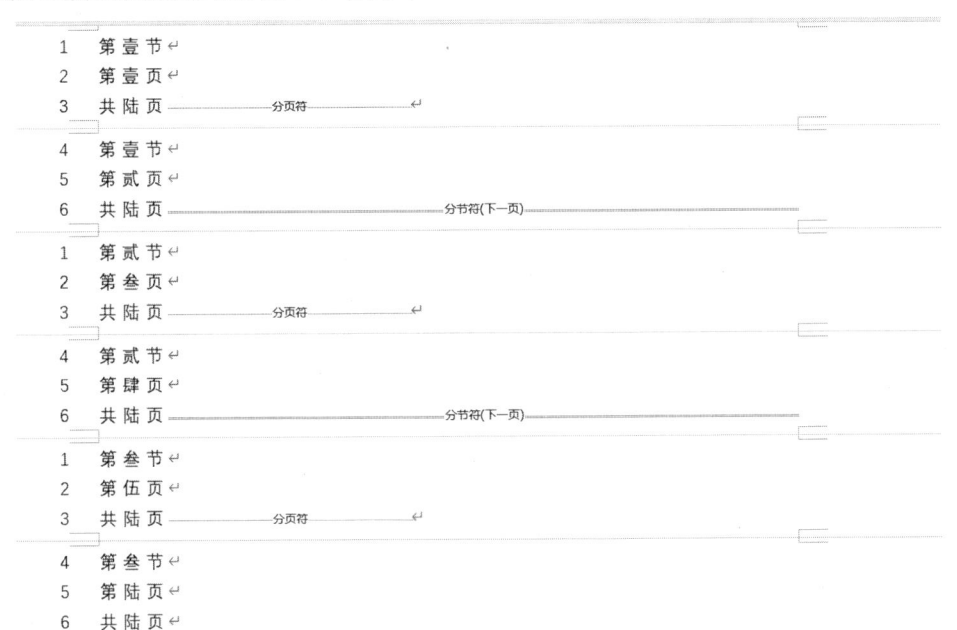

图 1-12 文档效果图

试题4 节和版面设计—考试成绩

试题描述

建立文档"考试成绩.docx",由三页组成。其中:

(1)第一页中第一行内容为"语文",样式为"标题1";页面垂直对齐方式为"居中";页面方向为纵向、纸张大小为16开;页眉内容设置为"90",居中显示;页脚内容设置为"优秀",居中显示。

(2)第二页中第一行内容为"数学",样式为"标题2";页面垂直对齐方式为"顶端对齐";页面方向为横向、纸张大小为A4;页眉内容设置为"65",居中显示;页脚内容设置为"及格",居中显示;对该页面添加行号,起始编号为"1"。

(3)第三页中第一行内容为"英语",样式为"正文";页面垂直对齐方式为"底端对齐";页面方向为纵向、纸张大小为B5;页眉内容设置为"58",居中显示;页脚内容设置为"不及格",居中显示。

操作过程

1. 在指定文件夹中单击右键,选择"新建"→"Microsoft Word 文档"命令,将文档命名为"考试成绩.docx"。

2. 双击打开"考试成绩.docx",输入"语文",单击"布局"选项卡→"分隔符"→"下一页分节符",进入第二页;输入"数学",再次单击"布局"选项卡→"分隔符"→"下一页分节符",进入第三页,输入"英语"。

3. 选中"语文"两字,单击"开始"选项卡下"样式"组中的"标题1"。将光标置于第一页中,单击"布局"选项卡下"页面设置"组中右下角的扩展按钮,打开"页面设置"对话框,如图1-13所示。

在"页面设置"对话框的"布局"选项卡下设置页面"垂直对齐方式"为"居中",在"纸张"选项卡下设置"纸张大小"为"16开",最后将"应用于"设为"本节",确定后退出。

4. 将光标置于"数学"行中,单击"开始"选项卡下"样式"组中的"标题2"。

单击"布局"选项卡下"页面设置"组中右下角的扩展按钮,打开"页面设置"对话框。在"页边距"选项卡下设置"纸张方向"为"横向",在"布局"选项卡下单击"行号"按钮,在打开的对话框中勾选"添加行编号",如图1-14所示,确定后退出。

5. 将光标置于"英语"行中,打开"页面设置"对话框。在"纸张"选项卡中设置"纸张大小"为"B5",在"布局"选项卡中设置页眉"垂直对齐方式"为"底端对齐","应用于"设为"本节",确定后退出。

6. 双击第一页顶端页眉处,进入页眉和页脚的编辑状态。输入"90",切换到第一页的页脚,输入"优秀",在"开始"选项卡的"段落"组中单击"居中"按钮。

图 1-13 页面设置

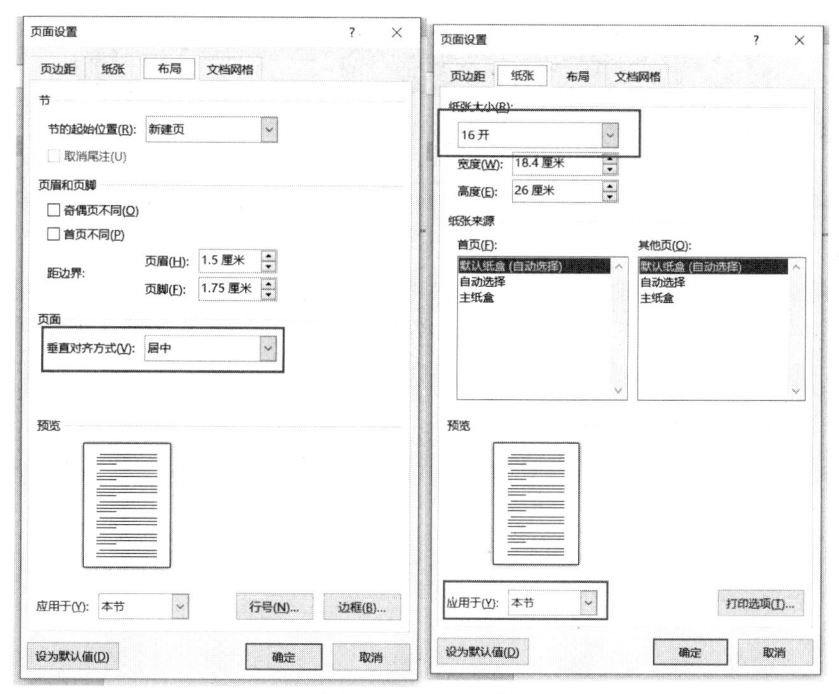

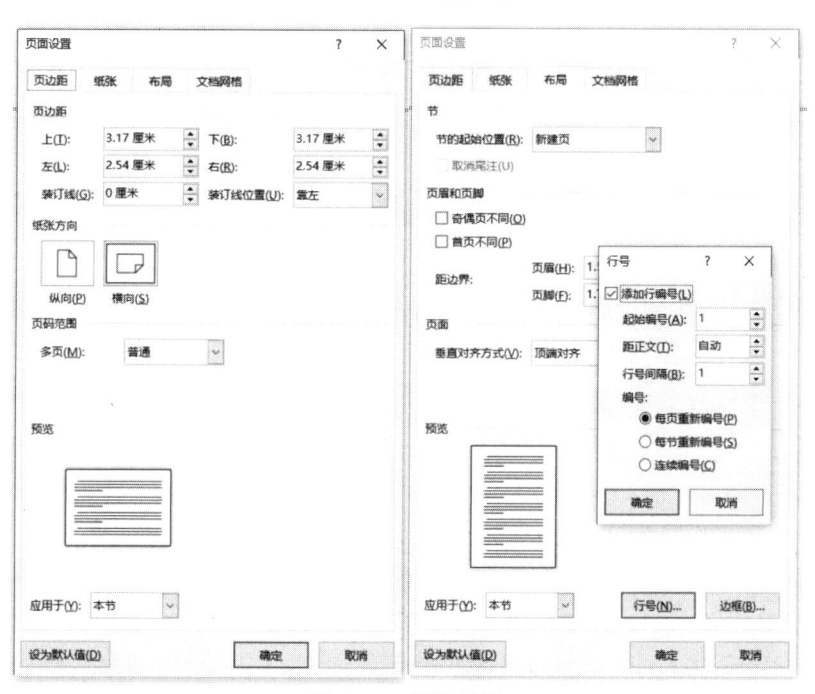

图 1-14 页面设置

将光标置于第二页的页眉处,首先单击"页眉和页脚工具"选项卡下的"链接到前一节"按钮,如图 1-15 所示,使其处于不选中的状态,也就是断开和前一节的联系。然后删除"90",输入"65";切换到页脚,同样先单击"连接到前一节"按钮断开和上一节的联系,然后删除"优秀",输入"及格",居中。

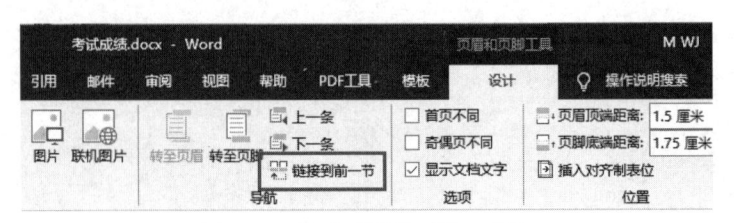

图 1-15 取消"链接到前一节"

将光标置于第三页的页眉处,首先单击"页眉和页脚工具"选项卡下的"链接到前一节"按钮,使其处于不选中的状态,也就是断开和前一节的联系。然后删除"65",输入"58";切换到页脚,同样先单击"连接到前一节"按钮断开和上一节的联系,然后删除"及格",输入"不及格",居中。

整篇文档效果图如图 1-16 所示。

图 1-16 文档效果图

试题 5　节和版面设计—国家信息

试题描述

在本题文件夹下,先建立文档"国家信息.docx",由三页组成,要求:

(1)第一页中第一行内容为"中国",样式为"标题 1";页面垂直对齐方式为"居中";页面方向为纵向、纸张大小为 16 开;页眉内容设置为"China",居中显示;页脚内容设置为"我的祖国",居中显示。

(2)第二页中第一行内容为"美国",样式为"标题 2";页面垂直对齐方式为"顶端对齐";页面方向为横向、纸张大小为 A4;页眉内容设置为"USA",居中显示;页脚内容设置为"American",居中显示;对该页面添加行号,起始编号为"1"。

(3)第三页中第一行内容为"日本",样式为"正文";页面垂直对齐方式为"底端对齐";页面方向为纵向、纸张大小为 B5;页眉内容设置为"Japan",居中显示;页脚内容设置为"岛国",居中显示。

操作过程

1. 在指定文件夹中单击右键，选择"新建"→"Microsoft Word 文档"，将文档命名为"国家信息.docx"。

2. 双击打开"国家信息.docx"，输入"中国"，单击"布局"选项卡→"分隔符"→"下一页分节符"，进入第二页；输入"美国"，再次单击"布局"选项卡→"分隔符"→"下一页分节符"，进入第三页，输入"日本"。

3. 将光标置于"中国"一行中，单击"开始"选项卡下"样式"组中的"标题1"。打开"页面设置"对话框，在"布局"选项卡下设置页面"垂直对齐方式"为"居中"，在"纸张"选项卡下设置"纸张大小"为"16开"，并确认"应用于"为"本节"，确定后退出。

4. 将光标置于"美国"行中，单击"开始"选项卡下"样式"组中的"标题2"。打开"页面设置"对话框，在"页边距"选项卡下设置"纸张方向"为"横向"，在"布局"选项卡下单击"行号"按钮，在打开的对话框中勾选"添加行编号"。

5. 将光标置于"日本"行中，打开"页面设置"对话框，在"纸张"选项卡中设置"纸张大小"为"B5"，在"布局"选项卡中设置页眉"垂直对齐方式"为"底端对齐"，确认"应用于"为"本节"，确定后退出。

6. 双击第一页顶端页眉处，进入页眉和页脚的编辑状态。输入"China"，切换到第一页的页脚，输入"我的祖国"，在"开始"选项卡下"段落"组中单击"居中"按钮。

将光标置于第二页的页眉处，首先单击"页眉和页脚工具"选项卡下的"链接到前一节"按钮，使其处于不选中的状态。然后删除"China"，输入"USA"；切换到页脚，同样先单击"链接到前一节"按钮断开和上一节的联系，然后删除"我的祖国"，输入"American"，居中。

将光标置于第三页的页眉处，首先单击"页眉和页脚工具"选项卡下的"链接到前一节"按钮，使其处于不选中的状态。然后删除"USA"，输入"Japan"；切换到页脚，同样先单击"连接到前一节"按钮断开和上一节的联系，然后删除"American"，输入"岛国"，居中。

试题6　索引—省份信息

试题描述

在本题文件夹下，先建立文档"省份信息.docx"，要求：
（1）由6页组成，其中：
第一页中第一行内容为"浙江"，样式为"正文"；
第二页中第一行内容为"江苏"，样式为"正文"；
第三页中第一行内容为"浙江"，样式为"正文"；
第四页中第一行内容为"江苏"，样式为"正文"；
第五页中第一行内容为"安徽"，样式为"标题3"；
第六页为空白。

（2）在文档页脚处插入"第 X 页 共 Y 页"形式的页码，其中 X，Y 为阿拉伯数字，使用域自动生成，居中显示。

再使用自动索引方式，建立索引自动标记文件"MyIndex.docx"，其中，标记为索引项的文字 1 为"浙江"，主索引项 1 为"Zhejiang"；标记为索引项的文字 2 为"江苏"，主索引项 1 为"Jiangsu"。使用自动标记文件，在文档"省份信息.docx"第六页中创建索引。

操作过程

1. 在指定文件夹中单击右键，选择"新建"→"Microsoft Word 文档"命令，将文档命名为"省份信息.docx"。

2. 双击打开"省份信息.docx"，输入"浙江"，单击"布局"选项卡→"分隔符"→"分页符"，进入下一页。输入"江苏"，再单击"布局"选项卡→"分隔符"→"分页符"，进入下一页。输入"浙江"，单击"布局"选项卡→"分隔符"→"分页符"，进入下一页。输入"江苏"，单击"布局"选项卡→"分隔符"→"分页符"，进入下一页。输入"安徽"，最后再单击"布局"选项卡→"分隔符"→"分页符"，进入下一页，空白，无须输入。

3. 将光标置于"安徽"一行中，单击"开始"选项卡下"样式"组中的"标题 3"。

4. 双击页脚处，进入页脚编辑状态，输入"第页 共页"。将光标放在"第"和"页"中间，单击"插入"选项卡→"文档部件"→"域"。在打开的"域"对话框中设置"类别"为"编号"，"域名"为"Page"，"域属性"格式为"1,2,3…"，单击"确定"按钮退出。将光标放在"共"和"页"中间，单击"插入"选项卡→"文档部件"→"域"，在打开的"域"对话框中设置"类别"为"文档信息"，"域名"为"NumPages"，"域属性"格式为"1,2,3…"，确定后退出。最后单击"页眉和页脚工具"选项卡下的"关闭页眉和页脚"按钮退出页脚编辑状态。

5. 在文件夹中再新建一个文件 MyIndex.docx。双击打开，单击"插入"选项卡→"表格"，插入一个 2×2 的表格，如图 1-17 所示。

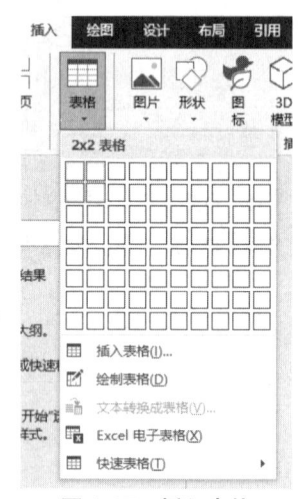

图 1-17 插入表格

在表格中输入文字，效果如图 1-18 所示。保存并关闭 MyIndex.docx。

浙江	Zhejiang
江苏	Jiangsu

图 1-18 插入文字效果

6. 将光标置于"省份信息.docx"的最后一页中，单击"引用"选项卡下的"插入索引"按钮，打开"索引"对话框，如图 1-19 所示。单击对话框下方的"自动标记"按钮，在打开的"选择索引标记文件"对话框中选择前面创建的文档 MyIndex.docx，确定后返回。

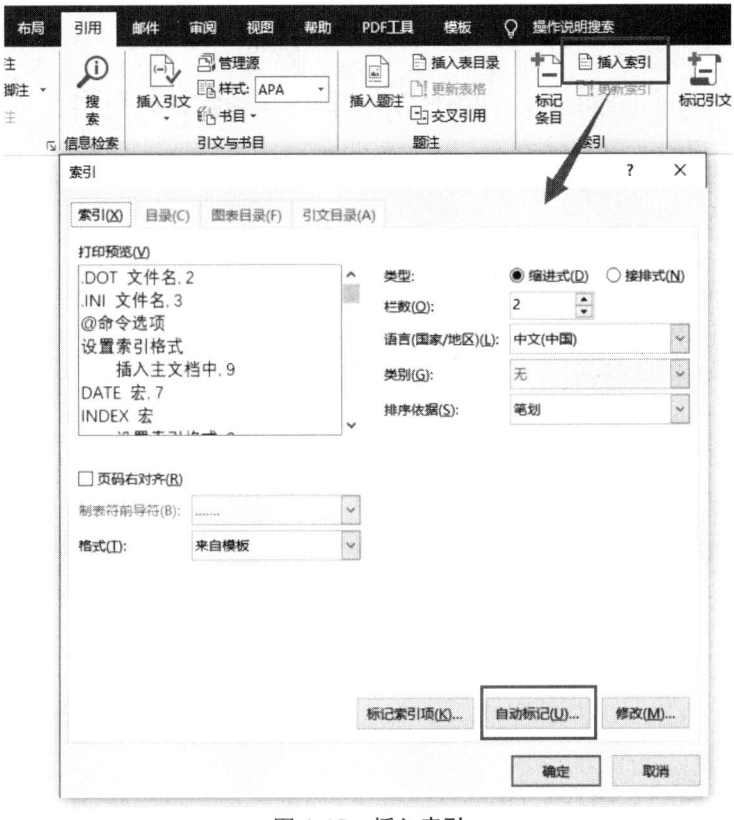

图 1-19　插入索引

此时我们可以发现在文档中的"浙江"和"江苏"处都做了标记，如图 1-20 所示。

图 1-20　插入索引效果

6. 将光标置于"省份信息.docx"的最后一页中，再一次单击"引用"选项卡下的"插入索引"按钮，打开"索引"对话框。此时只需要单击"确定"按钮就能在第 6 页中显示索引目录，如图 1-21 所示。

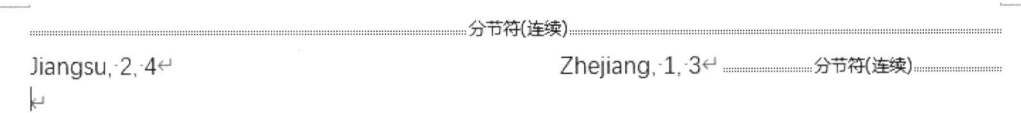

图 1-21　索引目录

试题 7　邮件合并—考生信息

试题描述

在本题文件夹下，建立考生信息"Ks.xlsx"，如图 1-22 中的表 1 所示，要求：
（1）使用邮件合并功能，建立准考证范本文件"Ks_T.docx"，如图 1-22 中的图 1 所示。
（2）生成所有考生的信息单"Ks.docx"。

表1

准考证号	姓名	性别	年龄
8011400001	张三	男	22
8011400002	李四	女	18
8011400003	王五	男	21
8011400004	赵六	女	20
8011400005	吴七	女	21
8011400006	陈一	男	19

准考证号：《准考证号》

姓名	《姓名》
性别	《性别》
年龄	《年龄》

图1

图 1-22　试题 7 邮件合并-考生信息

操作过程

1. 在指定文件夹中单击右键，选择"新建"→"Microsoft Excel 工作表"命令，将文档命名为"Ks.xlsx"。

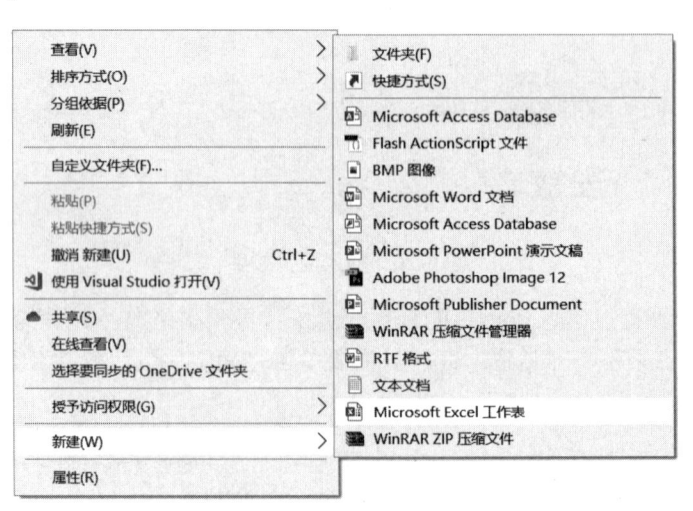

图 1-23　新建工作表

双击打开工作簿，输入数据如图 1-24 所示。

图 1-24　输入数据

2. 在指定文件夹中单击右键，选择"新建"→"Microsoft Word 文档"命令，将其命名为"Ks_T.docx"。双击打开文档，输入文字"准考证号："，水平居中，按回车键换行后在"插入"选项卡下单击"表格"按钮，插入 3 行 2 列的表格，表内输入相关文字，具体如图 1-25 所示。

图 1-25　创建表格

3. 单击"邮件"选项卡下"选择收件人"按钮，在打开的下拉列表中选择"使用现有列表"命令，如图 1-26 所示。

在打开的"选取数据源"对话框中选择之前创建的"Ks.xlsx"，单击"打开"按钮，如图 1-27 所示。

在打开的"选择表格"对话框中保持默认设置，如图 1-28 所示，单击"确定"按钮后，我们就发现"邮件"选项卡下很多灰色的命令可用了。

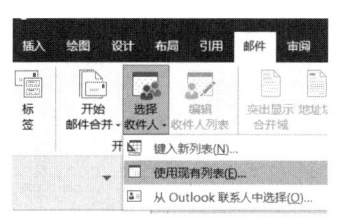

图 1-26　使用现有列表

图 1-27　选取数据源

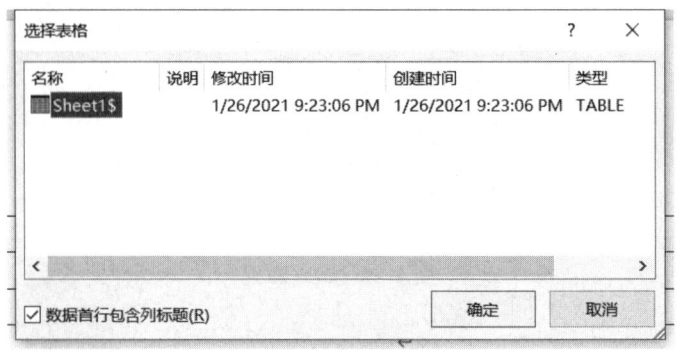

图 1-28 选择表格

4. 将光标置于"准考证号："的后面，单击"邮件"选项卡下"插入合并域"的下半部分，在打开的下拉列表中选择"准考证号"命令，如图 1-29 所示。

将光标置于"姓名"列的右侧单元格中，单击"邮件"选项卡→"插入合并域"按钮，选择"姓名"。采用相同方法插入"性别"域、"年龄"域，最后范本文件的效果如图 1-30 所示。

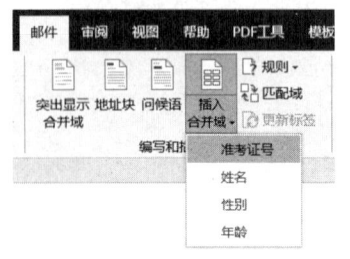

图 1-29 插入合并域

准考证号：«准考证号»	
姓名	«姓名»
性别	«性别»
年龄	«年龄»

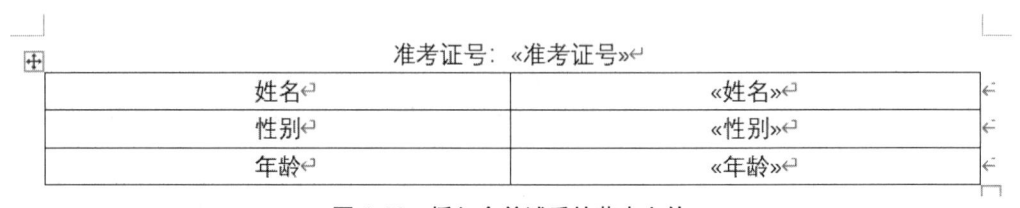

图 1-30 插入合并域后的范本文件

5. 最后单击"邮件"选项卡下的"完成并合并"按钮，在下拉列表中选择"编辑单个文档"，然后在打开的"合并到新文档"对话框中直接单击"确定"按钮，完成合并，如图 1-31 所示。

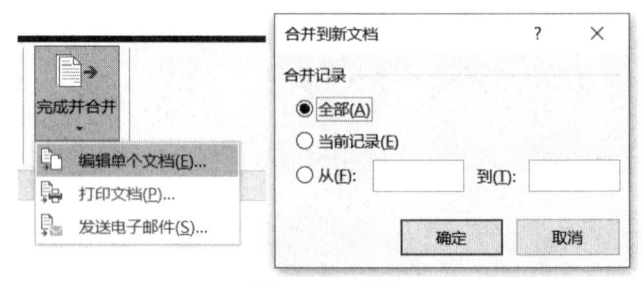

图 1-31 合并

6. 合并后，系统会自动生成一个新文档，单击"保存"按钮，将此新文档保存到考试文件夹下，并命名为 Ks.docx。因此，最终，文件夹内应该有 3 个文件，如图 1-32 所示。

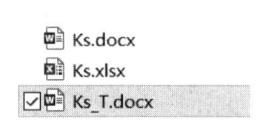

图 1-32 考试文件夹下的 3 个文件

试题 8　邮件合并—成绩信息

试题描述

在本题文件夹下，建立成绩信息"成绩.xlsx"，如图 1-33 中表 1 所示，要求：
（1）使用邮件合并功能，建立成绩单范本文件"CJ_T.docx"，如图 1-33 中图 1 所示。
（2）生成所有考生的成绩单"CJ.docx"。

表1

姓名	语文	数学	英语
张三	80	91	98
李四	78	69	79
王五	87	86	76
赵六	65	97	81

《姓名》同学

语文	《语文》
数学	《数学》
英语	《英语》

图1

图 1-33　试题 8 邮件合并-成绩信息

操作过程

1. 在指定文件夹中单击右键，选择"新建"→"Microsoft Excel 工作表"命令，将文档命名为"成绩.xlsx"。双击打开工作簿，输入数据如图 1-34 所示。

2. 在指定文件夹中单击右键，选择"新建"→"Microsoft Word 文档"命令，将文档命名为"CJ_T.docx"。双击打开文档，输入文字"同学"，水平居中，按回车键换行后在"插入"选项卡下单击"表格"按钮，插入 3 行 2 列的表格，表内输入相关文字，具体如图 1-35 所示。

图 1-34　创建 Excel 表

3. 单击"邮件"选项卡下"选择收件人"按钮，在打开的下拉列表中选择"使用现有列表"命令。

图 1-35　输入文字

4. 将光标置于"同学"的前面，单击"邮件"选项卡下"插入合并域"的下半部分，在打开的下拉列表中选择"姓名"命令，如图 1-36 所示。

采用同样方法插入"语文"域、"数学"域、"英语"域，最后范本文件的效果如图 1-37 所示。

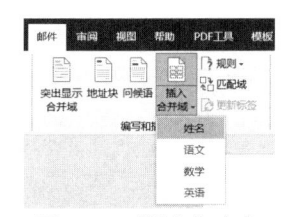

图 1-36　"姓名"命令

	«姓名»同学	
语文		«语文»
数学		«数学»
英语		«英语»

图 1-37　范本文件效果

5. 最后单击"邮件"选项卡下的"完成并合并"，在打开的下拉列表中选择"编辑单个文档"命令，然后在打开的"合并到新文档"对话框中直接单击"确定"按钮，完成合并。

6. 合并后，会自动生成一个新文档，如图 1-38 所示，单击"保存"按钮，将此新文档保存到考试文件夹下，并命名为 CJ.docx。

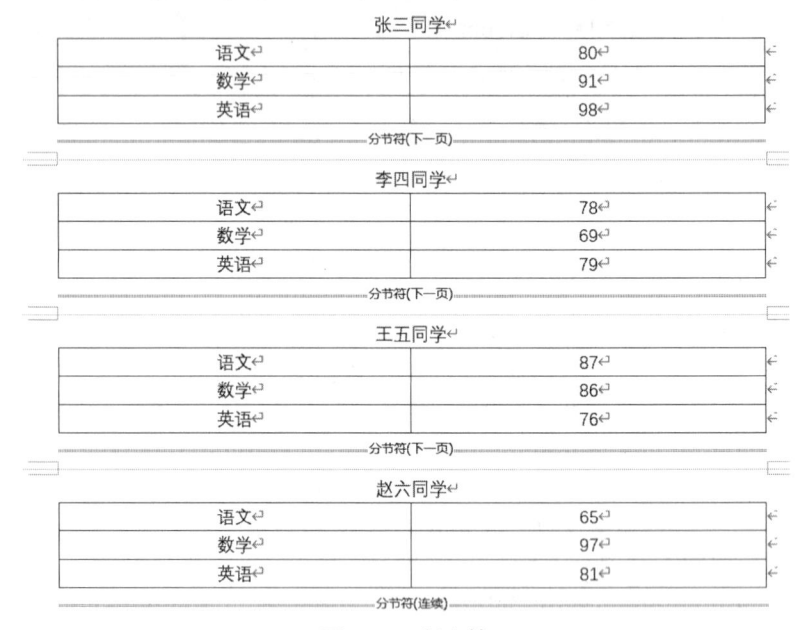

	张三同学	
语文		80
数学		91
英语		98

分节符(下一页)

	李四同学	
语文		78
数学		69
英语		79

分节符(下一页)

	王五同学	
语文		87
数学		86
英语		76

分节符(下一页)

	赵六同学	
语文		65
数学		97
英语		81

分节符(连续)

图 1-38　新文档

因此，最终，文件夹内应该有 3 个文件：成绩.xlsx、CJ_T.docx、CJ.docx。

试题9　邀请函

试题描述

在本题文件夹下，建立文档"sjzy.docx"，设计会议邀请函。要求：

(1) 在一张 A4 纸上，正反面书籍折页打印，横向对折。

(2) 页面（一）和页面（四）打印在 A4 纸的同一面；页面（二）和页面（三）打印在 A4 纸的另一面。

(3) 4 个页面要求依次显示如下内容：

● 页面（一）显示"邀请函"三个字，上下左右均居中对齐显示，竖排，字体为隶书，72 号。

- 页面（二）显示"汇报演出定于2012年4月21日，在学生活动中心举行，敬请光临！"，文字横排。
- 页面（三）显示"演出安排"，文字横排，居中，应用样式"标题1"。
- 页面（四）显示两行文字，行（一）为"时间：2012年4月21日"，行（二）为"地点：学生活动中心"。竖排，左右居中显示。

操作过程

1. 在指定文件夹中单击右键，选择"新建"→"Microsoft Word 文档"命令，将文档命名为"sjzy.docx"。

2. 双击打开文档，在第一页中输入"邀请函"；单击"布局"选项卡→"分隔符"→"下一页分节符"，进入第二页，输入文字"汇报演出定于2012年4月21日，在学生活动中心举行，敬请光临！"。

单击"布局"选项卡→"分隔符"→"下一页分节符"，进入第三页，输入文字"演出安排"。

单击"布局"选项卡→"分隔符"→"下一页分节符"，进入第四页，输入文字"时间：2012年4月21日"，回车进入第二行，输入文字"地点：学生活动中心"。

最终文档如图1-39所示。

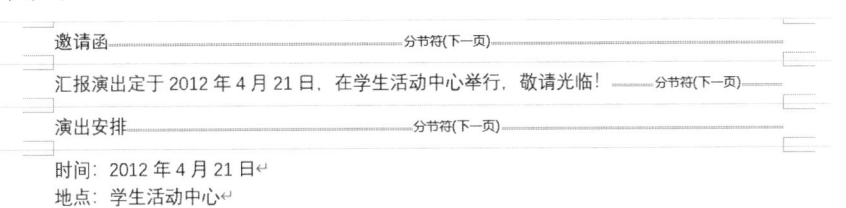

图1-39 输入文字及分节后的文档

3. 选中"邀请函"文字，在"开始"选项卡下设置字体"隶书"，字号"72"。

在"布局"选项卡下单击"文字方向"，在打开的列表中选择"垂直"；在"开始"选项卡下单击"段落"组中的"垂直居中"，设置文字上下居中；在"布局"选项卡下单击"页面设置"组右下角的扩展按钮，打开"页面设置"对话框。在"页面设置"对话框的"布局"选项卡下设置页面"垂直对齐方式"为"居中"，设置文字左右居中，如图1-40所示。

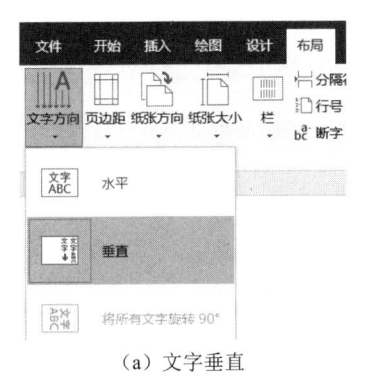

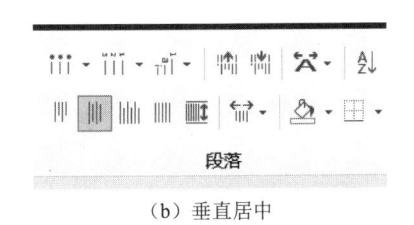

(a) 文字垂直　　　　　　　　　　　(b) 垂直居中

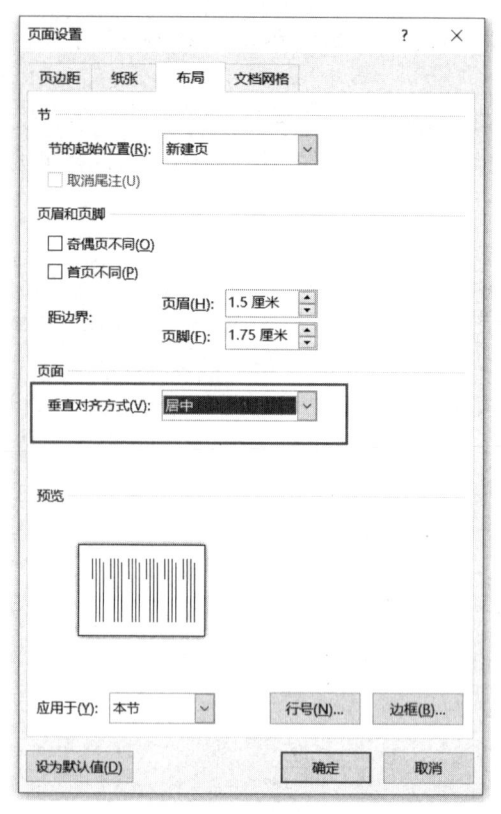

（c）水平居中

图1-40 设置文字格式

4. 将光标定位到第三页"演出安排"一行中，单击"开始"选项卡下"样式"组中的"标题1"，然后再单击"段落"组中的"居中"。

5. 将光标定位到第四页，在"布局"选项卡下单击"文字方向"，在打开的列表中选择"垂直"命令；在"布局"选项卡下单击"页面设置"组右下角的扩展按钮，打开"页面设置"对话框，在其"布局"选项卡下设置页面"垂直对齐方式"为"居中"，设置文字左右居中。

完成4个页面的版面设计后，效果如图1-41所示。

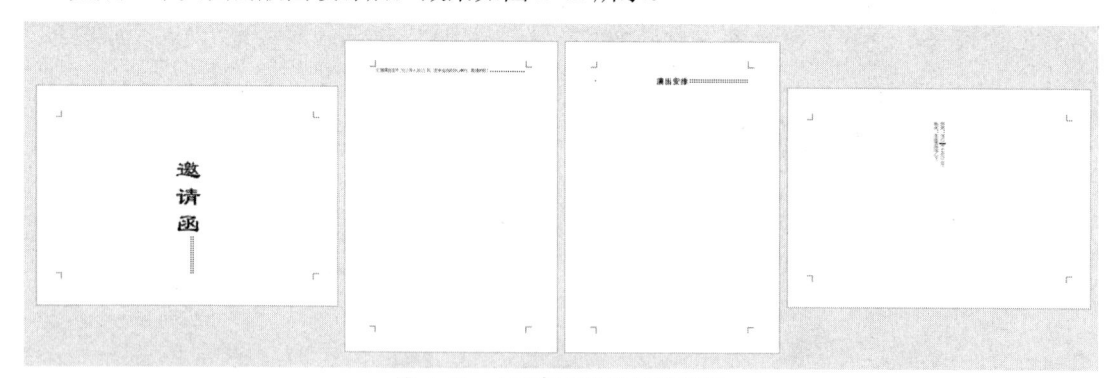

图1-41 4页版面设计后的效果

6. 设置书籍折页。

① 将光标定位到第一页"邀请函"中。

② 单击"布局"选项卡下"页面设置"组右下角的扩展按钮,打开"页面设置"对话框。在对话框的"页边距"选项卡中单击"纸张方向"为"纵向"。

③ 设置"页码范围"下"多页"为"书籍折页"(或反向书籍折页),如图 1-42 所示。

图 1-42　书籍折页

说明:有的题目中要求"正反面拼页打印",只需要将前面步骤中"纸张方向"改成"横向","多页"中的"书籍折页"改成"拼页"即可。

完成后的效果如图 1-43 所示。

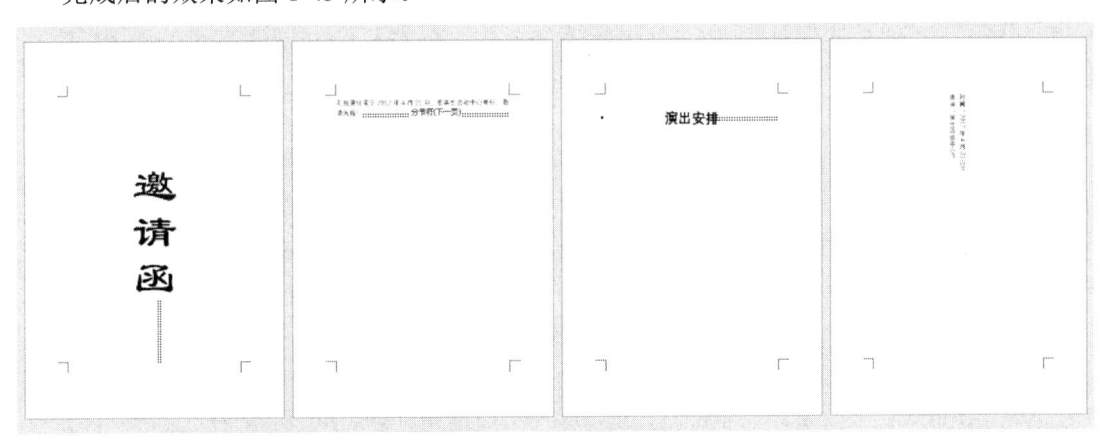

图 1-43　文档效果图

试题10　样式&审阅

试题描述

在本题文件夹下，建立文档"city.docx"，共由两页组成。要求：
（1）第一页内容如下：
第一章　浙江
第一节　杭州和宁波
第二章　福建
第一节　福州和厦门
第三章　广东
第一节　广州和深圳
要求：章和节的序号为自动编号（多级符号），分别使用样式"标题1"和"标题2"。
（2）新建样式"福建"，使其与样式"标题1"在文字格式外观上完全一致，但不会自动添加到目录中，并应用于"第二章　福建"；在文档的第二页中自动生成目录（注意：不修改"目录"对话框的默认设置）。
（3）对"宁波"添加一条批注，内容为"海港城市"；对"广州和深圳"添加一条修订，删除"和深圳"。

操作过程

1. 在指定文件夹中单击右键，选择"新建"→"Microsoft Word 文档"命令，将文档命名为"city.docx"。
2. 双击打开文档，在第一页中输入文字，如图1-44所示。
3. 按住Ctrl键不连续地选择"浙江"、"福建"和"广东"，再单击"开始"选项卡下"样式"组中的"标题1"。同样按住Ctrl键不连续地选择其他文字，应用"标题2"样式。

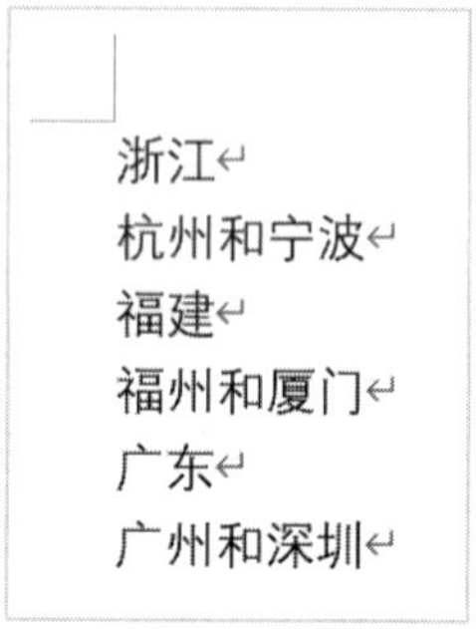

图1-44　输入文字

4. 参照长文档操作步骤，设置多级列表。简要步骤如下：
（1）将光标置于"浙江"一行中，单击"开始"选项卡→"段落"→"多级列表"按钮，在打开的列表中选择"定义新的多级列表"命令。
（2）在打开的"定义新多级列表"对话框中，单击级别"1"，先在"此级别的编号样式"框中选择"一,二,三（简）..."，然后在"输入编号的格式"框中的编号"一"前输入"第"，后输入"章"，"将级别链接到样式"设为"标题1"，如图1-45所示。
（3）继续单击级别"2"，在"输入编号的格式"框中删除默认的编号，输入文字"第"和"节"，将光标置于这两字的中间，"此级别的编号样式"框中选择"一,二,三（简）..."，最后在"将级别链接到样式"框中选择"标题2"，如图1-46所示，确定后退出。

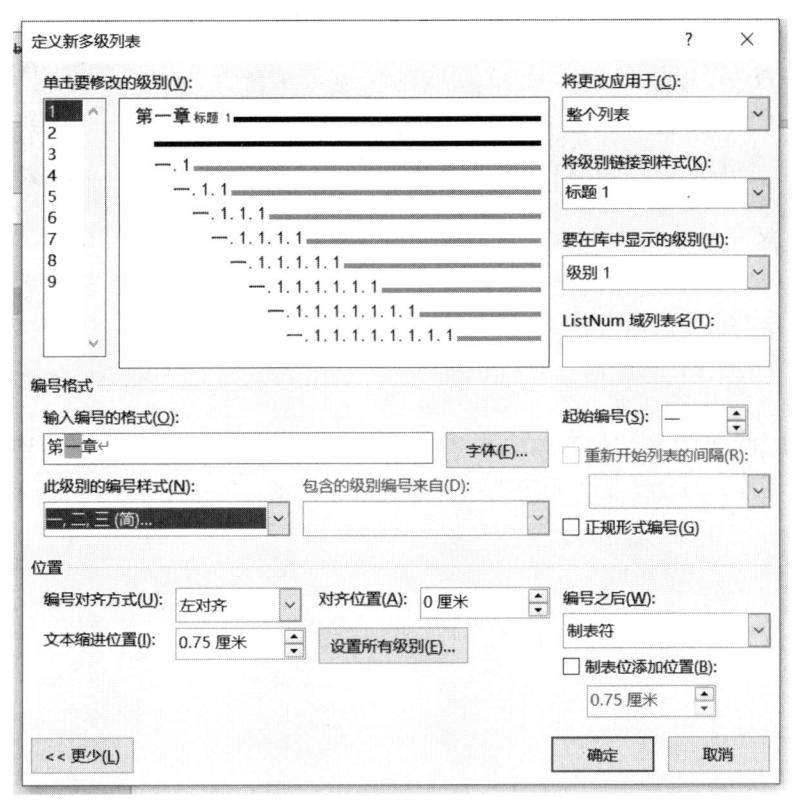

图 1-45　定义多级列表 1

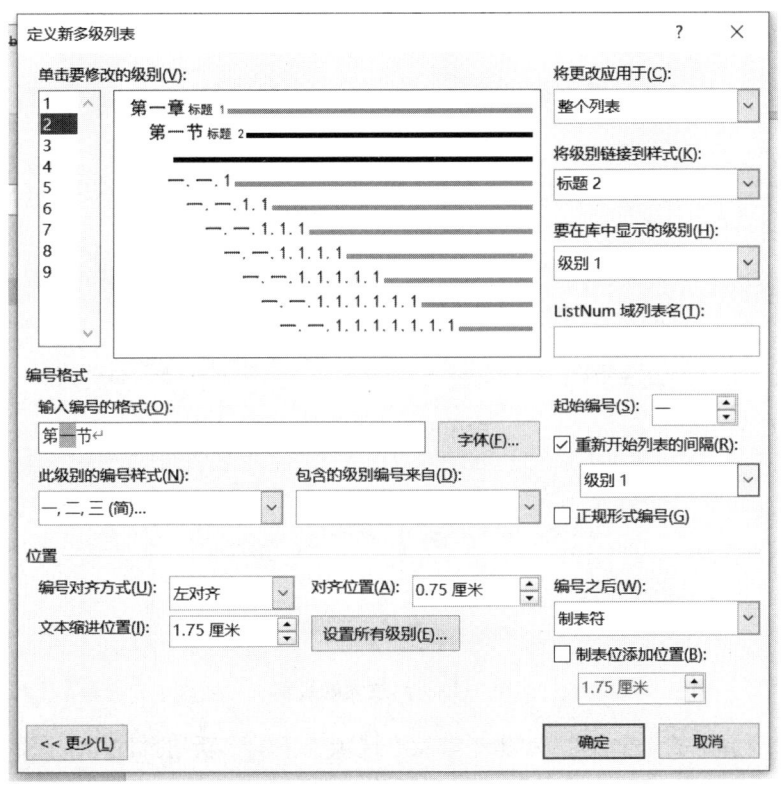

图 1-46　定义多级列表 2

设置好级别后的文档如图 1-47 所示。

5. 将光标置于"福建"一行中，单击"样式"组右下角的扩展按钮，打开"样式"对话框。再单击"样式"框下方的"新建样式"按钮。在打开的"根据格式化创建新样式"对话框中设置"名称"为"福建"，如图 1-48 所示，再单击下方的"格式"按钮，选择"段落"。在打开的"段落"对话框中将"大纲级别"由原先的"1级"改为"正文文本"，如图 1-49 所示。连续单击"确定"按钮后返回。

6. 将光标置于第一页的末尾，单击"布局"选项卡→"分隔符"→"分页符"，进入第二页，单击"样式"组中的"正文"，去除默认的标题 2 样式，再单击"引用"选项卡→"目录"→"自定义目录"按钮，打开"目录"对话框，直接单击"确定"按钮即可插入目录。

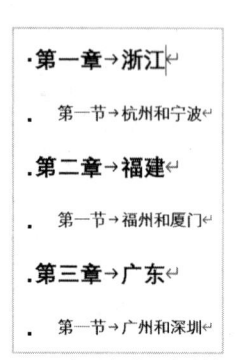

图 1-47　定于好级别后的文档

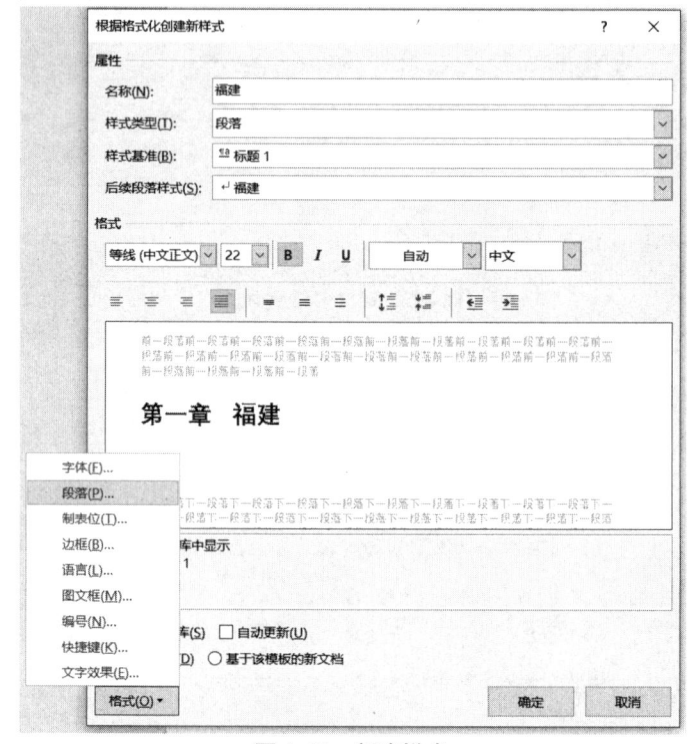

图 1-48　新建样式

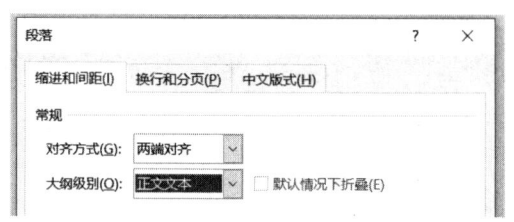

图 1-49　修改大纲级别

7. 选中第一页中的"宁波"，单击"审阅"选项卡下的"新建批注"按钮，在打开的"批注"对话框中输入文字"海港城市"，如图 1-50 所示。

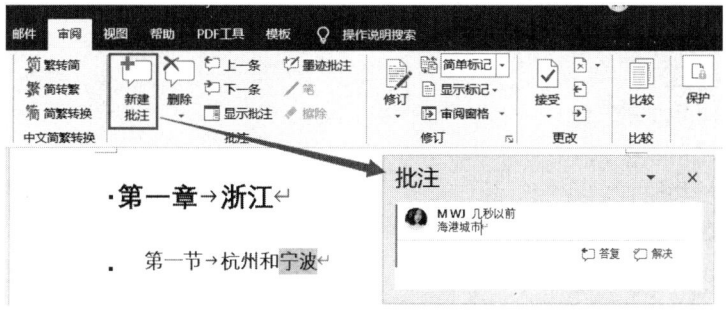

图 1-50　插入批注

8. 单击"审阅"选项卡下的"修订"按钮，使其处于选中状态，然后选中"和深圳"三字，按键盘上的 Delete 键删除，如图 1-51 所示。

图 1-51　修订

最终效果如图 1-52 所示。

图 1-52　最终效果

试题 11　样式&域

试题描述

在本题文件夹下，建立文档"yu.docx"，要求：

（1）输入以下内容：

第一章　浙江

第一节　杭州和宁波

第二章　福建

第一节　福州和厦门

第三章　广东

第一节　广州和深圳

其中，章和节的序号为自动编号（多级符号），分别使用样式"标题1"和"标题2"，并设置每章均从奇数页开始。

（2）在第一章第一节下的第一行中写入文字"当前日期：×年×月×日"，其中"×年×月×日"为使用插入的域自动生成，并以中文数字的形式显示。

（3）将文档的作者设置为"张三"，并在第二章第一节下的第一行中写入文字"作者：×"，其中"×"为使用插入的域自动生成的。

（4）在第三章第一节下的第一行中写入文字"总字数：×"，其中"×"为使用插入的域自动生成的，并以中文数字的形式显示。

操作过程

1. 在指定文件夹中单击右键，选择"新建"→"Microsoft Word 文档"命令，将文档命名为"yu.docx"。

2. 双击打开文档，参照上一题步骤，输入文字后进行标题1标题2样式的应用及多级列表的设定。

3. 将光标放在"第二章"编号上，单击"布局"选项卡→"分隔符"→"奇数页分节符"，采用同样方法将光标置于"第三章"上，也插入"奇数页分节符"。

然后将光标置于第一章中，打开"页面设置"对话框。在其"布局"选项卡下设置"节的起始位置"为"奇数页"。确保第一章也从奇数页开始，如图1-53所示。

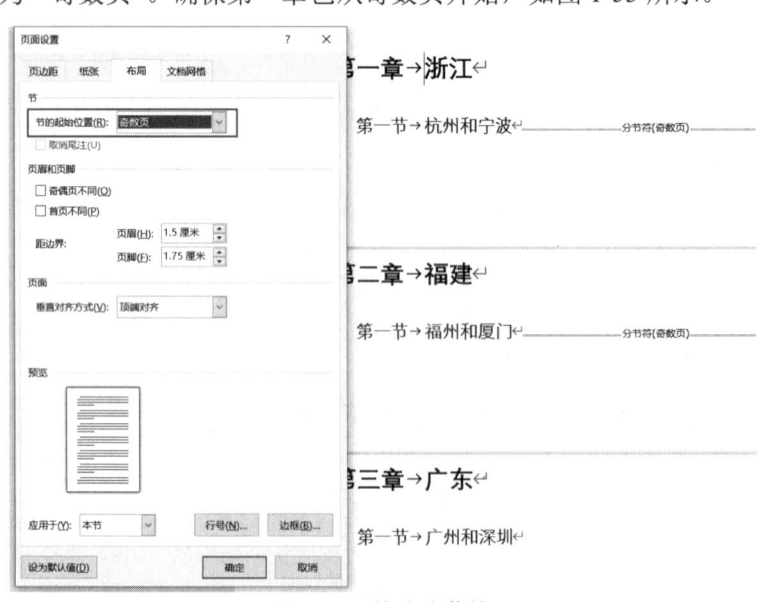

图1-53　修改分节符

3. 在"杭州和宁波"后按回车键，插入一行，输入文字"当前日期："，再单击"插入"选项卡→"文档部件"→"域"。在打开的"域"对话框中设置"类别"为"日期和时间"，"域名"为"Date"，"域属性"为"二〇二一年一月二十七日"，如图 1-54 所示，确定后退出。

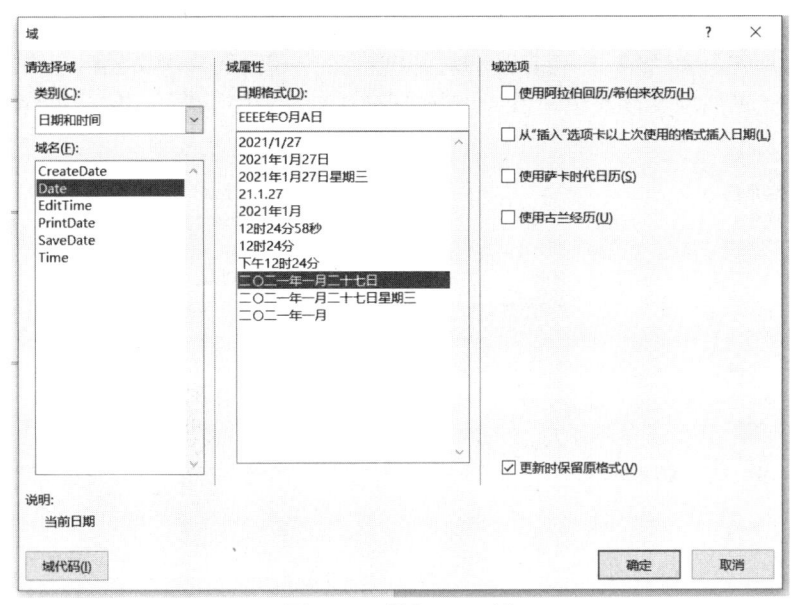

图 1-54　插入 Date 域

4. 单击"文件"菜单→"信息"，在右侧的"作者"栏中删除已有作者，输入"张三"，如图 1-55 所示。

图 1-55　修改作者

单击 ⬅ 返回，在"第一节　福州和厦门"后按回车键进入下一行，输入文字"作者："，然后单击"插入"选项卡→"文档部件"→"域"。在打开的对话框中"类别"选择"文档信息"，"域名"设为"Author"，确定即可。

5. 在"广州和深圳"后按回车键进入下一行，输入文字"总字数："，再单击"插入"选项卡→"文档部件"→"域"。在打开的对话框中"类别"选择"文档信息"，"域名"设为"NumWords"，"域属性"格式选择"一,二,三（简）..."，确定即可，如图 1-56 所示。

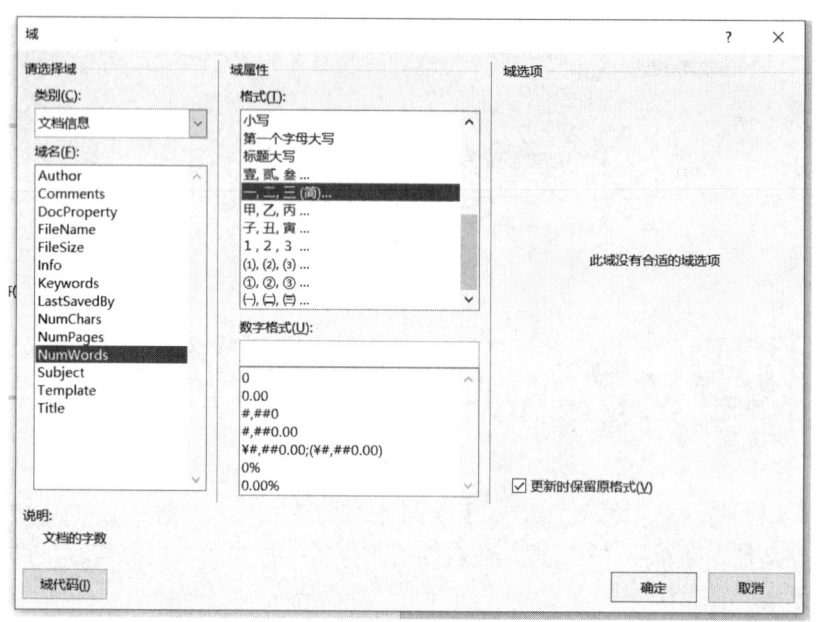

图 1-56　插入 NumWords 域

最后效果如图 1-57 所示。

图 1-57　最后效果

第二部分　Word 2019 长文档综合操作

试题 1　泰山

试题描述

1. 对正文进行排版

1）使用多级符号对章名、小节名进行自动编号，替换原有的编号。要求：

● 章号的自动编号格式为第 X 章（例：第 1 章），其中，X 为自动排序的阿拉伯数字序号，对应级别 1，居中显示。

● 小节名自动编号格式为 X.Y，其中，X 为章数字序号，Y 为节数字序号（例：1.1），X，Y 均为阿拉伯数字序号，对应级别 2，左对齐显示。

2）新建样式，样式名为"样式0000"。其中，

● 字体：中文字体为"楷体"，西文字体为"Times New Roman"，字号为"小四"；

● 段落：首行缩进 2 字符；段前 0.5 行，段后 0.5 行，行距 1.5 倍；其余格式，默认设置。

3）对正文中的图添加题注"图"，位于图下方，居中。要求：编号为"章序号"-"图在章中的序号"（例如第 1 章中第 2 幅图，题注编号为 1-2）；图的说明使用图下一行的文字，格式同编号；图居中显示。

4）对正文中出现"如下图所示"中的"下图"两字，使用交叉引用，改为"图 X-Y"，其中"X-Y"为图题注的编号。

5）对正文中的表添加题注"表"，位于表上方，居中。

编号为"章序号"-"表在章中的序号"（例如第 1 章中第 1 张表，题注编号为 1-1）。

表的说明使用表上一行的文字，格式同编号。

表居中，表内文字不要求居中。

6）对正文中出现"如下表所示"中的"下表"两字，使用交叉引用，改为"表 X-Y"，其中，"X-Y"为表题注的编号。

7）对正文中首次出现"诗经"的地方插入脚注（置于页面底端）。添加文字"中国最早的诗歌总集。"。

8）将 2）中的样式应用到正文中无编号的文字，不包括章名、小节名、表文字、表和图的题注、尾注。

2. 在正文前按序插入三节，使用 Word 提供的功能，自动生成如下内容。

1）第 1 节：目录。其中，

"目录"使用样式"标题 1"，并居中；

"目录"下为目录项。

2）第2节：图索引。其中，

"图索引"使用样式"标题1"，并居中；

"图索引"下为图索引项。

3）第3节：表索引。其中，

"表索引"使用样式"标题1"，并居中；

"表索引"下为表索引项。

3. 使用适合的分节符，对正文进行分节。添加页脚，使用域插入页码，居中显示。要求：

1）正文前的节，页码采用"i,ii,iii,…"格式，页码连续；

2）正文中的节，页码采用"1,2,3,…"格式，页码连续；

3）正文中每章为单独一节，页码总是从奇数页开始；

4）更新目录、图索引和表索引。

4. 添加正文的页眉。使用域，按以下要求添加内容，居中显示。其中，

1）对于奇数页，页眉中的文字为"章序号"+"章名"（例如：第1章 XXX）；

2）对于偶数页，页眉中的文字为"节序号"+"节名"（例如：1.1 XXX）。

操作过程

建议：在操作文档之前，建议先取消全文文字的级别，具体操作如下：按 Ctrl+A 组合键选中全文，单击"开始"选项卡下"字体"组中的"清除所有格式"按钮（或者单击样式框中的"正文"样式），如图2-1所示。

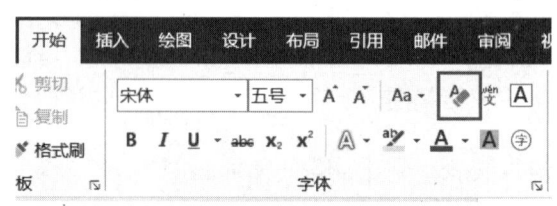

图2-1 清除所有格式

1. 对正文进行排版

1.1 样式和多级列表的使用

（1）将每一章应用样式"标题1"，每一节应用样式"标题2"

① 将光标定位于"第一章 风景介绍"段落中（无须选中），单击"开始"选项卡下"样式"框中的"标题1"，即可应用标题1样式，如图2-2所示。第二章、第三章、第四章也进行同样的操作。

图2-2 标题1样式的应用

② 将光标定位于"1.1 五岳之首"段落中，单击"开始"选项卡下"样式"框中的"标题 2"，即可应用标题 2 样式。后续小节也进行同样的操作，需要说明的是，该操作也可以用格式刷工具来实现。

但是，我们发现，默认样式框中没有显示"标题 2"，该如何应用呢？

所以，首先我们需要设置显示标题 2 样式。如图 2-3 所示，我们可以单击"样式"组右下角的扩展按钮，打开"样式"对话框。接着单击"样式"框下方的"选项"按钮，在打开的"样式窗格选项"对话框中，设置"选择要显示的样式"为"所有样式"，确定后退出。这样，样式框中就能显示所有样式了，所以我们就可以找到"标题 2"样式了。

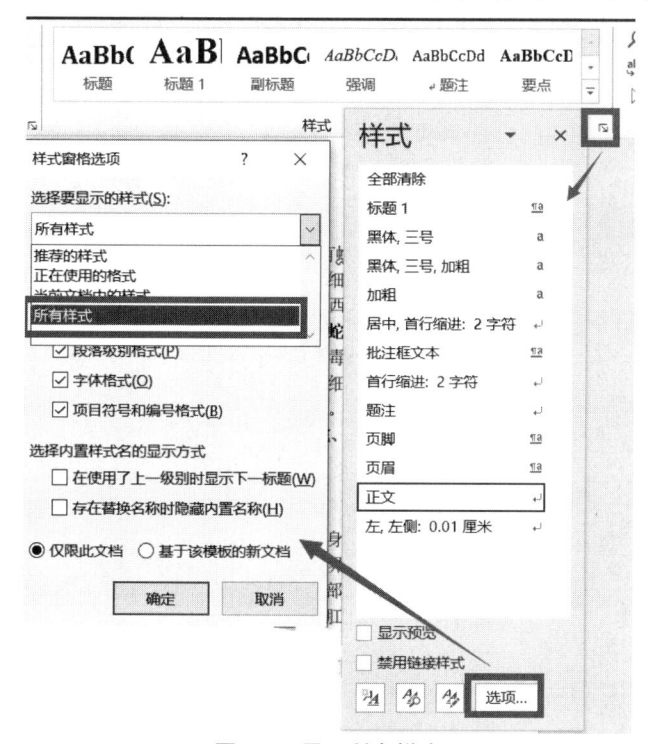

图 2-3　显示所有样式

（2）修改标题 1 和标题 2 样式的格式

① 将光标定位在章标题中，在"样式"框的标题 1 样式上单击右键，在打开的下拉列表中选择"修改"命令，此时会打开"修改样式"对话框，如图 2-4 所示。在该对话框中单击"居中"即可。如此，所有的使用标题 1 样式的段落都使用了居中的对齐方式。

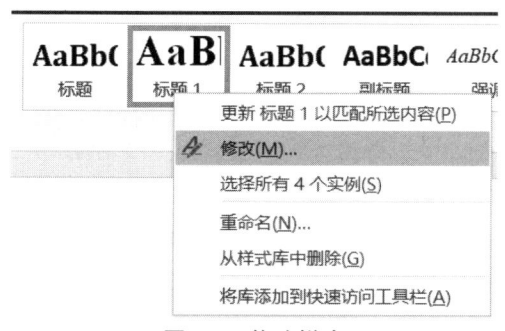

图 2-4　修改样式

②将光标定位于标题2段落中，在"样式"框的标题2样式上单击右键，在打开的下拉列表中选择"修改"命令，此时会打开"修改样式"对话框。在该对话框中单击"左对齐"，确定后即可，如此，所有的使用标题2样式的段落都使用了左对齐的对齐方式。

（3）设置多级列表

将光标定位到"第一章 风景介绍"处，单击"开始"选项卡→"段落"功能组→"多级列表"，在打开的下拉列表中选择"定义新的多级列表"，如图 2-5 所示，打开"定义新多级列表"对话框。

图 2-5 多级列表

下面设置级别1的编号格式。

①在"定义新多级列表"对话框中，单击"更多"按钮，将对话框其余部分显示出来。

②在"单击要修改的级别"框中单击"1"，即选中了级别1。

③在"输入编号的格式"框中，在默认编号"1"前输入文字"第"，后面输入文字"章"。

④最后在"将级别链接到样式"框中选择"标题1"，此时级别1就设置完成了，如图 2-6 所示。

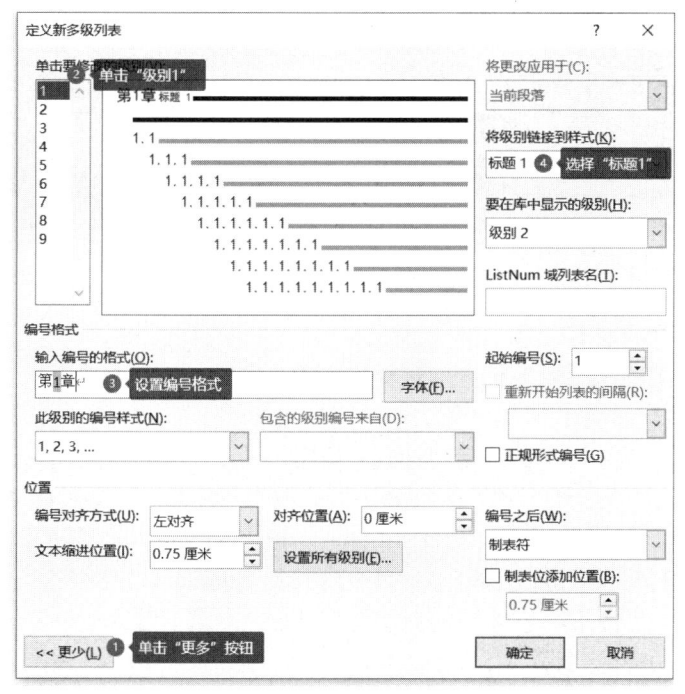

图 2-6　定义新的多级列表 1

下面设置级别 2 的编号格式。

① 在"单击要修改的级别"框中单击"2",即选中了级别 2。

② 在"输入编号的格式"框中核对编号格式是否准确,注意:"1.1"中的前 1 表示第 1 章,后 1 表示第 1 节。

③ 在"将级别链接到样式"框中选择"标题 2",如图 2-7 所示,确定后退出即可。

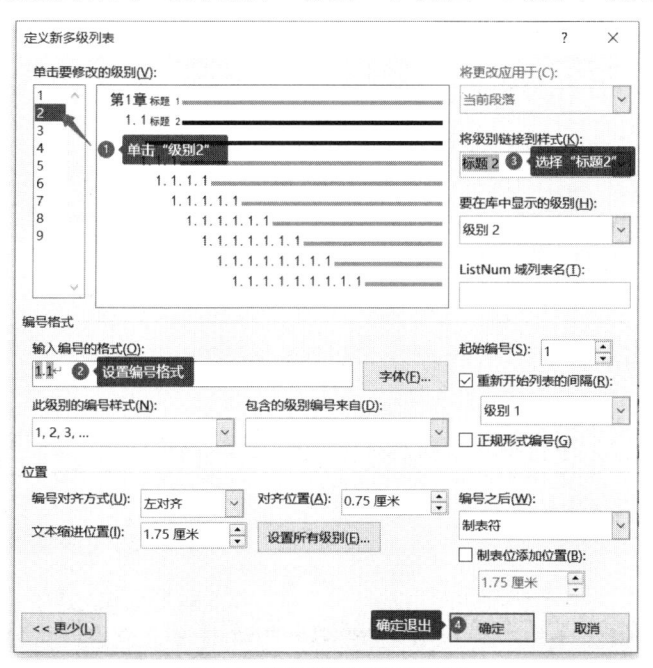

图 2-7　定义新的多级列表 2

（4）删除多余的"第 1 章""1.1"等文字，注意，删除的是灰底的编号，不是文字，不要删除错误，如图 2-8 所示。

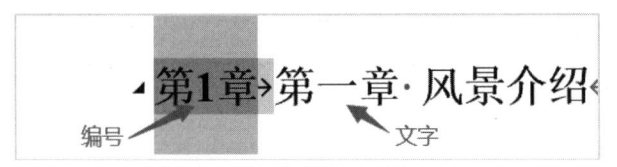

图 2-8　编号和普通文字的区别

1.2　新建样式

强调：新建样式前，一定要把光标置于正文中，也就是不要将光标放在章或节中！

① 单击"开始"选项卡下"样式"组右下角的扩展按钮，打开"样式"窗口。

② 单击"样式"窗口下方的"新建样式"按钮，打开"根据格式化创建新样式"对话框。

③ 在"根据格式化创建新样式"对话框中，修改"名称"为"样式 0000"，如图 2-9 所示。

④ 单击下方的"格式"按钮，选择"字体"，根据要求在打开的"字体"对话框中设置"中文字体"为"楷体"，"西文字体"为"Times New Roman"，"字号"为"小四"。

再次单击"格式"按钮，选择"段落"，在打开的"段落"对话框中设置首行缩进 2 字符，段前 0.5 行，段后 0.5 行，行距 1.5 倍。

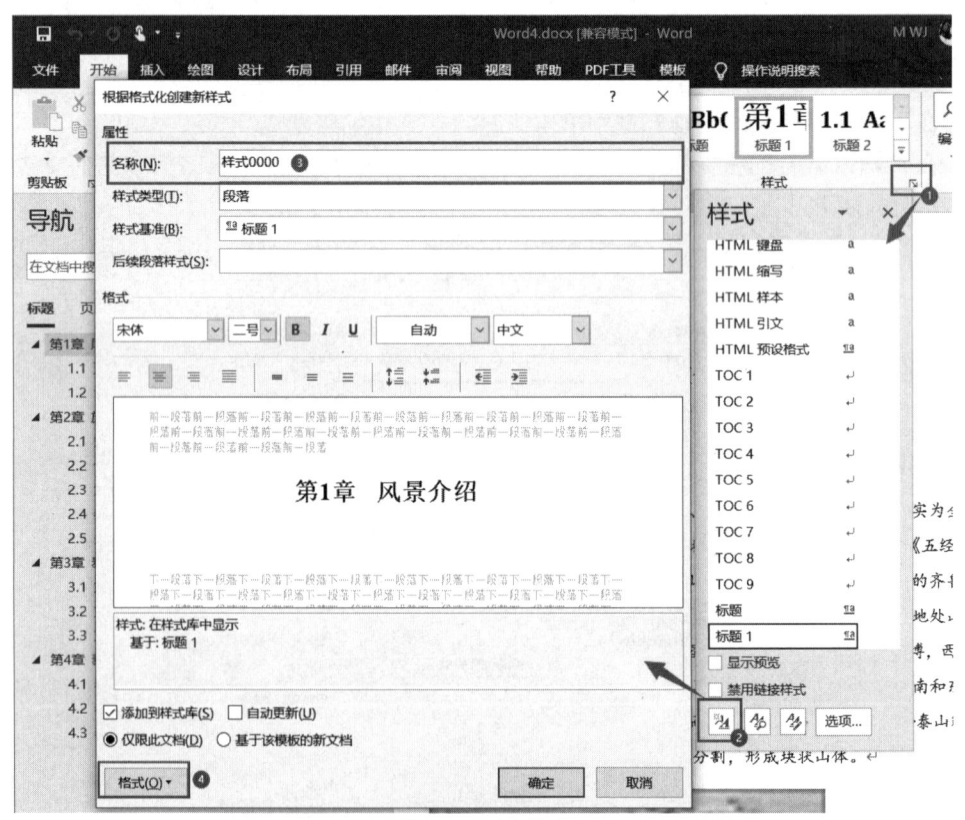

图 2-9　新建样式

最后，单击"确定"按钮退出"根据格式化创建新样式"对话框，确定后可以在"样式"框中看到新建的"样式 0000"。

1.3 图题注的插入

具体操作如图 2-10 所示。

① 将光标定位到第一幅图下方文字"泰山群"之前。
② 单击"引用"选项卡→"插入题注",打开"题注"对话框。
③ 单击"题注"对话框中的"新建标签"按钮,打开"新建标签"对话框。
④ 在"新建标签"对话框中输入"图",确定后返回"题注"对话框。
⑤ 单击"题注"对话框中的"编号"按钮,打开"题注编号"对话框。
⑥ 勾选"题注编号"对话框中的"包含章节号"复选框,确定后返回"题注"对话框。
⑦ 可以在"题注"框中看到最终的题注标签和编号效果,单击"确定"按钮后插入。

此时,就完成了题注的插入,然后单击"开始"选项卡下的"居中"按钮实现题注水平居中显示,再单击图片,同样水平居中显示,任务完成。

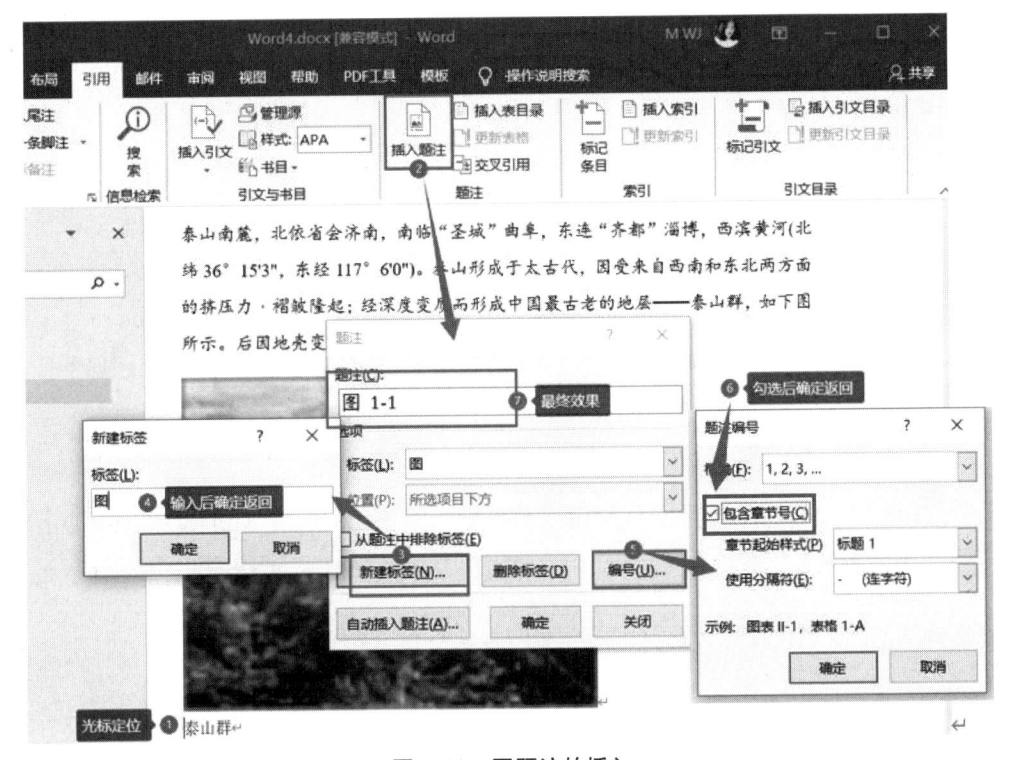

图 2-10 图题注的插入

文档中其他两幅图也采用同样方法插入题注后居中,具体操作时由于第一幅图已经设置好了标签和编号,③④⑤⑥步骤可以省略。

1.4 图的交叉引用

所谓图的交叉引用也就是在文中要引用图时,可以使用图题注进行引用,这样图题注变化后,引用也可以更新变化。

具体操作如图 2-11 所示。

① 选中正文中"图 1-1"上面的文字"下图"。
② 单击"引用"选项卡下的"交叉引用"按钮,打开"交叉引用"对话框。
③ 在"引用类型"中选择"图","引用内容"中选择"仅标签和编号"。

④ 在"引用哪一个题注"中选择"图 1-1 泰山群"。
⑤ 单击"插入"按钮,"下图"两字就变成了"图 1-1",操作完成。

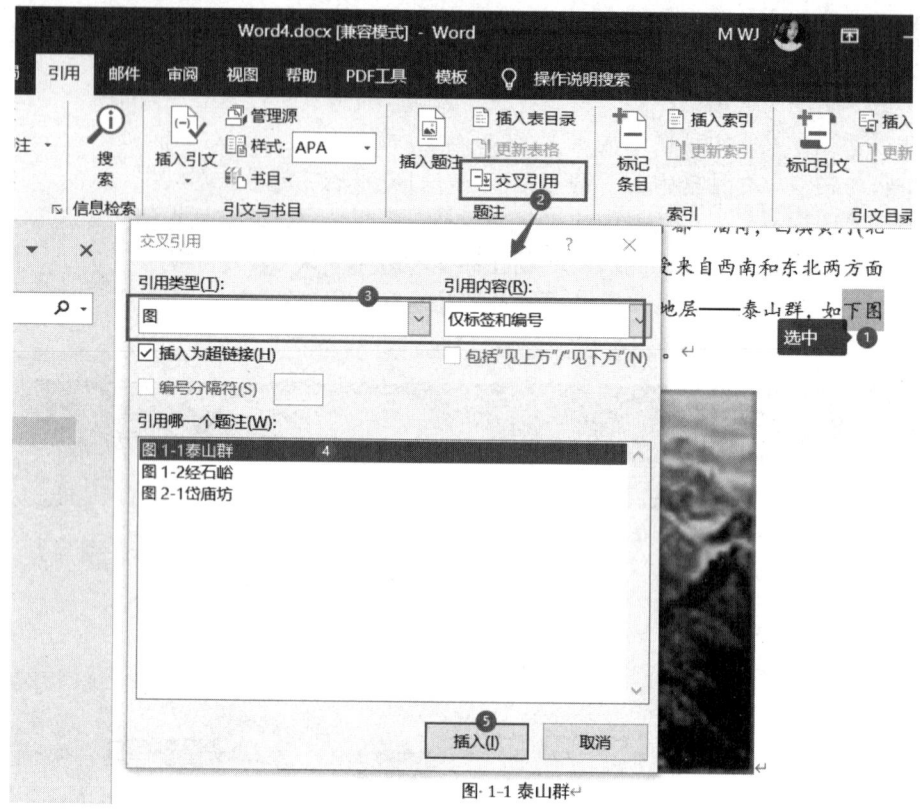

图 2-11　图的交叉引用

另外两幅图的交叉引用如上一样操作,因为第一幅图已经设置了引用类型和引用内容,所以步骤③可以省略。

1.5　表题注的插入

表题注的插入和图题注类似,如图 2-12 所示,具体介绍如下。
① 将光标定位到第一张表上方文字"四大奇观表"之前。
② 单击"引用"选项卡→"插入题注",打开"题注"对话框。
③ 单击"题注"对话框中的"新建标签"按钮,打开"新建标签"对话框。
④ 在"新建标签"对话框中输入"表",确定后返回"题注"对话框。
⑤ 单击"题注"对话框中的"编号"按钮,打开"题注编号"对话框。
⑥ 勾选"题注编号"对话框中的"包含章节号"复选框,确定后返回"题注"对话框。
⑦ 可以在"题注"框中看到最终的题注标签和编号效果,单击"确定"按钮插入。

此时,就可以完成题注的插入操作,然后单击"开始"选项卡下的"居中"按钮实现题注水平居中,再选中表格,同样水平居中,任务完成。

注意:选中表格,可以单击表格左上方的十字箭头,而不是通过鼠标拖拉选中表内文字,这里需要区分一下!

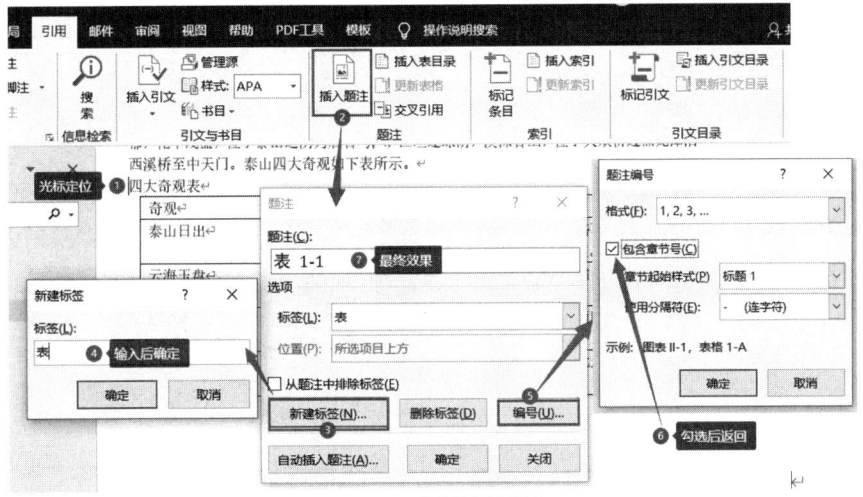

图 2-12 表题注的添加

文档中另一张表也采用同样方法插入题注后居中显示，具体操作时由于第一张表已经设置好标签和编号，③④⑤⑥步骤可以省略。

1.6 表的交叉引用

表的交叉引用和图的交叉引用操作步骤一样，如图 2-13 所示，具体介绍如下。

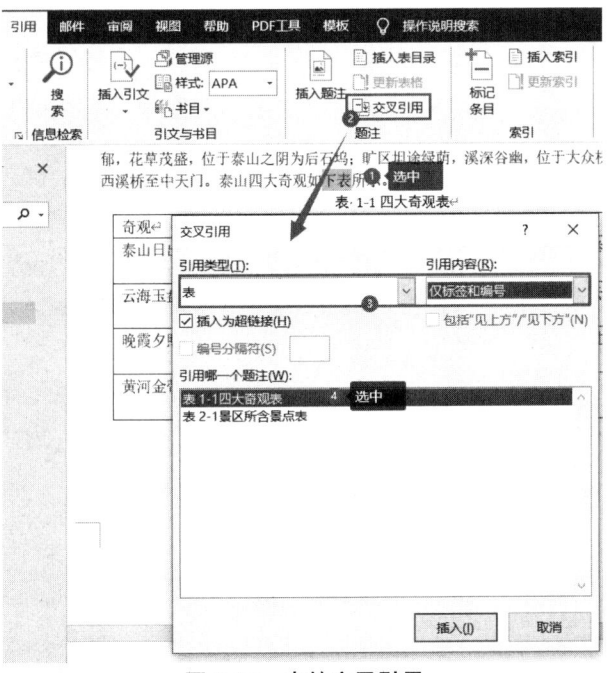

图 2-13 表的交叉引用

① 选中"表 1-1"上面的文字"下表"。
② 单击"引用"选项卡下的"交叉引用"按钮，打开"交叉引用"对话框。
③ 在"引用类型"中选择"表"，"引用内容"中选择"仅标签和编号"。
④ 在"引用哪一个题注"中选择"表 1-1 四大奇观表"。
⑤ 单击"插入"按钮，"下表"两字就变成了"表 1-1"，操作完成。

另外一张表的交叉引用也采用如上一样的操作，因为第一张表已经设置了引用类型和引用内容，所以步骤③可以省略。

1.7 插入脚注

（1）查找到"诗经"两字

将光标置于文档开头，在"导航"窗格中输入文字"诗经"，即可查找到"诗经"在文中的位置，如图2-14所示。

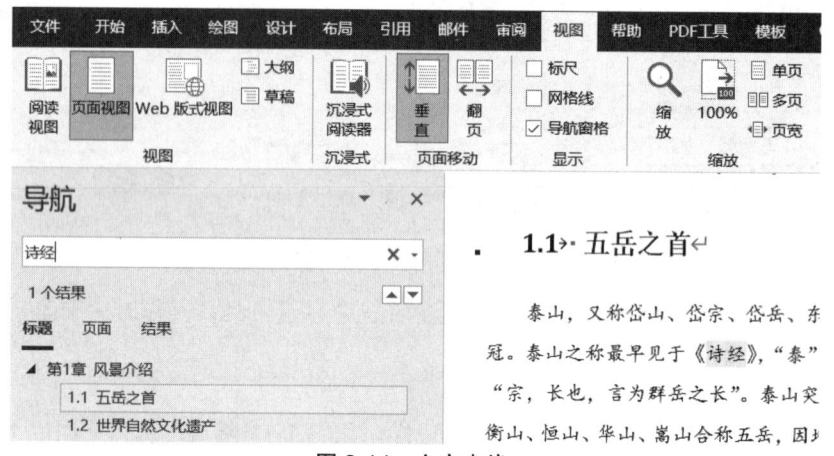

图 2-14 文字查找

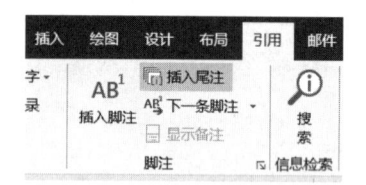

图 2-15 插入脚注

说明：如图2-14所示，要显示"导航"窗格，可以单击"视图"选项卡下的"导航窗格"复选框。

（2）插入脚注

选中"诗经"两字，单击"引用"选项卡下的"插入脚注"按钮，如图2-15所示。

此时，会在页面底端出现"i"，我们在其后输入文字"中国最早的诗歌总集。"即可，如图2-16所示。

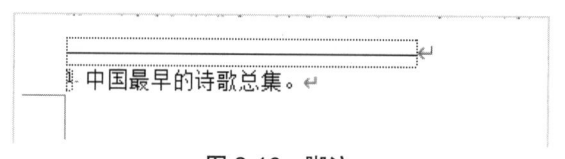

图 2-16 脚注

说明：如果题目要求的是插入尾注，则可以单击"引用"选项卡下的"插入尾注"按钮，此时就会在文档末尾出现"i"，我们在其后输入文字"中国最早的诗歌总集。"即可。

1.8 新建样式的应用

将光标定位在某个正文段落中（不是章，也不是节），单击"开始"选项卡下"样式"组中的"样式0000"样式，即可实现新样式的应用。

选中该段，双击"开始"选项卡下的"格式刷"工具，此时鼠标变成刷子形状，逐一单击其他正文段落（不要漏掉一段），即可使所有正文段落都应用了"样式0000"。

1.9 编号的使用

有的题目中有要求文中出现"1.""2."…处，进行自动编号，编号格式不变。

例如，文末的五岳，我们可以选中要做编号的文字，然后单击"开始"选项卡下的"编号"按钮，在打开的列表中选择"1.2.3."即可，如图2-17所示。

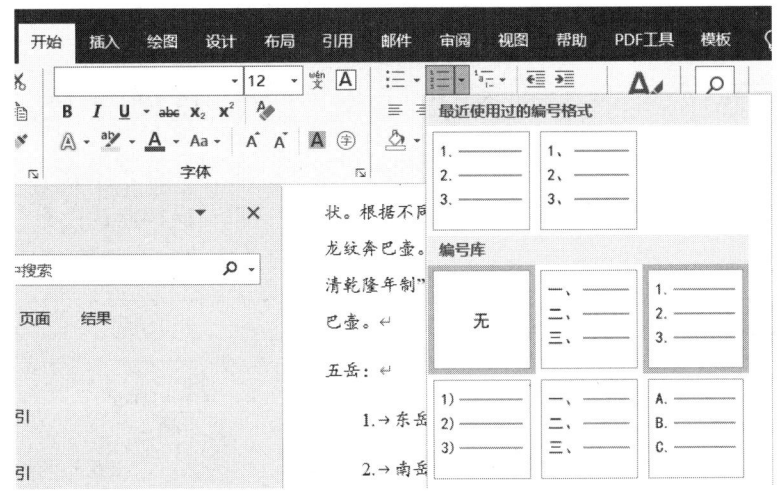

图2-17 插入编号

2. 正文前插节

单击"第1章"的编号，再单击"布局"选项卡下"页面设置"组中的"分隔符"按钮，在打开的下拉列表中选择"下一页"分节符，如图2-18所示，此时前插一个空白节。

继续单击"分隔符"→"下一页"分节符，此时第1章前有两个空白节。

最后单击"分隔符"→"奇数页"分节符，此时第1章前有三个空白节。

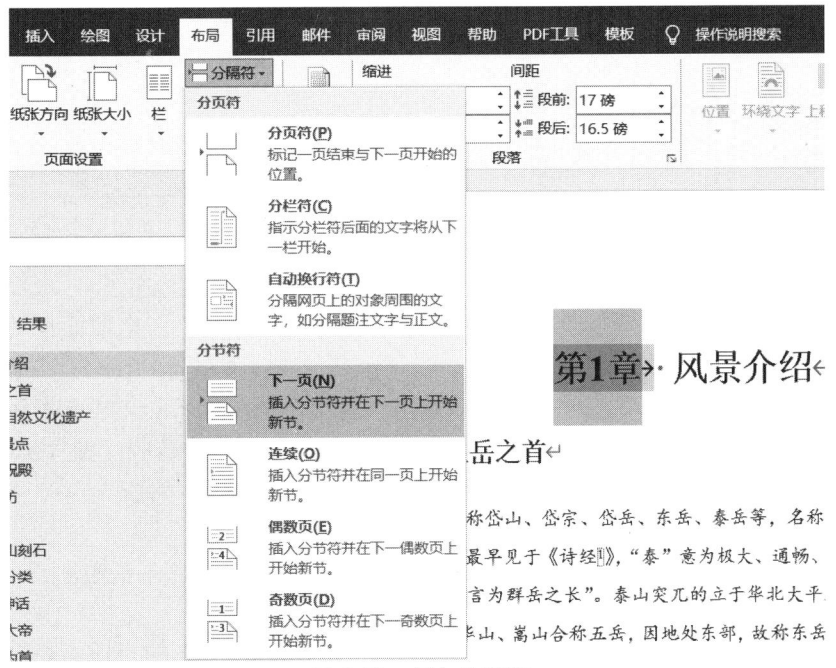

图2-18 插入分节符

说明：为什么第三次插入的是奇数页分节符呢？

这是因为在第 3 题中有要求"正文中每章为单独一节，页码总是从奇数页开始；"，第一章也需要从奇数页开始，因此第三次插入的是奇数页分节符。

2.1 第 1 节 目录

将光标置于第一页中，输入"目录"两字，选中"目录"两字前面自动出现的编号"第 1 章"，按键盘上的 Delete 键删除。

将光标定位于"目录"两字的右侧，单击"引用"选项卡下的"目录"按钮，在打开的下拉列表中选择"自定义目录"，此时会打开"目录"对话框。保持默认设置，直接单击"确定"按钮可以实现目录的插入，如图 2-19 所示。

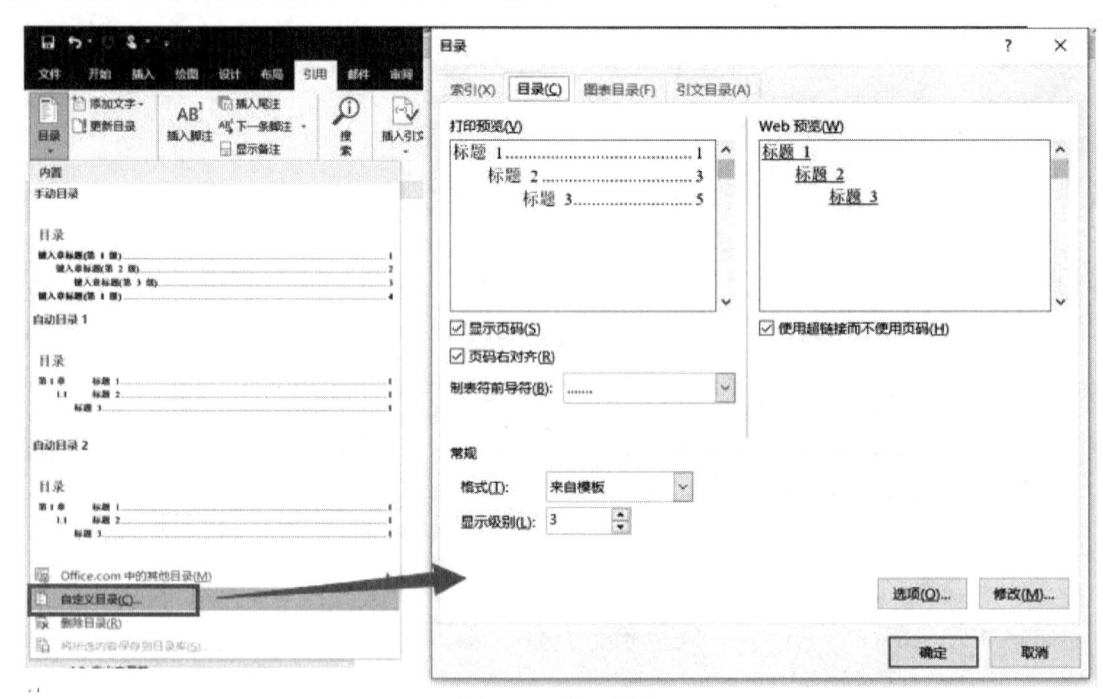

图 2-19　插入目录

2.2 第 2 节 图索引

将光标置于第二页中，输入"图索引"三字，选中"图索引"三字前面自动出现的编号"第 1 章"，按键盘上的 Delete 键删除。

将光标定位于"图索引"三字的右侧，单击"引用"选项卡下的"插入表目录"按钮，此时会打开"图表目录"对话框。在"题注标签"右侧的列表框中选择"图"，其他保持默认设置，直接单击"确定"按钮可以实现图目录的插入，如图 2-20 所示。

2.3 第 3 节 表索引

将光标置于第三页中，输入"表索引"三字，选中"表索引"三字前面自动出现的编号"第 1 章"，按键盘上的 Delete 键删除。

将光标定位于"表索引"三字的右侧，单击"引用"选项卡下的"插入表目录"按钮，此时会打开"图表目录"对话框。在"题注标签"右侧的列表框中选择"表"，其他保持默认设置，直接单击"确定"按钮可以实现表目录的插入。

图 2-20　插入图目录

3. 使用域添加页脚

3.1　为每章分节

将光标置于编号"第 2 章"上,单击"布局"选项卡下"页面设置"组中的"分隔符"按钮,在打开的下拉列表中选择"奇数页"分节符。

用同样的方法在"第 3 章""第 4 章"中插入"奇数页"分节符。

3.2　为正文前的节插页码

(1)在目录页的页脚处双击,进入页眉和页脚的编辑状态,此时光标处于目录页的页脚中。

(2)单击"页眉和页脚工具-设计"选项卡中的"文档部件"按钮,在出现的下拉菜单中选择"域"命令。

(3)在打开的"域"对话框中,选择域的"类别"为"编号","域名"为"Page",页码"格式"选择罗马字符"i,ii,iii,…",即可在当前光标位置插入页码,如图 2-21 所示。

图 2-21　插入 Page 域

（4）单击"开始"选项卡下的"居中"按钮将页码居中显示。

（5）在页码上单击右键，选择"设置页码格式"命令。在打开的"页码格式"对话框中，选择"编号格式"为罗马字符格式"i,ii,iii,…"，确定后退出，如图 2-22 所示。

（6）在第二页、第三页的页码上用同样的方法重新设置页码格式为罗马字符格式。

3.3　为正文中的节插页码

（1）将光标定位于第 4 页的页脚处（也就是第 1 章的第 1 页）。

（2）单击"页眉和页脚工具-设计"选项卡下的"链接到前一节"按钮，取消和上一节的联系，如图 2-23 所示。

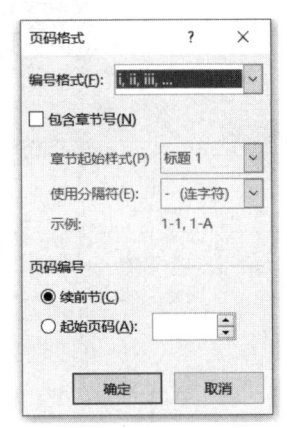

图 2-22　设置页码格式

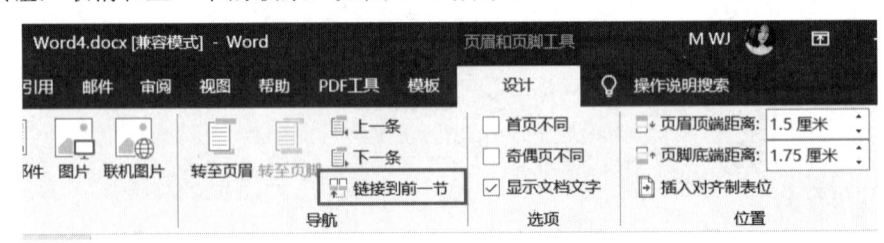

图 2-23　取消链接到前一节

（3）删除原页码"v"，单击"页眉和页脚工具-设计"选项卡中的"文档部件"按钮，在出现的下拉菜单中选择"域"命令。在打开的"域"对话框中，选择域的"类别"为"编号"，"域名"为"Page"，"页码格式"选择阿拉伯数字"1,2,3,…"，即可在当前光标位置插入页码"5"。

（4）在"5"上单击右键，选择"设置页码格式"命令。在打开的"页码格式"对话框中，单击"起始页码"，设置从"1"开始，如图 2-24 所示。

如此，所有页面的页码插入完毕。

3.4　更新

（1）在目录上单击右键，选择"更新域"命令，如图 2-25 所示。

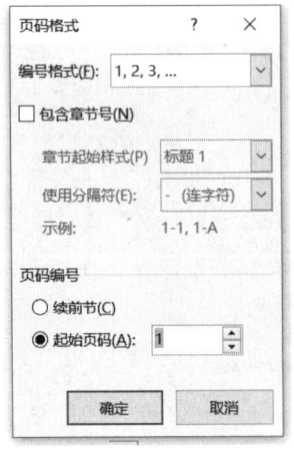

图 2-24　起始页码

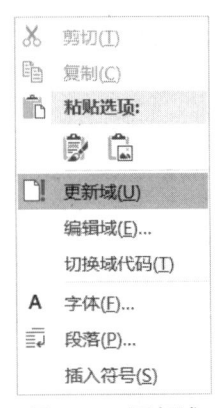

图 2-25　更新域

在打开的"更新目录"对话框中选择"更新整个目录",单击"确定"按钮,如图2-26所示。

(2)在图索引上单击右键,选择"更新域"命令。在打开的"更新目录"对话框中选择"只更新页码",单击"确定"按钮。

(3)在表索引上单击右键,选择"更新域"命令。在打开的"更新目录"对话框中选择"只更新页码",单击"确定"按钮。

4. 使用域添加页眉

双击第1章的第一页的页眉处,进入页眉和页脚的编辑状态。因为此处要分别设置奇数页页眉和偶数页页眉,因此首先我们需在"页眉和页脚工具-设计"选项卡下勾选"奇偶页不同"选项,如图2-27所示。

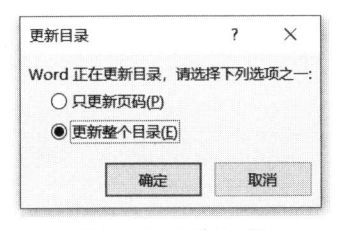

图 2-26　更新目录　　　　　　　图 2-27　奇偶页不同

4.1 奇数页页眉

(1)将光标定位于第1章的第1页的页眉处(奇数页页眉),首先单击"页眉和页脚工具-设计"选项卡下的"链接到前一节"按钮,取消和前节的联系。

(2)单击"页眉和页脚工具-设计"选项卡中的"文档部件",在出现的下拉菜单中选择"域"。在打开的"域"对话框中,选择域的"类别"为"链接和引用","域名"为"StyleRef","样式名"为"标题1",并勾选"插入段落编号"复选框,单击"确定"按钮,就可以插入章序号"第1章",如图2-28所示。

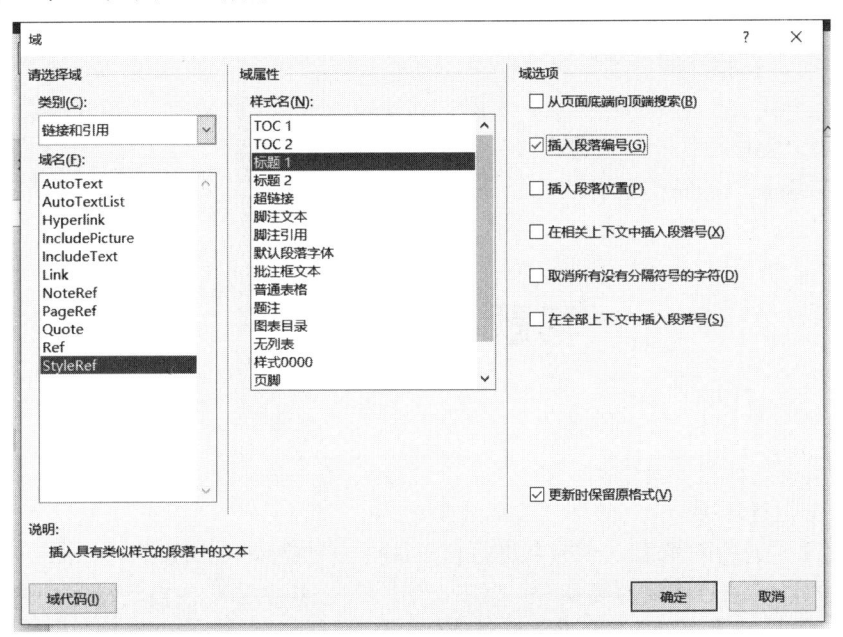

图 2-28　插入标题1的编号

（3）将上一步操作重复一遍，但取消"插入段落编号"复选框，只插入标题 1，就可以实现章名"风景介绍"的插入。

注：不勾选"插入段落编号"复选框指的是插入的是使用"标题 1"样式的文本内容，而不是序号。

奇数页页眉的效果如图 2-29 所示。

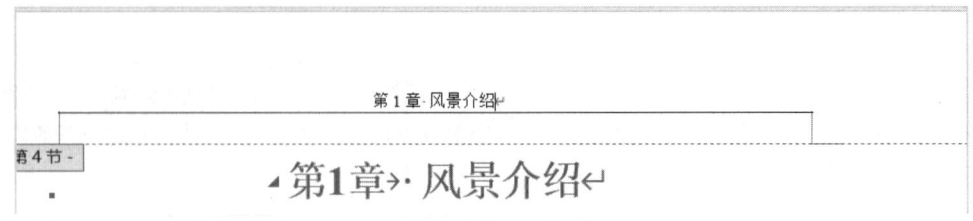

图 2-29　奇数页页眉效果

4.2　偶数页页眉

（1）将光标定位于第 1 章第 2 页（偶数页）的页眉处，首先单击"页眉和页脚工具-设计"选项卡下的"链接到前一节"按钮，取消和前节的联系。

（2）单击"页眉和页脚工具-设计"对话框中的"文档部件"按钮，在出现的下拉菜单中选择"域"命令。在打开的"域"对话框中，选择域的"类别"为"链接和引用"，"域名"为"StyleRef"，"样式名"为"标题 2"，并勾选"插入段落编号"复选框，单击"确定"按钮，就可以插入节序号"1.1"。

（3）重复上一步操作，但取消"插入段落编号"复选框，只插入标题 2，就可以实现节名"五岳之首"的插入。

4.3　恢复图索引页和第 1 章第 2 页的页脚

因为勾选了"奇偶页不同"选项，因此我们会发现所有偶数页的页脚都不见了，因此需要重新插入。

（1）将光标定位于图索引页的页脚，同样先单击"链接到前一节"按钮，再单击"文档部件"→"域"。在打开的"域"对话框中设置插入"i,ii,iii,…"格式的 Page 域。

（2）将光标定位于第 1 章第 2 页的页脚，同样先单击"链接到前一节"按钮，再删除原页码，然后单击"文档部件"→"域"。在打开的对话框中设置插入"1,2,3,…"格式的 Page 域。

至此，整篇长文档操作完毕。

习题 1　奥斯卡

试题描述

1. 对正文进行排版

1）使用多级符号对章名、小节名进行自动编号，替换原有的编号。要求：

● 章号的自动编号格式为第 X 章（例：第 1 章），其中，X 为自动排序的阿拉伯数字序号，对应级别 1，居中显示。

- 小节名自动编号格式为 X.Y，其中，X 为章数字序号，Y 为节数字序号（例：1.1），X、Y 均为阿拉伯数字序号，对应级别 2，左对齐显示。

2）新建样式，样式名为"样式 0000"。其中，
- 字体：中文字体为"楷体"，西文字体为"Times New Roman"，字号为"小四"；
- 段落：首行缩进 2 字符，段前 0.5 行，段后 0.5 行，行距 1.5 倍；其余格式，默认设置。

3）对正文中的图添加题注"图"，位于图下方，居中。要求：
编号为"章序号"-"图在章中的序号"（例如第 1 章中第 2 幅图，题注编号为 1-2），图的说明使用图下一行的文字，格式同编号，图居中。

4）对正文中出现"如下图所示"中的"下图"两字，使用交叉引用，改为"图 X-Y"，其中"X-Y"为图题注的编号。

5）对正文中的表添加题注"表"，位于表上方，居中。要求：
编号为"章序号"-"表在章中的序号"（例如第 1 章中第 1 张表，题注编号为 1-1），表的说明使用表上一行的文字，格式同编号。表居中，表内文字不要求居中。

6）对正文中出现"如下表所示"中的"下表"两字，使用交叉引用，改为"表 X-Y"，其中"X-Y"为表题注的编号。

7）对正文中首次出现"摩根"的地方插入尾注（置于文档结尾），添加文字"美国最后的金融剧透，华尔街的拿破仑。"

8）将 2）中的样式应用到正文中无编号的文字，不包括章名、小节名、表文字、表和图的题注、尾注。

2. 在正文前按序插入三节，使用 Word 提供的功能，自动生成如下内容。

1）第 1 节：目录。其中，"目录"使用样式"标题 1"，并居中；"目录"下为目录项。

2）第 2 节：图索引。其中，"图索引"使用样式"标题 1"，并居中；"图索引"下为图索引项。

3）第 3 节：表索引。其中，"表索引"使用样式"标题 1"，并居中；"表索引"下为表索引项。

3. 使用适合的分节符，对正文进行分节。添加页脚，使用域插入页码，居中显示。要求：

1）正文前的节，页码采用"i,ii,iii,…"格式，页码连续；

2）正文中的节，页码采用"1,2,3,…"格式，页码连续；

3）正文中每章为单独一节，页码总是从奇数页开始；

4）更新目录、图索引和表索引。

4. 添加正文的页眉。使用域，按以下要求添加内容，居中显示。其中，

1）对于奇数页，页眉中的文字为"章序号"+"章名"（例如：第 1 章 XXX）；

2）对于偶数页，页眉中的文字为"节序号"+"节名"（例如：1.1 XXX）。

操作过程

参考试题 1，这里主要讲一下此题与试题 1 的区别。

1.7 插入尾注

（1）查找到"摩根"两字

将光标置于文档开头，在"导航"窗格中输入文字"摩根"，即可查找到"摩根"在文中的位置。

（2）插入尾注

选中"摩根"两字，单击"引用"选项卡下的"插入尾注"命令，如图 2-30 所示。

此时，会在文档末尾出现"i"，我们在其后输入文字"美国最后的金融剧透，华尔街的拿破仑。"即可。

图 2-30 插入尾注

习题 2 黄埔军校

试题描述

1. 对正文进行排版

1）使用多级符号对章名、小节名进行自动编号，替换原有的编号。要求：

● 章号的自动编号格式为第 X 章（例：第 1 章），其中，X 为自动排序的阿拉伯数字序号，对应级别 1，居中显示。

● 小节名自动编号格式为 X.Y，其中，X 为章数字序号，Y 为节数字序号（例：1.1），X、Y 均为阿拉伯数字序号。对应级别 2，左对齐显示。

2）新建样式，样式名为"样式 0000"。其中，

● 字体：中文字体为"楷体"，西文字体为"Times New Roman"，字号为"小四"；

● 段落：首行缩进 2 字符，段前 0.5 行，段后 0.5 行，行距 1.5 倍；其余格式，默认设置。

3）对正文中的图添加题注"图"，位于图下方，居中。要求：

编号为"章序号"-"图在章中的序号"（例如第 1 章中第 2 幅图，题注编号为 1-2），图的说明使用图下一行的文字，格式同编号，图居中。

4）对出现"1."" 2."…处，进行自动编号，编号格式不变。

5）对正文中出现"如下图所示"中的"下图"两字，使用交叉引用，改为"图 X-Y"，其中，"X-Y"为图题注的编号。

6）对正文中的表添加题注"表"，位于表上方，居中。要求：

编号为"章序号"-"表在章中的序号"（例如第 1 章中第 1 张表，题注编号为 1-1），表的说明使用表上一行的文字，格式同编号。表居中，表内文字不要求居中。

7）对正文中出现"如下表所示"中的"下表"两字，使用交叉引用，改为"表 X-Y"，其中，"X-Y"为表题注的编号。

8）对正文中首次出现"黄埔军校"的地方插入脚注。添加文字"黄埔军校是孙中山先生在中国共产党和苏联的积极支持和帮助下创办的。"。

9）将 2）中的样式应用到正文中无编号的文字，不包括章名、小节名、表文字、表和图的题注、尾注。

2. 在正文前按序插入三节，使用 Word 提供的功能，自动生成如下内容。

1）第 1 节：目录。其中，"目录"使用样式"标题 1"，并居中，"目录"下为目录项。

2）第 2 节：图索引。其中，"图索引"使用样式"标题 1"，并居中；"图索引"下为图索引项。

3）第 3 节：表索引。其中，"表索引"使用样式"标题 1"，并居中；"表索引"下为表索引项。

3. 使用适合的分节符，对正文进行分节。添加页脚，使用域插入页码，居中显示。要求：
1）正文前的节，页码采用"i,ii,iii,…"格式，页码连续；
2）正文中的节，页码采用"1,2,3,…"格式，页码连续；
3）正文中每章为单独一节，页码总是从奇数页开始；
4）更新目录、图索引和表索引。

4. 添加正文的页眉。使用域，按以下要求添加内容，居中显示。其中：
1）对于奇数页，页眉中的文字为"章序号"+"章名"（例如：第 1 章 XXX）；
2）对于偶数页，页眉中的文字为"节序号"+"节名"（例如：1.1 XXX）。

操作过程

参考试题 1，下面主要讲解不同之处。

1.4 编号的使用

选中要做编号的文字（"1.盾牌""2.亲爱精诚"等），然后单击"开始"选项卡下的"编号"命令，选择"1.2.3."即可，如图 2-31 所示。

图 2-31 插入编号

1.8 插入脚注

查找到正文中的"黄埔军校"，单击"引用"选项卡→"插入脚注"，在页面底端出现的"i"后输入文字"黄埔军校是孙中山先生在中国共产党和苏联的积极支持和帮助下创办的。"。

第三部分　Excel 2019 表格综合操作

试题 1　学生成绩统计

> 试题描述

一、操作说明

1. DExcel.xlsx 文件保存在本题文件夹下。
2. 单击"回答"按钮，将打开本题文件夹。请按要求对该文件夹中的 DExcel.xlsx 文件进行操作，请注意及时保存操作结果。
3. 考生在做题时，不得对数据表进行操作要求以外的更改。

二、操作要求

1. 在 Sheet1 中，使用条件格式将"语文"列中数据大于 80 的单元格中的字体颜色设置为红色、加粗显示。
2. 在 Sheet1 的 B50 单元格中输入分数 2/3。
3. 使用数组公式，根据 Sheet1 中的数据，计算总分和平均分，将其结果保存到表中的"总分"列和"平均分"列。
4. 使用 RANK 函数，根据 Sheet1 中的"总分"列对每个同学排名情况进行统计，并将排名结果保存到表中的"排名"列（如果多个数值排名相同，则返回该组数值的最佳排名）。
5. 使用逻辑函数，判断 Sheet1 中每个同学的每门功课是否均高于全班单科平均分。
- 如果是，保存结果为 TRUE；否则，保存结果为 FALSE；
- 将结果保存在表中的"优等生"列。
- 优等生条件：每门功课均高于全班单科平均分。
6. 根据 Sheet1 中的结果，使用统计函数，统计"数学"考试成绩各个分数段的同学人数，将统计结果保存到 Sheet2 中的相应位置。
7. 将 Sheet1 中的数据复制到 Sheet3，对 Sheet3 进行高级筛选。
（1）要求：
- 筛选条件为："语文">=75，"数学">=75，"英语">=75，"总分">=250；
- 将筛选结果保存在 Sheet3 中。

（2）注意：
- 无须考虑是否删除筛选条件；
- 复制数据表后，进行粘贴时，数据表需从顶格开始放置。

8. 根据 Sheet1 中的结果，在 Sheet4 中创建一张数据透视表。要求：
- 显示是否为优等生的学生人数汇总情况；
- 行区域设置为"优等生"；
- 数据区域设置为"优等生"；
- 计数项为"优等生"。

操作过程

1. 在 Sheet1 中，使用条件格式将"语文"列中数据大于 80 的单元格中字体颜色设置为红色、加粗显示。

条件格式使用颜色和图标等方式，直观地突出显示重要内容，可以展示相关数据的趋势等信息。先选择需要应用相关规则的单元格区域，再设置相关规则应用即可。

（1）选择 Sheet1 的 C2:C39，再选择"开始"选项卡→"条件格式"→"突出显示单元格规则"→"大于"，弹出"大于"对话框。在"为大于以下值的单元格设置格式"框中输入数值 80，并在"设置为"下拉框中选择"自定义格式"，弹出"设置单元格格式"对话框，如图 3-1 所示。

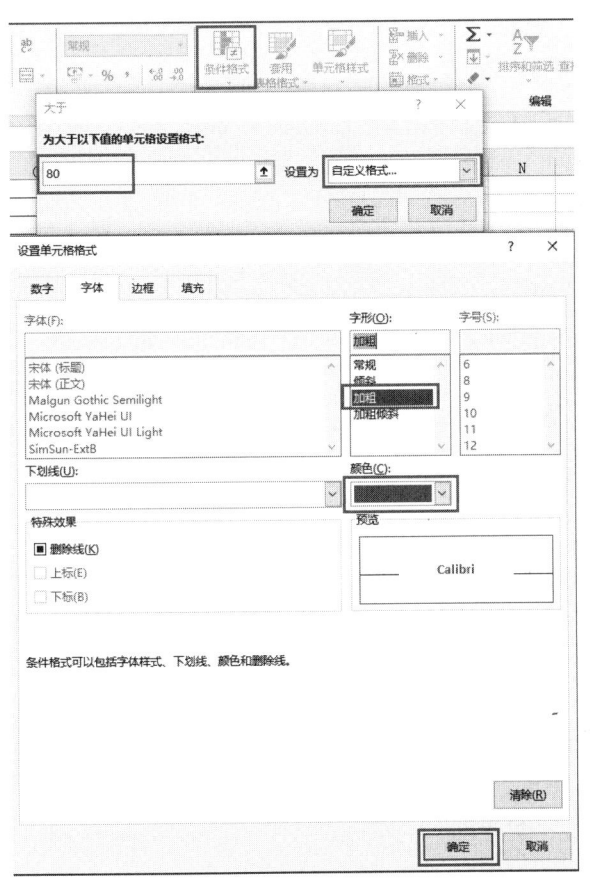

图 3-1 条件格式设置

（2）"颜色"选择"红色"，"字形"选择"加粗"，单击"确定"按钮，完成操作。

2. 在Sheet1的B50单元格中输入分数2/3。

在单元格输入分数，常采取两种方法：一种方式是选择目标单元格，右击，选择"设置单元格格式"命令。在弹出的"设置单元格格式"对话框的"数字"选项卡中，选择"分类"为"分数"，并选择类型，如"分母为一位数（1/4）"，单击"确定"按钮后，再到单元格中输入"2/3"；另一种方式操作较为简便，直接在目标单元格中输入分数。

在Sheet1的B50单元格中，输入"2/3"，按回车键确定，发现显示的内容并不是分数值，而是"2月3日"！正确的输入方法是，按如下格式输入分数：整数部分+空格+分子/分母，表达式中的"+"不要输入，其他对应输入，当整数部分为0时，必须要输入0。本题应输入"0 2/3"，按回车键确认即可。此时，在Excel的公式编辑栏中，也显示了相关数值，如图3-2所示。

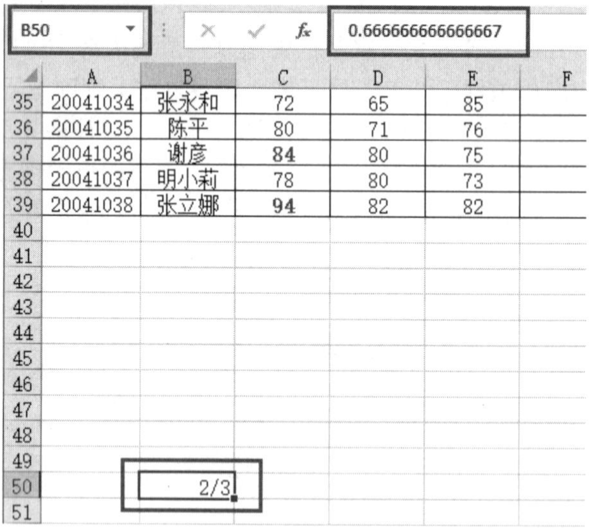

图 3-2　输入分数

3. 使用数组公式，根据Sheet1中的数据，计算总分和平均分，将其结果保存到表中的"总分"列和"平均分"列。

本书中的数组公式是指MS Excel中传统的数组公式，也称为CSE公式，因为它在完成公式确认时需要同时按Ctrl+Shift+Enter组合键。数组公式可以选择多个区域同时计算，返回多个或单个结果。

计算总分操作如下。

（1）选择目标单元格"总分"列的F2:F39（对于数据量大的区域，可以先单击起始单元格，再按Shift键，最后单击末尾单元格），按"="键，开始编辑数组公式。

（2）编辑公式：选择输入C2:C39，按"+"键；再选择输入D2:D39，按"+"键；再选择输入E2:E39。

（3）最后，同时按下Ctrl+Shift+Enter组合键，输入完成。如图3-3所示，在公式编辑栏中可见，使用数组公式编辑的公式内容对于每个目标单元格都是相同的，并且公式的两端由"{}"包围：{=C2:C39+D2:D39+E2:E39}。

图 3-3　输入公式

计算平均分操作如下：选择 G2:G39 区域，在公式编辑栏中输入公式"{=F2:F39/3}"，完成总分和平均分的数组公式计算。

4. 使用 RANK 函数，根据 Sheet1 中的"总分"列对每个同学排名情况进行统计，并将排名结果保存到表中的"排名"列（如果多个数值排名相同，则返回该组数值的最佳排名）。

RANK 函数属于统计函数中的排名次函数，它返回指定单元格数字在指定单元格范围内的数字排位，可以是降序或升序排名。在新版的 Excel 中，演化出了效率更高的排名函数 RANK.AVG 和 RANK.EQ。

RANK.AVG 函数返回的数字排位是其大小与列表中其他值的比值；如果多个值具有相同的排位，则将返回平均排位。它也称为平均值排名。

RANK.EQ 函数返回的数字排位大小与列表中其他值相关；如果多个值具有相同的排位，则返回该组值的最高排位。它也称为最佳排名，在后续的试题中将多次出现。

（1）选择目标单元格 H2，单击公式编辑栏中的 fx 按钮，打开"插入函数"对话框，选择"RANK"函数（也可以选择 RANK.EQ 函数），单击"确定"按钮，打开"函数参数"对话框，如图 3-4 所示。

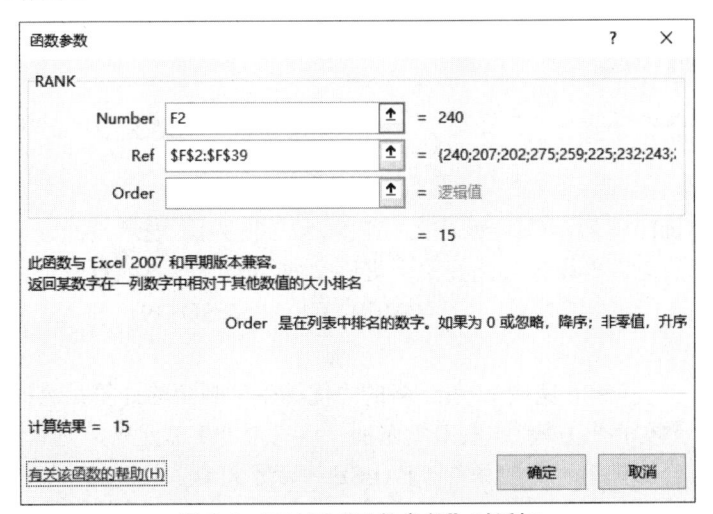

图 3-4　RANK"函数参数"对话框

（2）在"Number"框中输入单元格 F2；在"Ref"框中选择单元格范围 F2:F39，由于此处需要对全部学生排序，故采用绝对引用，对"F2:F39"按下 F4 键，将其改为"$F$2:$F$39"；第 3 个参数，也就是"Order"参数，忽略时为降序，本题即为降序，故此参数保持空白不输入。

（3）单击"确定"按钮，完成 H2 单元格的排名计算；选择 H2 单元格边框右下角的填充柄（一个实心小方块），双击填充柄至 H39 单元格，完成整列排名计算。

当熟练掌握上述设计过程后，可以更直接地使用函数：选择 H2 单元格，输入公式"=RANK(F2,$F$2:$F$39)"，按回车键，再使用 H2 单元格填充柄，完成 H2:H39 的公式填充。

5. 使用逻辑函数，判断 Sheet1 中每个同学的每门功课是否均高于全班单科平均分。
- 如果是，保存结果为 TRUE；否则，保存结果为 FALSE；
- 将结果保存在表中的"优等生"列。
- 优等生条件：每门功课均高于全班单科平均分。

本小题的要求是把个人的每门课成绩与该课的全班平均分进行比较，故需要对"语文"、"数学"和"英语"成绩比较设计为 3 个逻辑表达式，使用"与"计算（AND），实现计算结果。

（1）选择目标单元格 I2，单击公式编辑栏中的 fx 按钮，打开"插入函数"对话框，选择"AND"函数，单击"确定"按钮后，打开"函数参数"对话框，如图 3-5 所示。

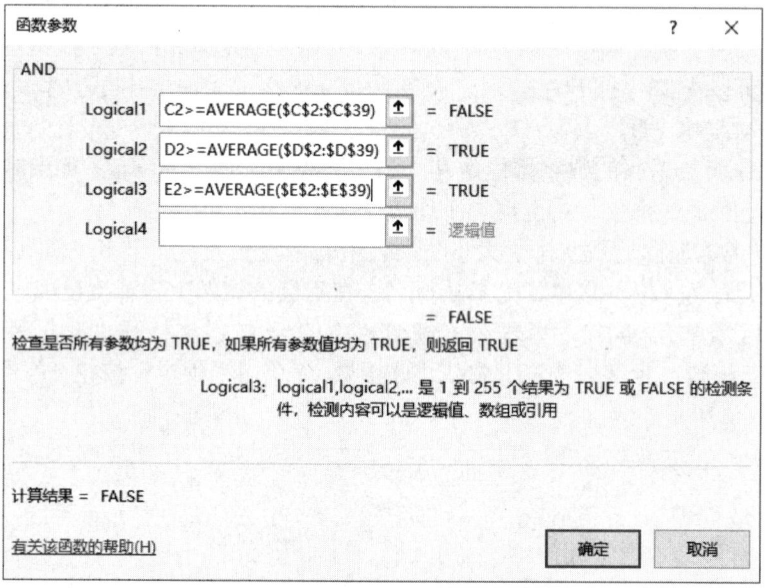

图 3-5　AND"函数参数"对话框

（2）输入 Logical1 参数：C2>=AVERAGE($C$2:$C$39)，表示判断该同学的语文成绩是否大于或等于全班的语文平均分。此处的全班语文成绩范围需用绝对引用。

同样方法，输入 Logical2 参数：D2>=AVERAGE($D$2:$D$39)；输入 Logical3 参数：E2>=AVERAGE($E$2:$E$39)。

（3）单击"确定"按钮，完成 I2 单元格的"优等生"判断的计算；选择 I2 单元格边框右下角的填充柄（一个实心小方块），双击填充柄，填充至 I39 单元格，完成整列计算。单元格显示 TRUE 表示符合"优等生"的条件，FALSE 表示不符合。

当熟练掌握上述设计过程后，可以直接地使用函数：选择 I2 单元格，输入公式"=AND(C2>=AVERAGE($C$2:$C$39),D2>=AVERAGE($D$2:$D$39),E2>=AVERAGE($E$2:$E$39))"，按回车键，再使用 I2 单元格的填充柄，完成 I2:I39 的公式填充。

6. 根据 Sheet1 中的结果，使用统计函数，统计"数学"考试成绩各个分数段的同学人数，将统计结果保存到 Sheet2 中的相应位置。

此处可以选择使用统计函数 COUNTIFS()或 COUNTIF()。COUNTIF 属于在单个条件下统计结果，COUNTIFS 则可以实现多条件统计。此处使用上述两个函数都可以实现，建议使用 COUNTIFS 函数。

（1）在 Sheet2 表中，选择目标单元格 B2，单击公式编辑栏中的 *fx* 按钮，打开"插入函数"对话框，选择"COUNTIFS"函数，单击"确定"按钮，打开"函数参数"对话框，如图 3-6 所示。

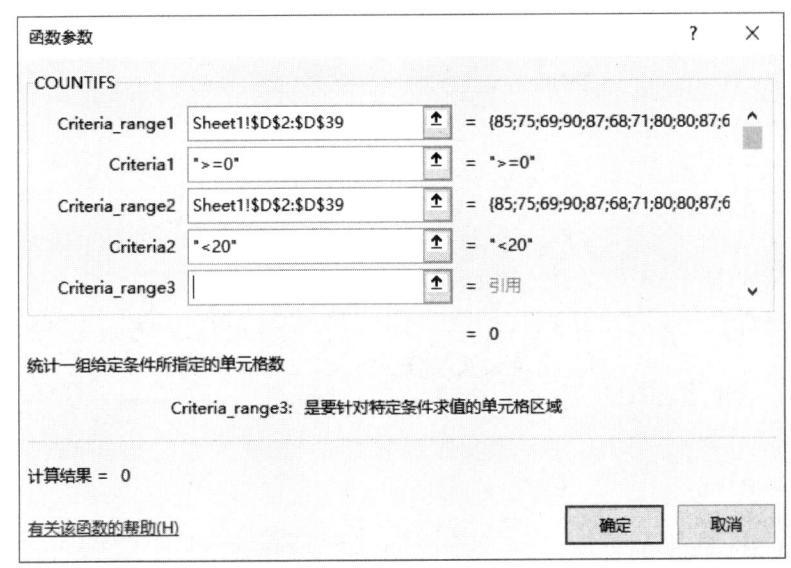

图 3-6　COUNTIFS 函数应用

（2）首先输入 Criteria_range1 参数：Sheet1!$D$2:$D$39，表示统计范围是 Sheet1 表中的全班数学成绩，此处的单元格引用需用绝对引用；再输入条件参数 Criteria1：">=0"。

同样方法，输入 Criteria_range2 参数：Sheet1!$D$2:$D$39；输入 Criteria2 参数："<20"。这样，就实现了数学成绩"0～20"之间的人数统计。

（3）单击"确定"按钮，完成 B2 单元格的数学成绩"0～20"之间的人数计算；选择 B2 单元格边框右下角的填充柄（一个实心小方块），双击填充柄，填充至 B6 单元格。

（4）由于每行的统计范围不同，故还需要在公式编辑栏中，相应修改 B3:B6 的公式内容。

B3 公式内容：=COUNTIFS(Sheet1!$D$2:$D$39,">=0",Sheet1!$D$2:$D$39,"<20");

B4 公式内容：=COUNTIFS(Sheet1!$D$2:$D$39,">=40",Sheet1!$D$2:$D$39,"<60");

B5 公式内容：=COUNTIFS(Sheet1!$D$2:$D$39,">=60",Sheet1!$D$2:$D$39,"<80");

B6 公式内容：=COUNTIFS(Sheet1!$D$2:$D$39,">=80",Sheet1!$D$2:$D$39,"<=100")。

确定后，B2:B6 的统计结果对应为 0、0、2、15、21，计算完成。

7. 将 Sheet1 中的数据复制到 Sheet3，对 Sheet3 进行高级筛选。

（1）要求：
- 筛选条件为："语文" >=75，"数学" >=75，"英语" >=75，"总分" >=250；
- 将筛选结果保存在 Sheet3 中。

（2）注意：
- 无须考虑是否删除筛选条件；
- 复制数据表后，粘贴时，数据表需从顶格开始放置。

高级筛选是指在一个指定的数据区域，按照预先设计好的条件区域进行筛选，显示其筛选结果的功能。因此，预先准备好规范的数据区域和条件区域是必需的。

（1）选择 Sheet1 工作表的 A1:I39，将它复制粘贴至 Sheet3 表的 A1 开始的区域；在 Sheet3 表设计条件区域，范围不限，此处为 K1 单元格开始，按题意设置，如图 3-7 所示。

K	L	M	N
语文	数学	英语	总分
>=75	>=75	>=75	>=250

图 3-7 条件区域设计

条件设计中，不同的列名、同一行数据，表示多个条件存在"并且"关系，本题就属于这类情况。若要表达"或者"关系，比如筛选"语文"成绩大于 95 分或者小于 30 分的记录，则可以在条件区域设计两列"语文"（如 K1、L1），但要把条件">95"和"<30"写在不同的行（如 K2、L3）。

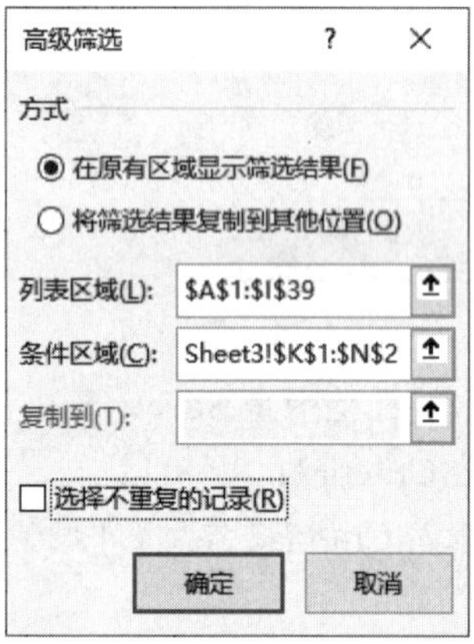

（2）单击 Sheet3 学生成绩表的任一单元格，如 D5，选择"数据"选项卡→"排序和筛选"→"高级"按钮，打开"高级筛选"对话框，如图 3-8 所示。

"列表区域"框中选择当前学生成绩表的整个区域（包含每列的标题）。"条件区域"选择上面设计的 K1:N2 范围。"方式"可以按需要选择："在原有区域显示筛选结果"是默认的方式，它会把筛选结果显示在原区域，不在筛选结果中的数据被隐藏了；"将筛选结果复制到其他位置"时，筛选结果将被复制到该指定单元格为起始的区域，而原有区域内容不受影响。本题按默认"在原有区域显示筛选结果"的方式显示筛选结果。

图 3-8 "高级筛选"对话框设置

（3）最终结果：单击"确定"按钮后，按上述设置显示结果如图 3-9 所示。由于原数据区域的第 2 行等内容未被筛选出来（而被隐藏），故当前条件区域的第 2 行内容也被隐藏（读者也可以考虑将条件区域设置在原数据区域的下方），但结果不受影响。

8. 根据 Sheet1 中的结果，在 Sheet4 中创建一张数据透视表。要求：
- 显示是否为优等生的学生人数汇总情况；
- 行区域设置为"优等生"；

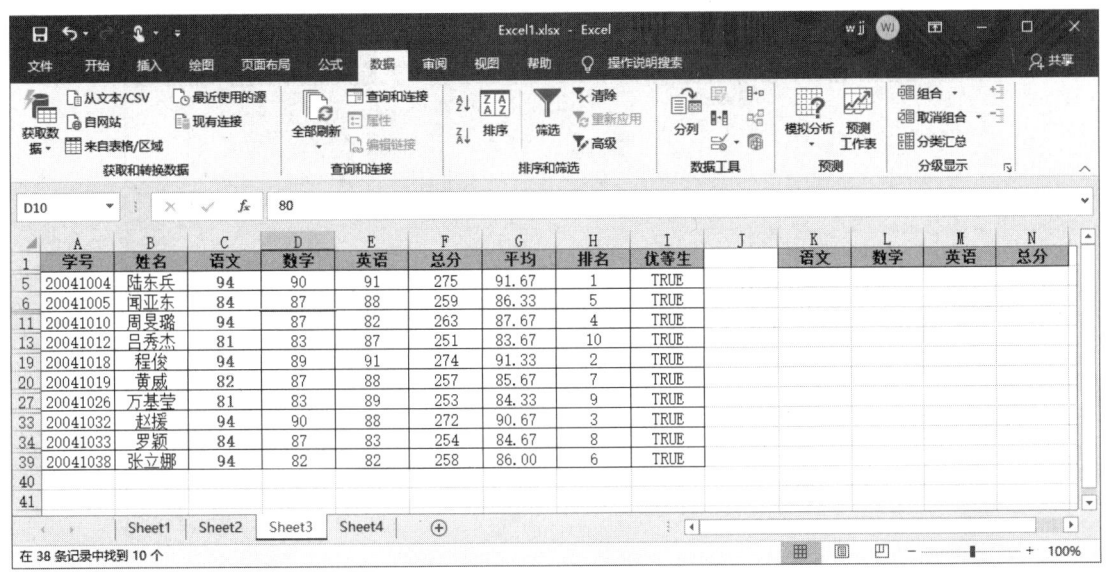

图3-9 筛选结果

- 数据区域设置为"优等生";
- 计数项为"优等生"。

(1) 单击 Sheet1 数据区域的任一单元格,如 D5,选择"插入"选项卡→"数据透视表",打开"创建数据透视表"对话框。它已自动选择当前区域 Sheet1!$A$1:$I$39,如图 3-10 所示,也可自行修改。

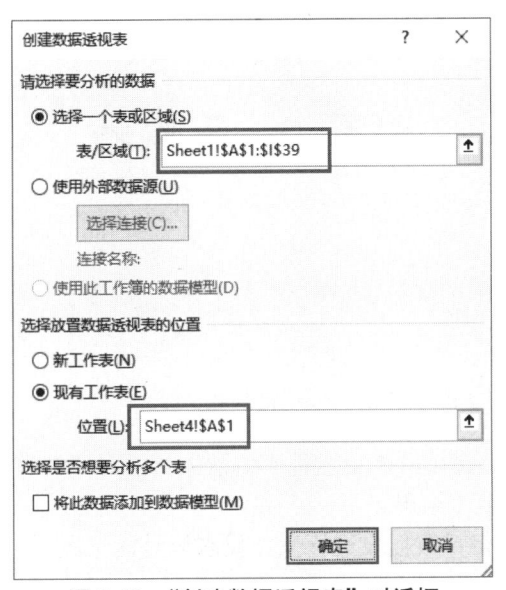

图 3-10 "创建数据透视表"对话框

(2) 在对话框中,单击"现有工作表"→"位置"框,选择"Sheet4!$A$1"。单击"确定"按钮,在 Sheet4 表的右侧会自动打开"数据透视表字段"任务窗格,如图 3-11 所示。按题目要求,选择"优等生"字段,分别将其拖曳到"行"区域、"值"区域(数据区域)。完成后,在 Sheet4 表中自动生成数据透视表。

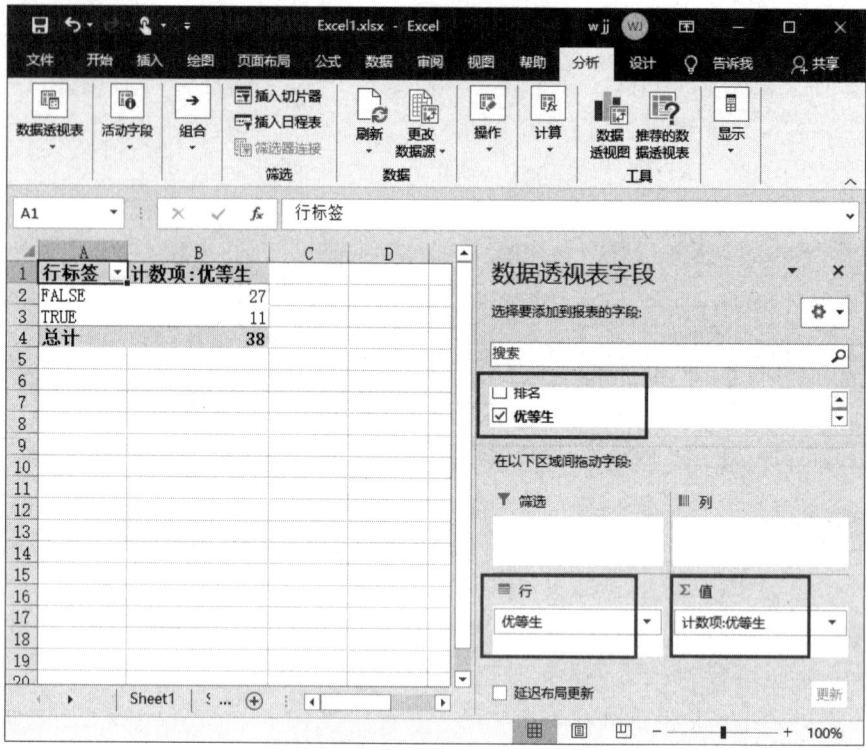

图 3-11 数据透视表设置完成

保存并关闭文件，整套试题操作完成。

试题 2 采购表

试题描述

一、操作说明

1. DExcel.xlsx 文件保存在本题文件夹下。
2. 单击"回答"按钮，将打开本题文件夹。请按要求对该文件夹中的 DExcel.xlsx 文件进行操作，请注意及时保存操作结果。
3. 考生在做题时，不得对数据表进行操作要求以外的更改。

二、操作要求

1. 在 Sheet5 中，使用函数，将 A1 单元格中的数四舍五入到整百，存放在 B1 单元格中。
2. 在 Sheet1 中，使用条件格式将"采购数量"列中数量大于 100 的单元格中的字体颜色设置为红色、字形设置为加粗显示。

3. 使用VLOOKUP函数，对Sheet1中"采购表"的"单价"列进行填充。
- 根据"价格表"中的商品单价，使用VLOOKUP函数，将其单价填充到"采购表"中的"单价"列中。
- 函数中参数如果需要用到绝对地址的，请使用绝对地址进行答题，其他方式无效。

4. 使用IF函数，对Sheet1"采购表"中的"折扣"列进行填充。要求：
- 根据"折扣表"中的商品折扣率，使用相应的函数，将其折扣率填充到采购表中的"折扣"列中。

5. 使用数组公式，对Sheet1中"采购表"的"合计"列进行计算。
- 根据"采购数量"、"单价"和"折扣"，计算采购的合计金额，将结果保存在"合计"列中。
- 计算公式：单价*采购数量*（1-折扣率）。

6. 使用SUMIF函数，计算各种商品的采购总量和采购总金额，将结果保存在Sheet1中的"统计表"当中相应位置。

7. 将Sheet1中的"采购表"复制到Sheet2中，并对Sheet2进行高级筛选。
（1）要求：
- 筛选条件为"采购数量">150，"折扣率">0。
- 将筛选结果保存在Sheet2的H5单元格中。

（2）注意：
- 无须考虑是否删除或移动筛选条件。
- 复制过程中，将标题项"采购表"连同数据一同复制。
- 复制数据表后，粘贴时，数据表必须顶格放置。
- 复制过程中，保持数据一致。

8. 根据Sheet1中的"采购表"，新建一个数据透视图，保存在Sheet3中。
- 该图形显示每个采购时间点所采购的所有项目数量汇总情况。
- x坐标设置为"采购时间"。
- 求和项为"采购数量"。
- 将对应的数据透视表也保存在Sheet3中。

操作过程

1. 在Sheet5中，使用函数，将A1单元格中的数四舍五入到整百，存放在B1单元格中。

在Sheet5工作表，选择B1单元格，在公式编辑栏中输入公式"=ROUND(A1,−2)"，按回车键确认，A1单元格中显示36968，B1单元格中显示37000，实现了四舍五入到整百的计算。

注：ROUND函数按指定的位数（第2个参数）对数值（第1个参数）进行四舍五入计算。位数为0表示数值四舍五入为整数；位数为正整数表示四舍五入到小数点位数，如2，表示数值四舍五入到小数点右边2位。

2. 在Sheet1中，使用条件格式将"采购数量"列中数量大于100的单元格中的字体颜色设置为红色、字形设置为加粗显示。

（1）选择Sheet1的B11:B43，选择"开始"选项卡→"条件格式"→"突出显示单元格规则"→"大于"，打开"大于"对话框。在"为大于以下值的单元格设置格式"框中输入数值100，并在"设置为"下拉框中选择"自定义格式"，打开"设置单元格格式"对话框。

(2)"颜色"选择"红色","字形"选择"加粗",单击"确定"按钮,完成操作。

3. 使用 VLOOKUP 函数,对 Sheet1 中"采购表"的"单价"列进行填充。

● 根据"价格表"中的商品单价,使用 VLOOKUP 函数,将其单价填充到采购表中的"单价"列中。

● 函数中参数如果需要用到绝对地址的,请使用绝对地址进行答题,其他方式无效。

VLOOKUP 是一个查找函数,它由 4 个参数组成。

第 1 个参数 Lookup_value 表示需要在数据表(待查询)首列中进行搜索的值,如某件需要查询价格的商品。

第 2 个参数 Table_array 指待查询的数据表,如某个价格表。

第 3 个参数 Col_index_num 表示待查询数据表的首列被第 1 个参数匹配后,对应行中返回匹配值的列序号。

第 4 个参数 Range_lookup 是一个逻辑值,用 FALSE/TRUE 表示,精确匹配用 FALSE,大致匹配用 TRUE 或省略。

(1)在 Sheet1 表中单击 D11 单元格,单击公式编辑栏中的 *fx* 按钮,选择插入函数"VLOOKUP",单击"确定"按钮后,打开"函数参数"对话框,如图 3-12 所示。

(2)第 1 个参数选择输入 A11;第 2 个参数选择输入 F3:G5,因需要采用绝对引用,故按 F4 键将其转换为$F$3:$G$5;第 3 个参数输入 2,表示把"价格表"中第 2 列数据作为匹配结果;第 4 个参数输入 FALSE,表示精确匹配。

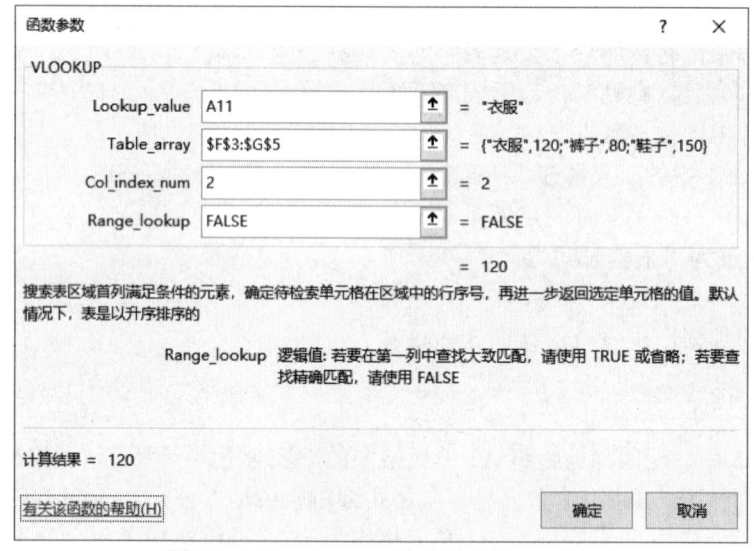

图 3-12 VLOOKUP"函数参数"对话框

(3)函数参数设置完成后,单击"确定"按钮,D11 单元格显示"衣服"的价格为 120;使用 D11 单元格右下角的填充柄,把公式填充至 D43 单元格,完成"单价"列的填充计算。

4. 使用 IF 函数,对 Sheet1"采购表"中的"折扣"列进行填充。要求:

● 根据"折扣表"中的商品折扣率,使用相应的函数,将其折扣率填充到"采购表"中的"折扣"列中。

(1)选择 Sheet1 的 E11 单元格,单击公式编辑栏中的 *fx* 按钮,插入"IF"函数,确定后,打开 IF"函数参数"对话框,进行折扣计算,如图 3-13 所示。

（2）根据 Sheet1 左上角的折扣表，使用嵌套的方式设计 IF 函数。IF 函数第 1 个参数输入表达式：B11<$A$4；第 2 个参数表示表达式结果为 TRUE 时的返回值：$B$3（折扣率）；第 3 个参数表示表达式结果为 FALSE 时的返回值，此时需要继续嵌入下一个 IF 函数：单击 Excel 公式编辑栏左侧的名称框下拉按钮，选择"IF"函数（或单击"其他函数"选择插入 IF 函数）。

（3）继续参照上述方法，直至完成整个折扣表的函数编写，确定输入函数后，公式编辑栏内的结果为"=IF(B11<$A$4,$B$3,IF(B11<$A$5,$B$4,IF(B11<$A$6,$B$5,$B$6)))"。

E11 单元格显示的折扣为 0，在 E11 单元格中双击填充柄，完成"采购表"中"折扣"列的填充计算。如 E14 单元格显示为 0.06，表示该次采购数量 125，满足折扣率 6%的条件。

注：本题中，对"折扣表"单元格的引用都使用了绝对引用的方式，目的是确保在"折扣"列的公式填充时，进行折扣计算的引用数据不会随填充而发生错误的移动。

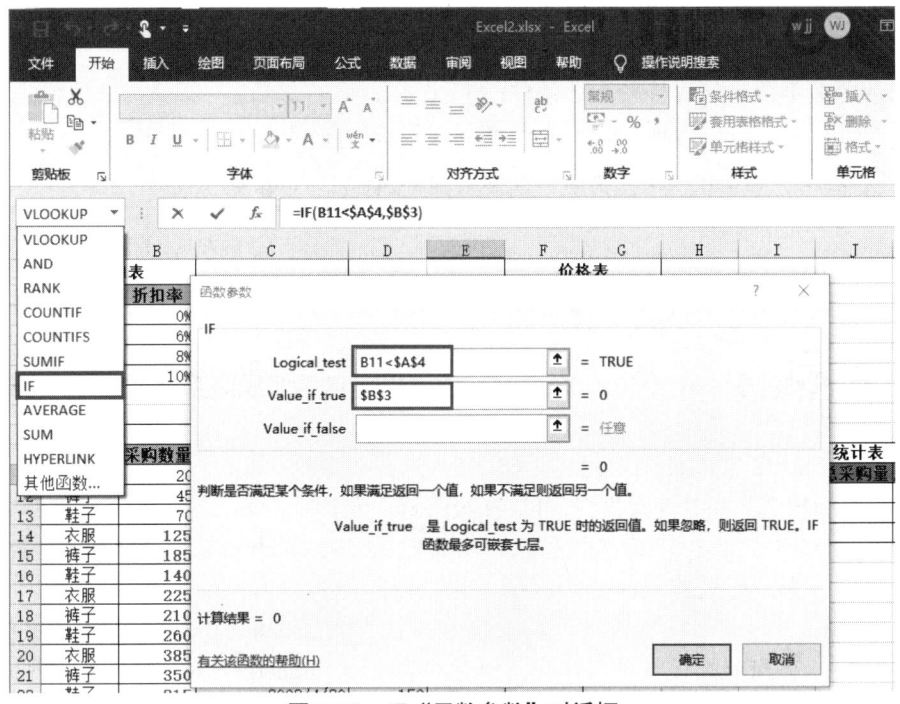

图 3-13 IF"函数参数"对话框

5. 使用数组公式，对 Sheet1 中"采购表"的"合计"列进行计算。

● 根据"采购数量"、"单价"和"折扣"，计算采购的合计金额，将结果保存在"合计"列中。

● 计算公式：单价*采购数量*（1-折扣率）。

（1）选择目标单元格"合计"列的 F11:F43，按"="键，开始编辑数组公式。

（2）编辑公式"=D11:D43*B11:B43*(1-E11:E43)"。

（3）最后，同时按下 Ctrl+Shift+Enter 组合键，输入完成。

注：若出现 F 列（"合计"列）中的数据不能完整显示或显示一串"#"符号时，可以选择"开始"选项卡→"单元格"→"格式"→"自动调整列宽"命令即可完整显示内容。

6. 使用 SUMIF 函数，计算各种商品的采购总量和采购总金额，将结果保存在 Sheet1 中的"统计表"当中相应位置。

（1）计算总采购量：单击 J12 单元格，输入公式"=SUMIF($A$11:$A$43,I12,$B$11:$B$43)"，按回车键确定后，J12 单元格显示 2800；使用 J12 单元格填充柄，填充至 J14 单元格，完成总采购量计算。

（2）计算总采购金额：单击 K12 单元格，输入公式"=SUMIF($A$11:$A$43,I12,$F$11:$F$43)"，按回车键确定后，K12 单元格显示 305424；使用 K12 单元格填充柄，填充至 K14 单元格，完成总采购金额计算。

7. 将 Sheet1 中的"采购表"复制到 Sheet2 中，并对 Sheet2 进行高级筛选。

（1）要求：
- 筛选条件为"采购数量">150，"折扣率">0；
- 将筛选结果保存在 Sheet2 的 H5 单元格中。

（2）注意：
- 无须考虑是否删除或移动筛选条件；
- 复制过程中，将标题项"采购表"连同数据一同复制；
- 复制数据表后，粘贴时，数据表必须顶格放置；
- 复制过程中，保持数据一致。

（1）选择 Sheet1 工作表的 A9:F43，将其复制粘贴至 Sheet2 表的 A1 开始的区域；若出现粘贴异常，可以使用选择性粘贴（粘贴值、粘贴格式），并使用"自动调整列宽"格式功能，确保正常粘贴显示。

（2）按要求设计条件区域：如 H2:I3，列标题 H2、I2 为"采购数量""折扣"，H3、I3 对应设置">150"">0"。

（3）单击 Sheet2 表的任一单元格，如 D5；选择"数据"选项卡→"排序和筛选"→"高级"，打开"高级筛选"对话框，如图 3-14 所示。

列表区域：为当前采购表的整个区域（包含每列的标题），Excel 自动选择；

条件区域：选择上面设计的 H2:I3，对话框显示为 Sheet2!$H$2:$I$3；

方式可以按需要选择，这里选择"将筛选结果复制到其他位置"，在"复制到"框中单击 H5 单元格，框中自动显示"Sheet2!$H$5"。

单击"高级筛选"对话框的"确定"按钮，按要求完成筛选。

图 3-14 高级筛选设置

8. 根据 Sheet1 中的"采购表"，新建一个数据透视图，保存在 Sheet3 中。
- 该图形显示每个采购时间点所采购的所有项目数量汇总情况；
- x 坐标设置为"采购时间"；
- 求和项为"采购数量"；
- 将对应的数据透视表也保存在 Sheet3 中。

（1）单击 Sheet1 "采购表"数据区域的任一单元格，如 D15，选择"插入"选项卡→"数据透视图"，打开"创建数据透视图"对话框，Excel 已自动选择当前区域 Sheet1!$A$10:$F$43。

（2）在对话框中，在"现有工作表"→"位置"中选择"Sheet3!$A$1"，单击"确定"按钮，在 Sheet3 表的右侧会自动打开"数据透视图字段"任务窗格。按题目要求，将"采购时间"字段拖曳到"行"区域（x 坐标）；将"采购数量"字段拖曳到"值"区域（求和项）。完成后，在 Sheet3 表中自动生成数据透视图（也自动包含数据透视表），如图 3-15 所示。

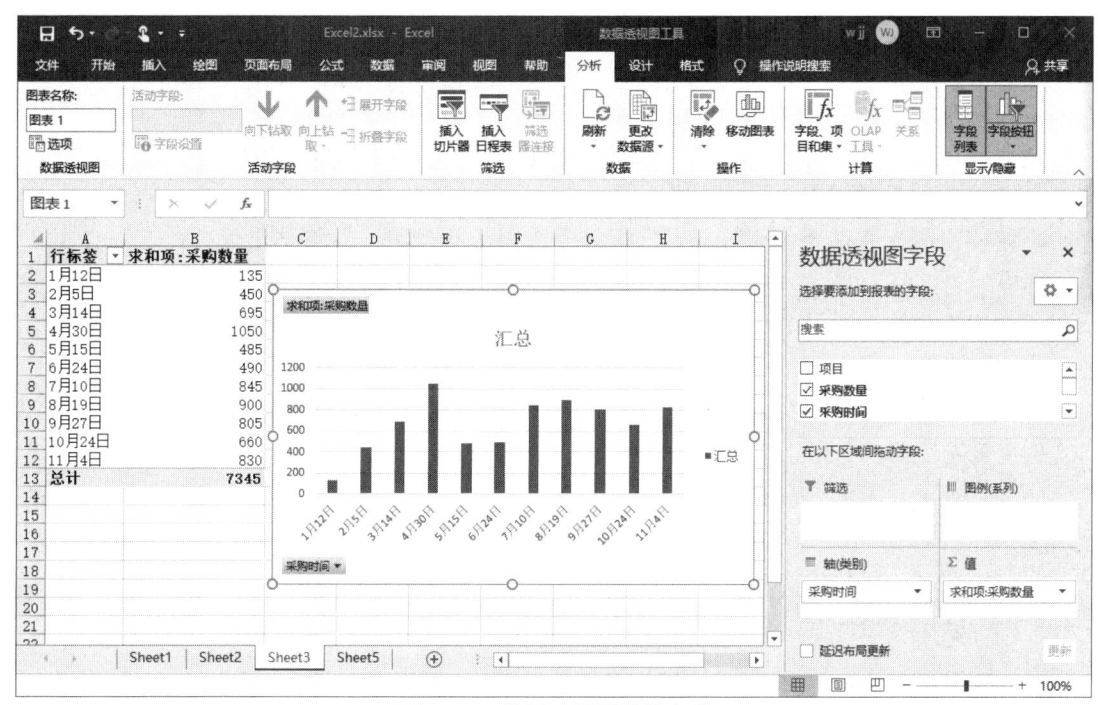

图 3-15　数据透视图设置完成

保存并关闭文件，整套试题操作完成。

试题 3　教材订购情况表

> 试题描述

一、操作说明

1. DExcel.xlsx 文件保存在本题文件夹下。

2. 单击"回答"按钮，将打开本题文件夹。请按要求对该文件夹中的 DExcel.xlsx 文件进行操作，请注意及时保存操作结果。

3. 考生在做题时，不得对数据表进行操作要求以外的更改。

二、操作要求

1. 在 Sheet5 的 A1 单元格中设置为只能录入 5 位数字或文本。当录入位数错误时，提示错误原因，样式为"警告"，错误信息为"只能录入 5 位数字或文本"。

2. 在 Sheet5 的 B1 单元格中输入分数 1/3。

3. 使用数组公式，对 Sheet1 中"教材订购情况表"的订购金额进行计算。
- 将结果保存在该表的"金额"列当中。
- 计算方法为：金额=订数*单价。

4. 使用统计函数，对 Sheet1 中"教材订购情况表"的结果按以下条件进行统计，并将结果保存在 Sheet1 中的相应位置。要求：
- 统计出版社名称为"高等教育出版社"的书的种类数，并将结果保存在 Sheet1 的 L2 单元格中。
- 统计订购数量大于 110 且小于 850 的书的种类数，并将结果保存在 Sheet1 中 L3 单元格中。

5. 使用函数，计算每个用户所订购图书所需支付的金额，并将结果保存在 Sheet1 中"用户支付情况表"的"支付总额"列中。

6. 使用函数，判断 Sheet2 中的年份是否为闰年，如果是，结果保存"闰年"；如果不是，则结果保存"平年"，并将结果保存在"是否为闰年"列中。
- 闰年定义：年数能被 4 整除而不能被 100 整除，或者能被 400 整除的年份。

7. 将 Sheet1 中的"教材订购情况表"复制到 Sheet3 中，对 Sheet3 进行高级筛选。
（1）要求：
- 筛选条件为"订数>=500，且金额<=30000"。
- 将结果保存在 Sheet3 的 K5 单元格中。

（2）注意：
- 无须考虑是否删除或移动筛选条件。
- 复制过程中，将标题项"教材订购情况表"连同数据一同复制。
- 数据表必须顶格放置。
- 复制过程中，数据保持一致。

8. 根据 Sheet1 中"教材订购情况表"的结果，在 Sheet4 中新建一张数据透视表。要求：
- 显示每个客户在每个出版社所订的教材数目。
- 行区域设置为"出版社"。
- 列区域设置为"客户"。
- 求和项为订数。
- 数据区域设置为"订数"。

> 操作过程

1. 在 Sheet5 的 A1 单元格中设置为只能录入 5 位数字或文本。当录入位数错误时，提示错误原因,样式为"警告",错误信息为"只能录入5位数字或文本"。

单击Sheet5的A1单元格,选择"数据"选项卡→"数据工具"→"数据验证"→"数据验证",在弹出的对话框中设置如下。

(1)"设置"选项卡中,设置"允许"为"文本长度","数据"为"等于","长度"为"5"。

(2)"出错警告"选项卡中,设置"样式"为"警告",在"错误信息"文本框中输入"只能录入5位数字或文本"。单击"确定"按钮完成。

2. 在Sheet5的B1单元格中输入分数 1/3。

在Sheet5的B1单元格中,输入"0 1/3",按回车键确定,输入完成。

3. 使用数组公式,对Sheet1中"教材订购情况表"的订购金额进行计算。
- 将结果保存在该表的"金额"列当中。
- 计算方法为:金额=订数*单价。

(1)选择目标单元格"金额"列的I3:I52,按"="键,开始编辑数组公式。

(2)编辑公式"=G3:G52*H3:H52"。

(3)最后,同时按下Ctrl+Shift+Enter组合键,输入完成。

4. 使用统计函数,对Sheet1中"教材订购情况表"的结果按以下条件进行统计,并将结果保存在Sheet1中的相应位置。要求:
- 统计出版社名称为"高等教育出版社"的书的种类数,并将结果保存在Sheet1中L2单元格中。
- 统计订购数量大于110且小于850的书的种类数,并将结果保存在Sheet1中L3单元格中。

(1)在Sheet1表中,选择目标单元格L2,单击公式编辑栏,编辑输入公式"=COUNTIF(D3:D52,"高等教育出版社")",按回车键确定,L2单元格显示统计结果为6。

(2)在Sheet1表中,选择目标单元格L3,单击公式编辑栏,编辑输入公式"=COUNTIFS(G3:G52,">110",G3:G52,"<850")",按回车键确定,L3单元格显示统计结果为28。

5. 使用函数,计算每个用户所订购图书所需支付的金额,并将结果保存在Sheet1中"用户支付情况表"的"支付总额"列中。

(1)在Sheet1表中,选择目标单元格L8,单击公式编辑栏,编辑输入公式"=SUMIF($A$3:$A$52,K8,$I$3:$I$52)",按回车键确定,L8单元格显示统计结果为721301。

(2)使用L8单元格填充柄,填充至L11单元格,完成"支付总额"计算。注意,核对其中的另外三个单元格,正确结果应为:L9单元格显示为53337,L10单元格显示为65122,L11单元格显示为71253。

6. 使用函数,判断Sheet2中的年份是否为闰年,如果是,结果保存"闰年";如果不是,则结果保存"平年",并将结果保存在"是否为闰年"列中。
- 闰年定义:年数能被4整除而不能被100整除,或者能被400整除的年份。

(1)在Sheet2表中,选择目标单元格B2,单击公式编辑栏,编辑输入公式"=IF(MOD(A2,400)=0,"闰年",IF(MOD(A2,4)<>0,"平年",IF(MOD(A2,100)<>0,"闰年","平年")))",按回车键确定,B2单元格显示结果为"平年"。

（2）使用 B2 单元格右下角的填充柄，填充至 B21 单元格，完成闰年判断。注意，核对其中的三个单元格，正确结果应为：B7 单元格显示为"闰年"，B12 单元格显示为"闰年"，B18 单元格显示为"平年"。

7. 将 Sheet1 中的"教材订购情况表"复制到 Sheet3 中，对 Sheet3 进行高级筛选。
（1）要求：
- 筛选条件为"订数>=500，且金额<=30000"。
- 将结果保存在 Sheet3 的 K5 单元格中。

（2）注意：
- 无须考虑是否删除或移动筛选条件。
- 复制过程中，将标题项"教材订购情况表"连同数据一同复制。
- 数据表必须顶格放置。
- 复制过程中，数据保持一致。

（1）选择 Sheet1 工作表的 A1:I52，将其复制粘贴至 Sheet3!A1 开始的区域；若出现粘贴异常，可以使用选择性粘贴（粘贴值、粘贴格式），并使用"自动调整列宽"格式功能，确保正常粘贴显示。

（2）按要求设计筛选条件区域：如 K2:L3，列标题 K2、L2 为"订数""金额"，K3、L3 对应设置">=500"" <=30000"。

（3）单击 Sheet3 表的任一单元格，如 D5，选择"数据"选项卡→"排序和筛选"→"高级"，打开"高级筛选"对话框，设置如下。

列表区域：$A$2:$I$52，Excel 会自动选择。

条件区域：选择上面设计的 H2:I3，在对话框中显示"Sheet3!$K$2:$L$3"。

方式：选择"将筛选结果复制到其他位置"，然后在"复制到"框中单击 K5 单元格，对话框中显示"Sheet3!$K$5"。最后，单击"高级筛选"对话框的"确定"按钮，按要求完成筛选。按需要使用"自动调整列宽"格式功能，确保实现筛选结果的完整显示。

8. 根据 Sheet1 中"教材订购情况表"的结果，在 Sheet4 中新建一张数据透视表。要求：
- 显示每个客户在每个出版社所订的教材数目。
- 行区域设置为"出版社"。
- 列区域设置为"客户"。
- 求和项为订数。
- 数据区域设置为"订数"。

（1）单击 Sheet1 表数据区域的任一单元格，如 D15，选择"插入"选项卡→"数据透视表"，打开"创建数据透视表"对话框，Excel 已自动选择当前区域 Sheet1!$A$2:$I$52。

（2）在对话框的"现有工作表"→"位置"中选择"Sheet4!$A$1"，单击"确定"按钮，在 Sheet4 表的右侧会自动打开"数据透视表字段"任务窗格。按题目要求，将"出版社"字段拖曳到"行"区域；将"客户"字段拖曳到"列"区域；将"订数"字段拖曳到"值"区域（求和项）。完成后，在 Sheet4 表中自动生成数据透视表，如图 3-16 所示。

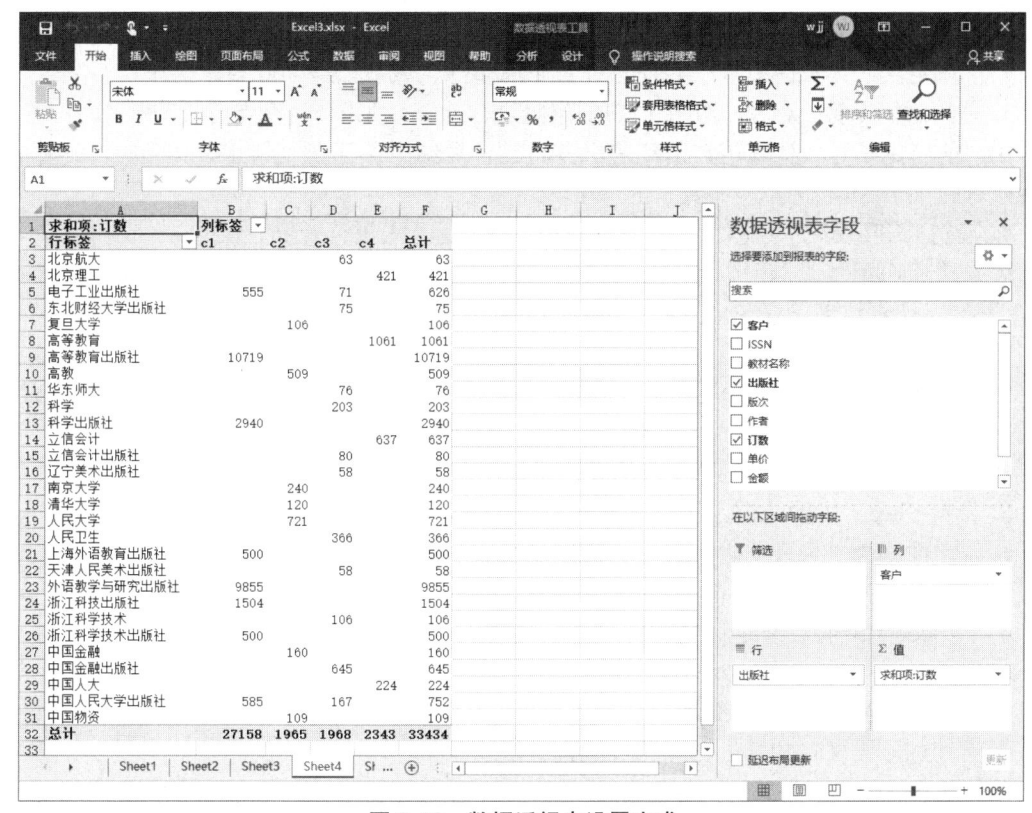

图 3-16 数据透视表设置完成

保存并关闭文件，整套试题操作完成。

试题 4　电话号码升位

试题描述

一、操作说明

1. DExcel.xlsx 文件保存在本题文件夹下。
2. 单击"回答"按钮，将打开本题文件夹。请按要求对该文件夹中的 DExcel.xlsx 文件进行操作，请注意及时保存操作结果。
3. 考生在做题时，不得对数据表进行操作要求以外的更改。

二、操作要求

1. 在 Sheet5 的 A1 单元格中设置为只能录入 5 位数字或文本。当录入位数错误时，提示错误原因，样式为"警告"，错误信息为"只能录入 5 位数字或文本"。

2. 在 Sheet5 的 B1 单元格中输入公式，判断当前年份是否为闰年，结果为 TRUE 或 FALSE。
- 闰年定义：年数能被 4 整除而不能被 100 整除，或者能被 400 整除的年份。

3. 使用时间函数，对 Sheet1 中用户的年龄进行计算。要求：假设当前时间是"2013-5-1"，结合用户的出生年月，计算用户的年龄，并将其计算结果保存在"年龄"列当中。计算方法为两个时间年份之差。

4. 使用 REPLACE 函数，对 Sheet1 中用户的电话号码进行升级。要求：
- 对"原电话号码"列中的电话号码进行升级。升级方法是在区号（0571）的后面加上"8"，并将其计算结果保存在"升级电话号码"列的相应单元格中。
- 例如：电话号码"05716742808"升级后为"057186742808"。

5. 在 Sheet1 中，使用 AND 函数，根据"性别"及"年龄"列中的数据，判断所有用户是否为大于等于 40 岁的男性，并将结果保存在"是否>=40 男性"列中。
- 注意：如果是，保存结果为 TRUE；否则，保存结果为 FALSE。

6. 根据 Sheet1 中的数据，对以下条件，使用统计函数进行统计。要求：
- 统计性别为"男"的用户人数，将结果填入 Sheet2 的 B2 单元格中。
- 统计年龄为">40"岁的用户人数，将结果填入 Sheet2 的 B3 单元格中。

7. 将 Sheet1 中的数据复制到 Sheet3，并对 Sheet3 进行高级筛选。
（1）要求：
- 筛选条件为"性别"—女，"所在区域"—西湖区。
- 将筛选结果保存在 Sheet3 的 J5 单元格中。

（2）注意：
- 无须考虑是否删除或移动筛选条件。
- 复制数据表后，粘贴时，数据表必须顶格放置。

8. 根据 Sheet1 的结果，创建一个数据透视图，保存在 Sheet4 中。要求：
- 显示每个区域所拥有的用户数量。
- x 坐标设置为"所在区域"。
- 计数项为"所在区域"。
- 将对应的数据透视表也保存在 Sheet4 中。

操作过程

1. 在 Sheet5 的 A1 单元格中设置为只能录入 5 位数字或文本。当录入位数错误时，提示错误原因，样式为"警告"，错误信息为"只能录入 5 位数字或文本"。

单击 Sheet5 的 A1 单元格，选择"数据"选项卡→"数据工具"→"数据验证"→"数据验证"，在弹出的对话框中设置如下。

（1）在"设置"选项卡中，设置"允许"为"文本长度"，"数据"为"等于"，"长度"为"5"。

（2）在"出错警告"选项卡中，设置"样式"为"警告"，在"错误信息"文本框中输入"只能录入 5 位数字或文本"。单击"确定"按钮完成。

2. 在 Sheet5 的 B1 单元格中输入公式，判断当前年份是否为闰年，结果为 TRUE 或 FALSE。
- 闰年定义：年数能被 4 整除而不能被 100 整除，或者能被 400 整除的年份。

（1）在 Sheet5 表中，选择目标单元格 B1，单击公式编辑栏，编辑输入公式"=OR(MOD(YEAR(NOW()),400)=0,AND(MOD(YEAR(NOW()),4)=0,MOD(YEAR(NOW()),100)<>0))"。

（2）按回车键确定，B1 单元格显示结果为 FALSE。注意，本题对闰年判断的结果为 TRUE/FALSE，由逻辑函数 OR() 计算得出，当前年份使用日期与时间函数 YEAR()、NOW () 等获取。此外，随着时间推移，当前年份也可能会轮到闰年，请读者注意。

3. 使用时间函数，对 Sheet1 中用户的年龄进行计算。要求：假设当前时间是"2013-5-1"，结合用户的出生年月，计算用户的年龄，并将其计算结果保存在"年龄"列当中。计算方法为两个时间年份之差。

（1）在 Sheet1 表中，选择目标单元格 D2，单击公式编辑栏，编辑输入公式"=2013-YEAR (C2)"。

（2）按回车键确定，D2 单元格显示结果为 46。使用 D2 单元格右下角的填充柄，填充至 D39 单元格，完成年龄计算。

4. 使用 REPLACE 函数，对 Sheet1 中用户的电话号码进行升级。要求：
- 对"原电话号码"列中的电话号码进行升级。升级方法是在区号（0571）的后面加上"8"，并将其计算结果保存在"升级电话号码"列的相应单元格中。
- 例如：电话号码"05716742808"升级后为"057186742808"。

（1）在 Sheet1 表中，选择目标单元格 G2，单击公式编辑栏，编辑输入公式"=REPLACE (F2,1,4,"05718")"。

（2）按回车键确定，G2 单元格显示结果为"057186742801"。REPLACE 函数把原电话号码的前 4 位"0571"替换成了升级后的号码"05718"。使用 G2 单元格右下角的填充柄，填充至 G39 单元格，完成电话号码的升级。

5. 在 Sheet1 中，使用 AND 函数，根据"性别"及"年龄"列中的数据，判断所有用户是否为大于等于 40 岁的男性，并将结果保存在"是否>=40 男性"列中。
- 注意：如果是，保存结果为 TRUE；否则，保存结果为 FALSE。

（1）在 Sheet1 表中，选择目标单元格 H2，单击公式编辑栏，编辑输入公式"=AND(D2>=40,B2="男")"。

（2）按回车键确定，H2 单元格显示结果为 TRUE。注意，本题对"是否>=40 男性"判断的结果为 TRUE/FALSE，由逻辑函数 AND() 计算得出。使用 H2 单元格右下角的填充柄，填充至 H39 单元格，完成判断。

6. 根据 Sheet1 中的数据，对以下条件，使用统计函数进行统计。要求：
- 统计性别为"男"的用户人数，将结果填入 Sheet2 的 B2 单元格中。
- 统计年龄为">40"岁的用户人数，将结果填入 Sheet2 的 B3 单元格中。

（1）在 Sheet2 表中，选择目标单元格 B2，单击公式编辑栏，编辑输入公式"=COUNTIF (Sheet1!B2:B37,"男")"，按回车键确定，B2 单元格显示结果为 18。

（2）在 Sheet2 表中，选择目标单元格 B3，单击公式编辑栏，编辑输入公式"=COUNTIF (Sheet1!D2:D37,">40")"，按回车键确定，B3 单元格显示结果为 19。

7. 将 Sheet1 中的数据复制到 Sheet3，并对 Sheet3 进行高级筛选。

（1）要求：
- 筛选条件为"性别"—女，"所在区域"—西湖区。
- 将筛选结果保存在 Sheet3 的 J5 单元格中。

（2）注意：
- 无须考虑是否删除或移动筛选条件。
- 复制数据表后，粘贴时，数据表必须顶格放置。

（1）选择 Sheet1 工作表中的 A1:H37，将其复制粘贴至 Sheet3!A1 开始的区域；若出现粘贴异常，可以使用选择性粘贴（粘贴值、粘贴格式），并使用"自动调整列宽"格式功能，确保正常粘贴显示。

（2）按要求设计筛选条件区域，如 J1:K2，列标题 J1、K1 为"性 别"（注意，标题文字内容必须与数据区域的标题一致，此处文字之间有一个空格）、"所在区域"，J2、K2 对应设置"女""西湖区"。

（3）单击 Sheet3 表的任一单元格，如 D5，选择"数据"选项卡→"排序和筛选"→"高级"，打开"高级筛选"对话框，设置如下。

列表区域：$A$1:$H$37，Excel 会自动选择；

条件区域：选择上面设计的 J1:K2，对话框中显示"Sheet3!$J$1:$K$2"；

方式：选择"将筛选结果复制到其他位置"，"复制到"框中单击 J5 单元格，对话框显示"Sheet3!$J$5"。最后，单击"确定"按钮，按要求完成筛选。按需要使用"自动调整列宽"格式功能，确保实现筛选结果的完整显示。

8. 根据 Sheet1 的结果，创建一个数据透视图，保存在 Sheet4 中。要求：
- 显示每个区域所拥有的用户数量；
- x 坐标设置为"所在区域"；
- 计数项为"所在区域"；
- 将对应的数据透视表也保存在 Sheet4 中。

（1）单击 Sheet1 表数据区域的任一单元格，如 D15，选择"插入"选项卡→"数据透视图"，打开"创建数据透视图"对话框，Excel 已自动选择当前区域 Sheet1!$A$1:$H$37。

（2）在对话框的"现有工作表"→"位置"中选择"Sheet4!$A$1"，单击"确定"按钮，在 Sheet4 表的右侧会自动打开"数据透视图字段"任务窗格。按题目要求，将"所在区域"字段拖曳到"轴（类别）"（x 坐标）；再将"所在区域"字段拖曳到"值"区域（计数项）。完成后，在 Sheet4 表中自动生成数据透视图（也自动包含数据透视表），如图 3-17 所示。

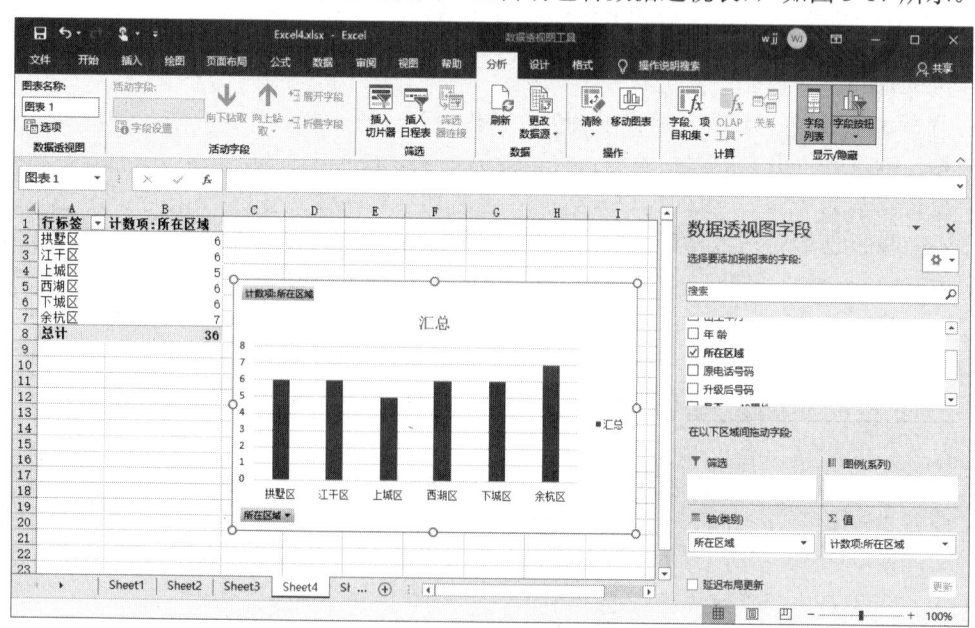

图 3-17　数据透视图设置完成

保存并关闭文件，整套试题操作完成。

试题 5 灯泡采购情况表

试题描述

一、操作说明

1. DExcel.xlsx 文件保存在本题文件夹下。
2. 单击"回答"按钮，将打开本题文件夹。请按要求对该文件夹中的 DExcel.xlsx 文件进行操作，请注意及时保存操作结果。
3. 考生在做题时，不得对数据表进行操作要求以外的更改。

二、操作要求

1. 在 Sheet1 的 B30 单元格中输入分数 1/3。
2. 在 Sheet1 中设定第 31 行中不能输入重复的数值。
3. 使用数组公式，计算 Sheet1 中的每种产品的价值，将结果保存到表中的"价值"列中。
- 计算价值的方法为"价值=单价*每盒数量*采购盒数"。
4. 在 Sheet2 中，利用数据库函数及已设置的条件区域，计算以下情况的结果，并将结果保存在相应的单元格中。
- 计算：商标为上海，瓦数小于 100W 的白炽灯的平均单价。
- 计算：产品为白炽灯，其瓦数大于等于 80W 且小于等于 100W 的数量。
5. 某公司对各个部门员工吸烟情况进行统计，作为人力资源搭配的一个数据依据。对于调查对象，只能回答 Y（吸烟）或者 N（不吸烟）。根据调查情况，制作出 Sheet3。请使用函数，统计符合以下条件的数值。
- 统计未登记的部门个数。
- 统计在登记的部门中，吸烟的部门个数。
6. 使用函数，对 Sheet3 的 B21 单元格中的内容进行判断，判断其是否为文本，如果是，结果为"TRUE"；如果不是，结果为"FALSE"，并将结果保存在 Sheet3 的 B22 单元格当中。
7. 将 Sheet1 中的数据复制到 Sheet4 中，对 Sheet4 进行高级筛选，要求：
- 筛选条件："产品为白炽灯，商标为上海"，并将结果保存。
- 将结果保存在 Sheet4 中。
8. 根据 Sheet1 的结果，在 Sheet5 中创建一张数据透视表，要求：
- 显示不同商标的不同产品的采购数量。
- 行区域设置为"产品"。
- 列区域设置为"商标"。
- 数据区域为"采购盒数"，求和项为"采购盒数"。

> 操作过程

1. 在 Sheet1 的 B30 单元格中输入分数 1/3。

在 Sheet1 的 B30 单元格中,输入 "0 1/3",按回车键确定,输入完成。

2. 在 Sheet1 中设定第 31 行中不能输入重复的数值。

单击 Sheet1 左侧行号 31,选中第 31 行,选择"数据"选项卡→"数据工具"→"数据验证"→"数据验证",在弹出的对话框的"设置"选项卡中,设置"允许"为"自定义",然后在"公式"框中输入"=COUNTIF(31:31,A31)<=1",单击"确定"按钮完成。

3. 使用数组公式,计算 Sheet1 中的每种产品的价值,将结果保存到表中的"价值"列中。

● 计算价值的方法为"价值=单价*每盒数量*采购盒数"。

(1)在 Sheet1 表中,选择目标单元格"价值"列的 H2:H17,按"="键,输入编辑数组公式"=E2:E17*F2:F17*G2:G17"。

(2)最后,同时按下 Ctrl+Shift+Enter 组合键,输入完成。

4. 在 Sheet2 中,利用数据库函数及已设置的条件区域,计算以下情况的结果,并将结果保存在相应的单元格中。

● 计算:商标为上海,瓦数小于 100W 的白炽灯的平均单价。

● 计算:产品为白炽灯,其瓦数大于等于 80W 且小于等于 100W 的数量。

数据库函数用于计算满足给定条件的列表或数据库的列中数值的指定运算。以 DAVERAGE (Database, Field, Criteria)数据库函数为例,参数 Database 表示列表或数据库的单元格区域,参数 Criteria 为包含指定条件的单元格区域,参数 Field 表示指定函数所使用的列,该函数实现了对列表或数据库中满足指定条件的记录字段(列)中的数值求平均值。

(1)在 Sheet2 表中,选择目标单元格 G23,单击公式编辑栏,编辑输入公式"=DAVERAGE (A2:H18,E2,J3:L4)",按回车键确定,G23 单元格显示结果为 0.1666667。

(2)在 Sheet2 表中,选择目标单元格 G24,单击公式编辑栏,编辑输入公式"=DSUM (A2:H18,G2,J8:L9)",按回车键确定,G24 单元格显示结果为 15。

5. 某公司对各个部门员工吸烟情况进行统计,作为人力资源搭配的一个数据依据。对于调查对象,只能回答 Y(吸烟)或者 N(不吸烟)。根据调查情况,制作出 Sheet3。请使用函数,统计符合以下条件的数值。

● 统计未登记的部门个数。

● 统计在登记的部门中,吸烟的部门个数。

(1)在 Sheet3 表中,选择目标单元格 B14,单击公式编辑栏,编辑输入公式"=COUNTBLANK (B2:E11)",按回车键确定,B14 单元格显示结果为 16,实现了"未登记的部门个数"统计。

(2)在 Sheet3 表中,选择目标单元格 B15,单击公式编辑栏,编辑输入公式"=COUNTIF (B2:E11,"Y")",按回车键确定,B15 单元格显示结果为 15,实现了"吸烟的部门个数"统计。

6. 使用函数,对 Sheet3 的 B21 单元格中的内容进行判断,判断其是否为文本,如果是,结果为"TRUE";如果不是,结果为"FALSE",并将结果保存在 Sheet3 的 B22 单元格当中。

在 Sheet3 表中,选择目标单元格 B22,单击公式编辑栏,编辑输入公式"=ISTEXT(B21)",按回车键确定,B22 单元格显示结果为 TRUE,实现了对 B21 单元格内容"是否为文本"的判断。

7. 将 Sheet1 中的数据复制到 Sheet4 中，对 Sheet4 进行高级筛选，要求：
- 筛选条件："产品为白炽灯，商标为上海"，并将结果保存。
- 将结果保存在 Sheet4 中。

（1）选择 Sheet1 工作表中的 A1:H17，将其复制粘贴至 Sheet4!A1 开始的区域；若出现粘贴异常，可以使用选择性粘贴（粘贴值、粘贴格式），并使用"自动调整列宽"格式功能，确保正常粘贴显示。

（2）按要求设计筛选条件区域：如 J1:K2，列标题 J1、K1 设为"产品""商标"，J2、K2 对应设置"白炽灯""上海"。

（3）单击 Sheet4 表的任一单元格，如 D5，选择"数据"选项卡→"排序和筛选"→"高级"，打开"高级筛选"对话框，设置如下。

列表区域：$A$1:$H$17，Excel 会自动选择。

条件区域：选择上面设计的 J1:K2，在对话框中显示"Sheet4!$J$1:$K$2"。

方式：选择"在原有区域显示筛选结果"，单击"高级筛选"对话框中的"确定"按钮，按要求完成筛选。按需要使用"自动调整列宽"格式功能，确保实现筛选结果的完整显示。

8. 根据 Sheet1 的结果，在 Sheet5 中创建一张数据透视表，要求：
- 显示不同商标的不同产品的采购数量。
- 行区域设置为"产品"。
- 列区域设置为"商标"。
- 数据区域为"采购盒数"，求和项为"采购盒数"。

（1）单击 Sheet1 表数据区域的任一单元格，如 D15，选择"插入"选项卡→"数据透视表"，打开"创建数据透视表"对话框，Excel 已自动选择当前区域 Sheet1!$A$1:$H$17。

（2）在对话框的"现有工作表"→"位置"中选择"Sheet5!$A$1"，单击"确定"按钮，在 Sheet5 表的右侧会自动打开"数据透视表字段"任务窗格。按题目要求，将"产品"字段拖曳到"行"区域；将"商标"字段拖曳到"列"区域；将"采购盒数"字段拖曳到"值"区域（求和项）。完成后，在 Sheet5 表中自动生成数据透视表，如图 3-18 所示。

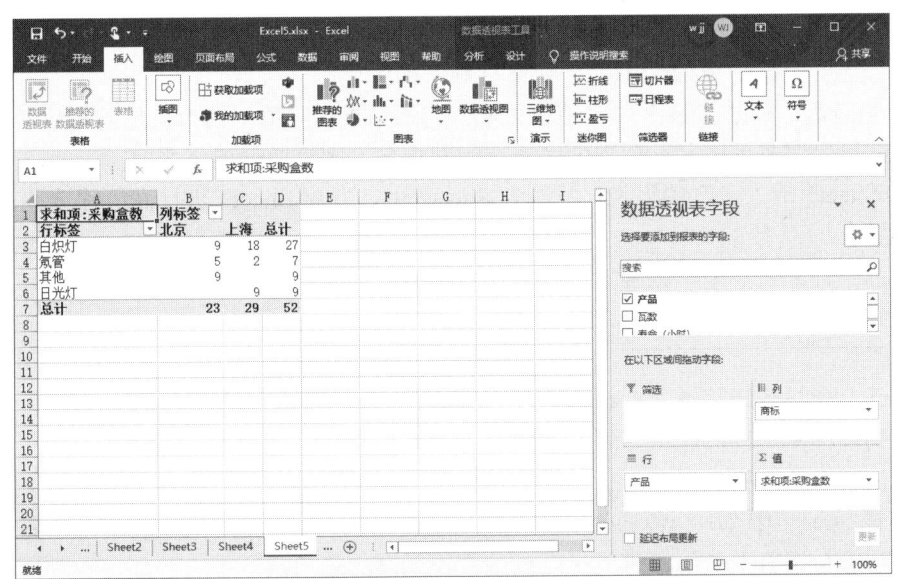

图 3-18　数据透视表设置完成

保存并关闭文件，整套试题操作完成。

试题 6　房产销售表

> 试题描述

一、操作说明

1. DExcel.xlsx 文件保存在本题文件夹下。
2. 单击"回答"按钮，将打开本题文件夹。请按要求对该文件夹中的 DExcel.xlsx 文件进行操作，请注意及时保存操作结果。
3. 考生在做题时，不得对数据表进行操作要求以外的更改。

二、操作要求

1. 在 Sheet5 的 A1 单元格中设置为只能录入 5 位数字或文本。当录入位数错误时，提示错误原因，样式为"警告"，错误信息为"只能录入 5 位数字或文本"。
2. 在 Sheet1 中，使用条件格式将"预定日期"列中日期为 2008-4-1 及以后的单元格中的字体颜色设置为红色、加粗显示。对 C 列，设置"自动调整列宽"。
3. 使用公式，计算 Sheet1 中"房产销售表"的房价总额，并保存在"房产总额"列中。
- 计算公式为：房价总额 = 面积 * 单价。
4. 使用数组公式，计算 Sheet1 中"房产销售表"的契税总额，并保存在"契税总额"列中。
- 计算公式为：契税总额 = 契税 * 房价总额。
5. 使用函数，根据 Sheet1 中"房产销售表"的结果，在 Sheet2 中统计每个销售人员的销售总额，将结果保存在 Sheet2 中的"销售总额"列中。
6. 使用函数，根据 Sheet2 中"销售总额"列的结果，对每个销售人员的销售情况进行排序，并将结果保存在"排名"列当中（若有相同排名，则返回最佳排名）。
7. 将 Sheet1 中"房产销售表"复制到 Sheet3 中，并对 Sheet3 进行高级筛选。
（1）要求：
- 筛选条件为"户型"为两室一厅，"房价总额">1000000。
- 将结果保存在 Sheet3 的 A31 单元格中。
（2）注意：
- 无须考虑是否删除或移动筛选条件。
- 复制过程中，将标题项"房产销售表"连同数据一同复制。
- 数据表必须顶格放置。
8. 根据 Sheet1 中"房产销售表"的结果，创建一个数据透视图，保存在 Sheet4 中。要求：
- 显示每个销售人员所销售房屋应缴纳契税总额汇总情况。

- x 坐标设置为"销售人员"。
- 数据区域为"契税总额"。
- 求和项设置为"契税总额"。
- 将对应的数据透视表也保存在 Sheet4 中。

操作过程

1. 在 Sheet5 的 A1 单元格中设置为只能录入 5 位数字或文本。当录入位数错误时，提示错误原因，样式为"警告"，错误信息为"只能录入 5 位数字或文本"。

单击 Sheet5 中的 A1 单元格，选择"数据"选项卡→"数据工具"→"数据验证"→"数据验证"，在打开的对话框中设置如下。

（1）在"设置"选项卡中，设置"允许"为"文本长度"，"数据"为"等于"，"长度"为"5"。

（2）在"出错警告"选项卡中，设置"样式"为"警告"，在"错误信息"文本框中输入"只能录入 5 位数字或文本"。单击"确定"按钮完成。

2. 在 Sheet1 中，使用条件格式将"预定日期"列中日期为 2008-4-1 及以后的单元格中的字体颜色设置为红色、加粗显示。对 C 列，设置"自动调整列宽"。

（1）选择 Sheet1 中的 C2:C26，选择"开始"选项卡→"条件格式"→"突出显示单元格规则"→"其他规则"，打开"新建格式规则"对话框。在"编辑规则说明"中设置规则为"大于或等于"，输入数值"2008-4-1"，并单击"格式"按钮，打开"设置单元格格式"对话框。在该对话框中进行单元格格式的字体设置。

（2）"颜色"选择"红色"，"字形"选择"加粗"，单击"确定"按钮，完成操作。

3. 使用公式，计算 Sheet1 中"房产销售表"的房价总额，并保存在"房产总额"列中。
- 计算公式为：房价总额 = 面积 * 单价。

（1）在 Sheet1 表中，选择目标单元格 I3，单击公式编辑栏，编辑输入公式"=F3*G3"。

（2）按回车键确定，I3 单元格显示结果为 853443.52。使用 I3 单元格右下角的填充柄，填充至 I26 单元格，完成"房价总额"的计算。

4. 使用数组公式，计算 Sheet1 中"房产销售表"的契税总额，并保存在"契税总额"列中。
- 计算公式为契税总额 = 契税 * 房价总额。

（1）在 Sheet1 表中，选择目标单元格"契税总额"列的 J3:J26，按"="键，编辑数组公式"=H3:H26*I3:I26"。

（2）同时按下 Ctrl+Shift+Enter 组合键，输入完成。J3 单元格显示为 12801.65，J26 单元格显示为 73102.26。

5. 使用函数，根据 Sheet1 中"房产销售表"的结果，在 Sheet2 中统计每个销售人员的销售总额，将结果保存在 Sheet2 中的"销售总额"列中。

（1）在 Sheet2 表中，选择目标单元格 B2，单击公式编辑栏，编辑输入公式"=SUMIF(Sheet1!$K$3:$K$26,A2,Sheet1!$I$3:$I$26)"，按回车键确定，B2 单元格显示统计结果为 11090135.91。

（2）使用 B2 单元格右下角的填充柄，填充至 B6 单元格，完成"支付总额"的计算。B6 单元格显示统计结果为 6131130.56。

6. 使用函数，根据 Sheet2 中"销售总额"列的结果，对每个销售人员的销售情况进行排序，并将结果保存在"排名"列当中（若有相同排名，则返回最佳排名）。

（1）在 Sheet2 表中，选择目标单元格 C2，单击公式编辑栏，编辑输入公式"=RANK(B2,$B$2:$B$6)"，按回车键确定，C2 单元格显示排名结果为 1。

（2）使用 C2 单元格右下角的填充柄，填充至 C6 单元格，完成"排名"计算。C6 单元格显示排名结果为 3。

7. 将 Sheet1 中"房产销售表"复制到 Sheet3 中，并对 Sheet3 进行高级筛选。

（1）要求：
- 筛选条件为"户型"为两室一厅，"房价总额">1000000。
- 将结果保存在 Sheet3 的 A31 单元格中。

（2）注意：
- 无须考虑是否删除或移动筛选条件。
- 复制过程中，将标题项"房产销售表"连同数据一同复制。
- 数据表必须顶格放置。

（1）选择 Sheet1 工作表中的 A1:K26，将其复制粘贴至 Sheet3!A1 开始的区域；若出现粘贴异常，可以使用选择性粘贴（粘贴值、粘贴格式），并使用"自动调整列宽"格式功能，确保正常粘贴显示。

（2）按要求设计筛选条件区域：如 M2:N3，列标题 M2、N2 设为"户型""房价总额"，M3、N3 对应设置"两室一厅"">1000000"。

（3）单击 Sheet3 表中的任一单元格，如 D5，选择"数据"选项卡→"排序和筛选"→"高级"，打开"高级筛选"对话框，设置如下。

列表区域：$A$2:$K$26，Excel 会自动选择。

条件区域：选择上面设计的 M1:N2，在对话框中显示"Sheet3!$M$2:$N$3"。

方式：选择"将筛选结果复制到其他位置"，然后在"复制到"框中单击 A31 单元格，对话框显示"Sheet3!$A$31"。最后，单击"确定"按钮，按要求完成筛选。按需要使用"自动调整列宽"格式功能，确保实现筛选结果的完整显示。

8. 根据 Sheet1 中"房产销售表"的结果，创建一个数据透视图，保存在 Sheet4 中。要求：
- 显示每个销售人员所销售房屋应缴纳契税总额汇总情况。
- x 坐标设置为"销售人员"。
- 数据区域为"契税总额"。
- 求和项设置为"契税总额"。
- 将对应的数据透视表也保存在 Sheet4 中。

（1）单击 Sheet1 表数据区域的任一单元格，如 D15，选择"插入"选项卡→"数据透视图"，打开"创建数据透视图"对话框，Excel 已自动选择当前区域 Sheet1!$A$2:$K$26。

（2）在对话框的"现有工作表"→"位置"中选择"Sheet4!$A$1"，单击"确定"按钮，在 Sheet4 表的右侧会自动打开"数据透视图字段"任务窗格。按题目要求，将"销售人员"字段拖曳到"轴（类别）"；将"契税总额"字段拖曳到"值"区域（求和项）。完成后，在 Sheet4 表中自动生成数据透视图（也自动包含数据透视表），如图 3-19 所示。

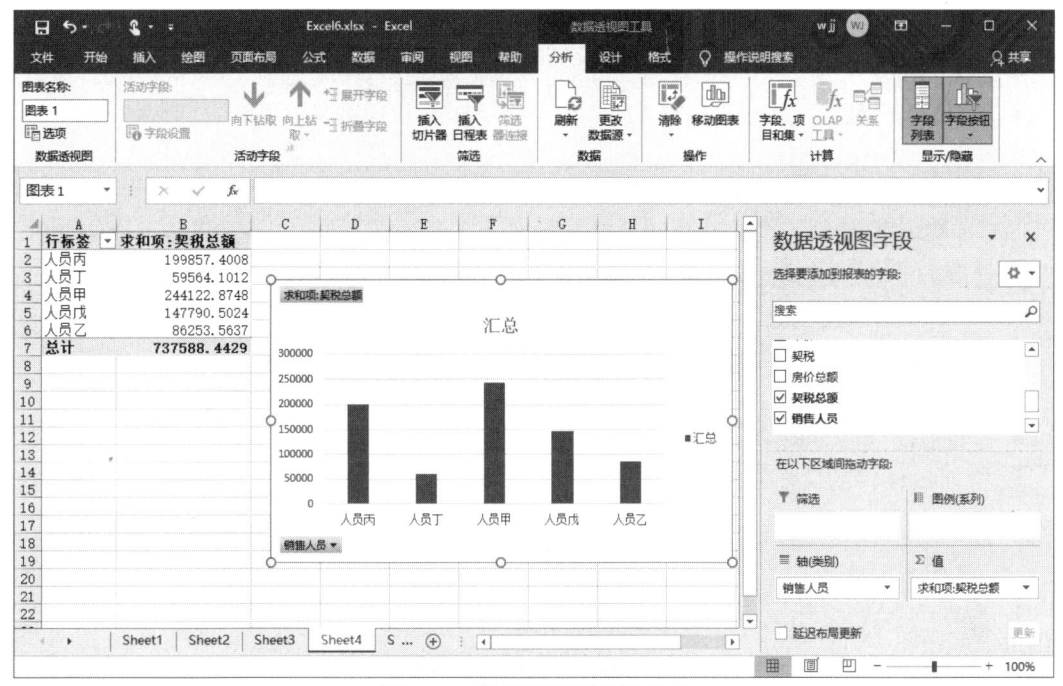

图 3-19 数据透视图设置完成

保存并关闭文件，整套试题操作完成。

试题 7　公务员考试成绩统计

> 试题描述

一、操作说明

1. DExcel.xlsx 文件保存在本题文件夹下。
2. 单击"回答"按钮，将打开本题文件夹。请按要求对该文件夹中的 DExcel.xlsx 文件进行操作，请注意及时保存操作结果。
3. 考生在做题时，不得对数据表进行操作要求以外的更改。

二、操作要求

1. 在 Sheet5 的 A1 单元格中输入分数 1/3。
2. 在 Sheet1 中，使用条件格式将"性别"列中为"女"的单元格中的字体颜色设置为红色、字形加粗显示。
3. 使用 IF 函数，对 Sheet1 中的"学位"列进行自动填充。要求：
填充的内容根据"学历"列的内容来确定（假定学生均已获得相应学位）。

- 博士研究生－博士；
- 硕士研究生－硕士；
- 本科－学士；
- 其他－无。

4. 使用数组公式，在 Sheet1 中计算：

（1）计算"笔试比例分"，并将结果保存在"公务员考试成绩表"中的"笔试比例分"中。
- 计算方法为：笔试比例分＝（笔试成绩/3）*60%。

（2）计算"面试比例分"，并将结果保存在"公务员考试成绩表"中的"面试比例分"中。
- 计算方法为：面试比例分＝面试成绩*40%。

（3）计算"总成绩"，并将结果保存在"公务员考试成绩表"中的"总成绩"中。
- 计算方法为：总成绩＝笔试比例分＋面试比例分。

5. 将 Sheet1 中的"公务员考试成绩表"复制到 Sheet2 中，根据以下要求修改"公务员考试成绩表"中的数组公式，并将结果保存在 Sheet2 的相应列中。

（1）要求：
- 修改"笔试比例分"的计算，计算方法为：笔试比例分＝（（笔试成绩/2）*60%），并将结果保存在"笔试比例分"列中。

（2）注意：
- 复制过程中，将标题项"公务员考试成绩表"连同数据一同复制。
- 复制数据表后，粘贴时，数据表必须顶格放置。

6. 在 Sheet2 中，使用函数，根据"总成绩"列对所有考生进行排名（如果多个数值排名相同，则返回该组数值的最佳排名）。
- 要求：将排名结果保存在"排名"列中。

7. 将 Sheet2 中的数据复制到 Sheet3，并对 Sheet3 进行高级筛选。

（1）要求：
- 筛选条件为："报考单位"－"一中院"、"性别"－"男"、"学历"－"硕士研究生"。
- 将筛选结果保存在 Sheet3 的 A25 单元格中。

（2）注意：
- 无须考虑是否删除或移动筛选条件。
- 复制过程中，将标题项"公务员考试成绩表"连同数据一同复制。
- 复制数据表后，粘贴时，数据表必须顶格放置。

8. 根据 Sheet2，在 Sheet4 中新建一数据透视表。要求：
- 显示每个报考单位的人的不同学历的人数汇总情况。
- 行区域设置为"报考单位"。
- 列区域设置为"学历"。
- 数据区域设置为"学历"。
- 计数项为"学历"。

操作过程

1. 在 Sheet5 的 A1 单元格中输入分数 1/3。

在 Sheet5 的 A1 单元格，输入"0 1/3"，按回车键确定，输入完成

2. 在 Sheet1 中，使用条件格式将"性别"列中为"女"的单元格中的字体颜色设置为红色、字形加粗显示。

（1）选择 Sheet1 中的 B11:B43，选择"开始"选项卡→"条件格式"→"突出显示单元格规则"→"等于"，打开"等于"对话框。在"为等于以下值的单元格设置格式"框中输入值"女"，并在"设置为"下拉框中选择"自定义格式"，打开"设置单元格格式"对话框。

（2）"颜色"选择"红色"，"字形"选择"加粗"，单击"确定"按钮，完成操作。

3. 使用 IF 函数，对 Sheet1 中的"学位"列进行自动填充。要求：

填充的内容根据"学历"列的内容来确定（假定学生均已获得相应学位）

- 博士研究生－博士；
- 硕士研究生－硕士；
- 本科－学士；
- 其他－无。

（1）在 Sheet1 表中，选择目标单元格 H3，单击公式编辑栏，编辑输入公式"=IF(G3="博士研究生","博士",IF(G3="硕士研究生","硕士",IF(G3="本科","学士","无")))"，按回车键确定，H3 单元格显示统计结果为"博士"。

（2）使用 H3 单元格右下角的填充柄，填充至 H18 单元格，完成"学位"列的计算。H18 单元格显示统计结果为"学士"。

4. 使用数组公式，在 Sheet1 中计算：

（1）计算"笔试比例分"，并将结果保存在"公务员考试成绩表"中的"笔试比例分"中。

- 计算方法为：笔试比例分=（笔试成绩/3）*60%。

（2）计算"面试比例分"，并将结果保存在"公务员考试成绩表"中的"面试比例分"中。

- 计算方法为：面试比例分=面试成绩*40%。

（3）计算"总成绩"，并将结果保存在"公务员考试成绩表"中的"总成绩"中。

- 计算方法为：总成绩=笔试比例分+面试比例分。

（1）计算"笔试比例分"：在 Sheet1 表中，选择目标单元格"笔试比例分"列的 J3:J18，按"="键，开始编辑数组公式，编辑输入公式"=(I3:I18/3)*60%"，同时按下 Ctrl+Shift+Enter 组合键，输入完成。J3 单元格显示为 30.80，J18 单元格显示为 26.30。

（2）计算"面试比例分"：在 Sheet1 表中，选择目标单元格"面试比例分"列的 L3:L18，按"="键，开始编辑数组公式，编辑输入公式"=K3:K18*40%"，同时按下 Ctrl+Shift+Enter 组合键，输入完成。L3 单元格显示为 27.50，L18 单元格显示为 23.27。

（3）计算"总成绩"：在 Sheet1 表中，选择目标单元格"总成绩"列的 M3:M18，按"="键，开始编辑数组公式，编辑输入公式"=(I3:I18/3)*60%"，同时按下 Ctrl+Shift+Enter 组合键，输入完成。M3 单元格显示为 58.30，M18 单元格显示为 49.57。

5. 将 Sheet1 中的"公务员考试成绩表"复制到 Sheet2 中，根据以下要求修改"公务员考试成绩表"中的数组公式，并将结果保存在 Sheet2 的相应列中。

（1）要求：

- 修改"笔试比例分"的计算，计算方法为：笔试比例分=（（笔试成绩/2）*60%），并将结果保存在"笔试比例分"列中。

（2）注意：

- 复制过程中，将标题项"公务员考试成绩表"连同数据一同复制。

- 复制数据表后，粘贴时，数据表必须顶格放置。

（1）选择 Sheet1 工作表中的 A1:N18，将其复制粘贴至 Sheet2!A1 开始的区域；若出现粘贴异常，可以使用选择性粘贴（粘贴值、粘贴格式），并使用"自动调整列宽"格式功能，确保正常粘贴显示。

（2）修改"笔试比例分"：在 Sheet2 表中，选择目标单元格"笔试比例分"列的 J3:J18，按"="键，开始编辑数组公式，编辑输入公式"=(I3:I18/2)*60%"，同时按下 Ctrl+Shift+Enter 组合键，输入完成。J3 单元格显示为 46.20，J18 单元格显示为 39.45。

6. 在 Sheet2 中，使用函数，根据"总成绩"列对所有考生进行排名（如果多个数值排名相同，则返回该组数值的最佳排名）。

- 要求：将排名结果保存在"排名"列中。

（1）在 Sheet2 表中，选择目标单元格 N3，单击公式编辑栏，编辑输入公式"=RANK(M3,M$3:M$18)"，按回车键确定，N3 单元格显示排名结果为 11。

（2）使用 N3 单元格右下角的填充柄，填充至 N18 单元格，完成"排名"列的计算。N18 单元格显示排名结果为 16。

7. 将 Sheet2 中的数据复制到 Sheet3，并对 Sheet3 进行高级筛选。

（1）要求：

- 筛选条件为："报考单位"—"一中院"、"性别"—"男"、"学历"—"硕士研究生"。
- 将筛选结果保存在 Sheet3 的 A25 单元格中。

（2）注意

- 无须考虑是否删除或移动筛选条件。
- 复制过程中，将标题项"公务员考试成绩表"连同数据一同复制。
- 复制数据表后，粘贴时，数据表必须顶格放置。

（1）选择 Sheet2 工作表中的 A1:N18，将其复制粘贴至 Sheet3!A1 开始的区域；若出现粘贴异常，可以使用选择性粘贴（粘贴值、粘贴格式），并使用"自动调整列宽"格式功能，确保正常粘贴显示。

（2）按要求设计筛选条件区域：如 A20:C21，列标题 A20、B20、C20 设为"报考单位""性别""学历"，A21、B21、C21 对应设置"一中院""男""硕士研究生"。

（3）单击 Sheet3 表数据区域的任一单元格，如 D5，选择"数据"选项卡→"排序和筛选"→"高级"，打开"高级筛选"对话框，设置如下：

列表区域：$A$2:$N$18，Excel 会自动选择。

条件区域：选择上面设计的 A20:C21，在对话框中显示为"Sheet3!$A$20:$C$21"。

显示方式：选择"将筛选结果复制到其他位置"，再在"复制到"框中单击 A25 单元格，显示为"Sheet3!$A$25"。最后，单击"高级筛选"对话框中的"确定"按钮，按要求完成筛选。按需要使用"自动调整列宽"格式功能，确保实现筛选结果的完整显示。

8. 根据 Sheet2，在 Sheet4 中新建一数据透视表。要求：

- 显示每个报考单位的人的不同学历的人数汇总情况。
- 行区域设置为"报考单位"。
- 列区域设置为"学历"。
- 数据区域设置为"学历"。
- 计数项为"学历"。

（1）单击 Sheet2 表数据区域的任一单元格，如 D15，选择"插入"选项卡→"数据透视表"，打开"创建数据透视表"对话框，Excel 已自动选择当前区域 Sheet2!$A$2:$N$18。

（2）在对话框的"现有工作表"→"位置"中选择"Sheet4!$A$1"，单击"确定"按钮，在 Sheet4 表的右侧会自动打开"数据透视表字段"任务窗格。按题目要求，将"报考单位"字段拖曳到"行"区域；将"学历"字段拖曳到"列"区域；再将"学历"字段拖曳到"值"区域（计数项）。完成后，在 Sheet4 表中自动生成数据透视表，如图 3-20 所示。

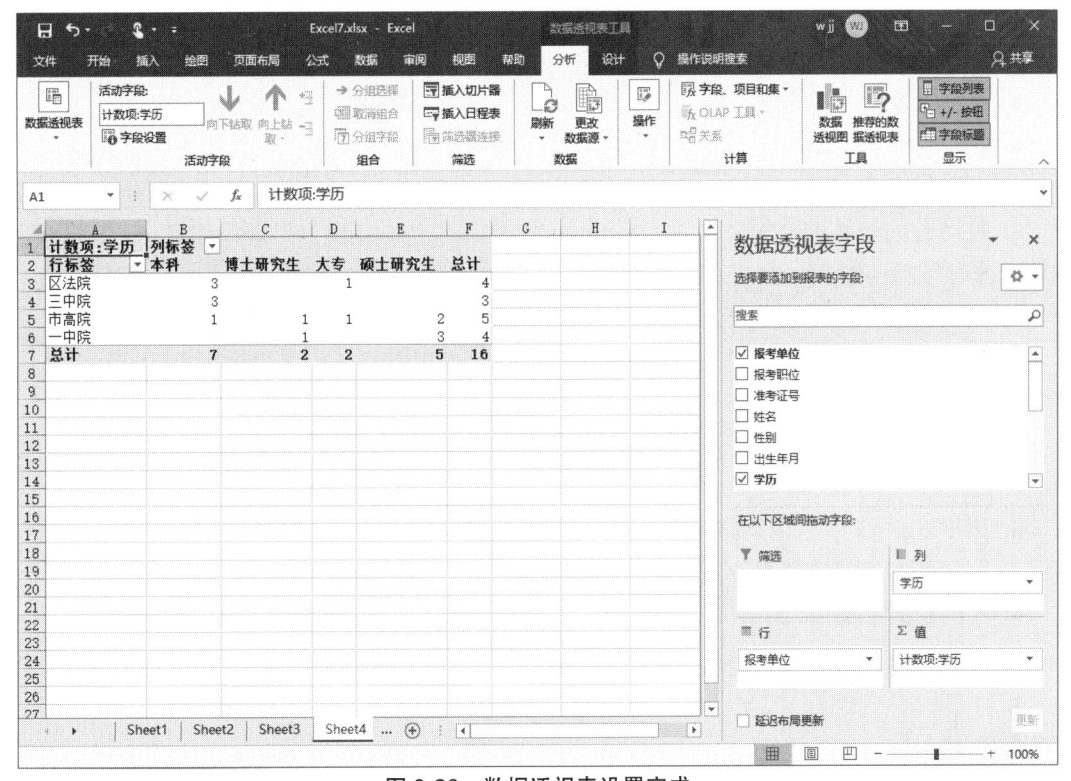

图 3-20　数据透视表设置完成

保存并关闭文件，整套试题操作完成。

试题 8　员工信息表

> 试题描述

一、操作说明

1. DExcel.xlsx 文件保存在本题文件夹下。

2. 单击"回答"按钮，将打开本题文件夹。请按要求对该文件夹中的 DExcel.xlsx 文件进行操作，请注意及时保存操作结果。

3. 考生在做题时，不得对数据表进行操作要求以外的更改。

二、操作要求

1. 在 Sheet3 中设定 A 列中不能输入重复的数值。
2. 在 Sheet3 的 B1 单元格中输入分数 1/3。
3. 使用 IF 函数，对 Sheet1 中的"学位"列进行自动填充。要求：填充的内容根据"学历"列的内容来确定（假定学生均已获得相应学位）：
- 博士研究生－博士。
- 硕士研究生－硕士。
- 本科－学士。

4. 使用时间函数和数组公式，对 Sheet1 中"进厂工作时年龄"列进行计算，计算公式为：进厂工作时年龄=进厂工作时日期年份-出生日期年份。
5. 判断出生年份是否闰年，将判断结果（"是"或"否"）填入"是否闰年"列中。
6. 利用数据库函数统计六分厂 30 岁以上（截至 2010-03-31，即 1980-04-01 前出生）具有博士学位的女性研究员人数，将结果填入 Sheet1 的 N12 单元格中。
7. 使用 RANK 函数对进厂工作日期排序，先进厂的排前面（从 1 开始），结果填入"厂龄排序"列。
8. 根据 Sheet1 中的结果，在 Sheet4 中创建一张数据透视表。要求：
- 显示每个部门的各岗位级别员工数量。
- 行设置为"部门"。
- 列设置为"岗位级别"。
- 计数项为"姓名"。

操作过程

1. 在 Sheet3 中设定 A 列中不能输入重复的数值。

单击 Sheet4 的 F 列，选中第 A 列，选择"数据"选项卡→"数据工具"→"数据验证"→"数据验证"，在弹出的对话框中进行如下设置：在"设置"选项卡中，"允许"设为"自定义"，"公式"框中输入"=COUNTIF(A:A,A1)<=1"，单击"确定"按钮完成。

2. 在 Sheet3 的 B1 单元格中输入分数 1/3。

在 Sheet3 的 B1 单元格中，输入"0 1/3"，按回车键确定，输入完成。

3. 使用 IF 函数，对 Sheet1 中的"学位"列进行自动填充。要求：填充的内容根据"学历"列的内容来确定（假定学生均已获得相应学位）：
- 博士研究生－博士。
- 硕士研究生－硕士。
- 本科－学士。

在 Sheet1 表中，选择目标单元格 G3，单击公式编辑栏，编辑输入公式"=IF(F3="博士研究生","博士",IF(F3="硕士研究生","硕士","学士"))"，按回车键确定，G3 单元格显示计算结果为"硕士"。使用 G3 单元格右下角的填充柄，填充至 G94 单元格，完成"学位"列的填充。G94 单元格显示为"硕士"。

4. 使用时间函数和数组公式，对 Sheet1 中"进厂工作时年龄"列进行计算，计算公式为：进厂工作时年龄=进厂工作时日期年份-出生日期年份。

在 Sheet1 表中，选择目标单元格"进厂工作时年龄"列的 I3:I94，按"="键，开始编辑数组公式，编辑输入公式"=YEAR(H3:H94)-YEAR(E3:E94)"，同时按下 Ctrl+Shift+Enter 组合键，输入完成。I3 单元格显示为 22，I94 单元格显示为 26。

5. 判断出生年份是否闰年，将判断结果（"是"或"否"）填入"是否闰年"列中。

在 Sheet1 表中，选择目标单元格 J3，单击公式编辑栏，编辑输入公式"=IF(MOD(YEAR(E3),400)=0,"是",IF(MOD(YEAR(E3),4)<>0,"否",IF(MOD(YEAR(E3),100)<>0,"是","否")))"，按回车键确定，J3 单元格显示计算结果为"是"。使用 J3 单元格右下角的填充柄，填充至 J94 单元格，完成"是否闰年"列的填充。J94 单元格显示为"否"。

6. 利用数据库函数统计六分厂 30 岁以上（截至 2010-03-31，即 1980-04-01 前出生）具有博士学位的女性研究员人数，将结果填入 Sheet1 的 N12 单元格中。

（1）按题意，为数据库函数创建条件区域，假设为 N8:Q9 区域：N8、O8、P8、Q8 单元格内容分别为"出生日期""学位""性别""岗位级别"；N9、O9、P9、Q9 单元格内容分别为"<1980-4-1""博士""女""研究员"。

（2）选择目标单元格 N12，单击公式编辑栏，编辑输入公式"=DCOUNTA(A2:K94,A2,N8:Q9)"，按回车键确定，N12 单元格显示计算结果为 10。

7. 使用 RANK 函数对进厂工作日期排序，先进厂的排前面（从 1 开始），结果填入"厂龄排序"列。

在 Sheet1 表中，选择目标单元格 K3，单击公式编辑栏，编辑输入公式"=RANK(H3,$H$3:$H$94,1)"，按回车键确定，K3 单元格显示计算结果为 29。使用 K3 单元格右下角的填充柄，填充至 K94 单元格，完成"厂龄排序"列的填充。K94 单元格显示为 59。

8. 根据 Sheet1 中的结果，在 Sheet4 中创建一张数据透视表。要求：
- 显示每个部门的各岗位级别员工数量。
- 行设置为"部门"。
- 列设置为"岗位级别"。
- 计数项为"姓名"。

（1）单击 Excel 底部的"新工作表"按钮，创建新工作表 Sheet4；拖曳工作表标签，使其排列顺序为 Sheet1、Sheet2、Sheet3、Sheet4。

（2）单击 Sheet1 表数据区域的任一单元格，如 D15，选择"插入"选项卡→"数据透视表"，打开"创建数据透视表"对话框。Excel 已自动选择当前区域 Sheet1!$A$2:$K$94。

（3）在对话框中，在"现有工作表"→"位置"中选择"Sheet4!$A$1"，单击"确定"按钮，在 Sheet4 表的右侧会自动打开"数据透视表字段"任务窗格。按题目要求，将"部门"字段拖曳到"行"区域；将"岗位级别"字段拖曳到"列"区域；将"姓名"字段拖曳到"值"区域（计数项）。完成后，在 Sheet4 表中自动生成数据透视表，如图 3-21 所示。

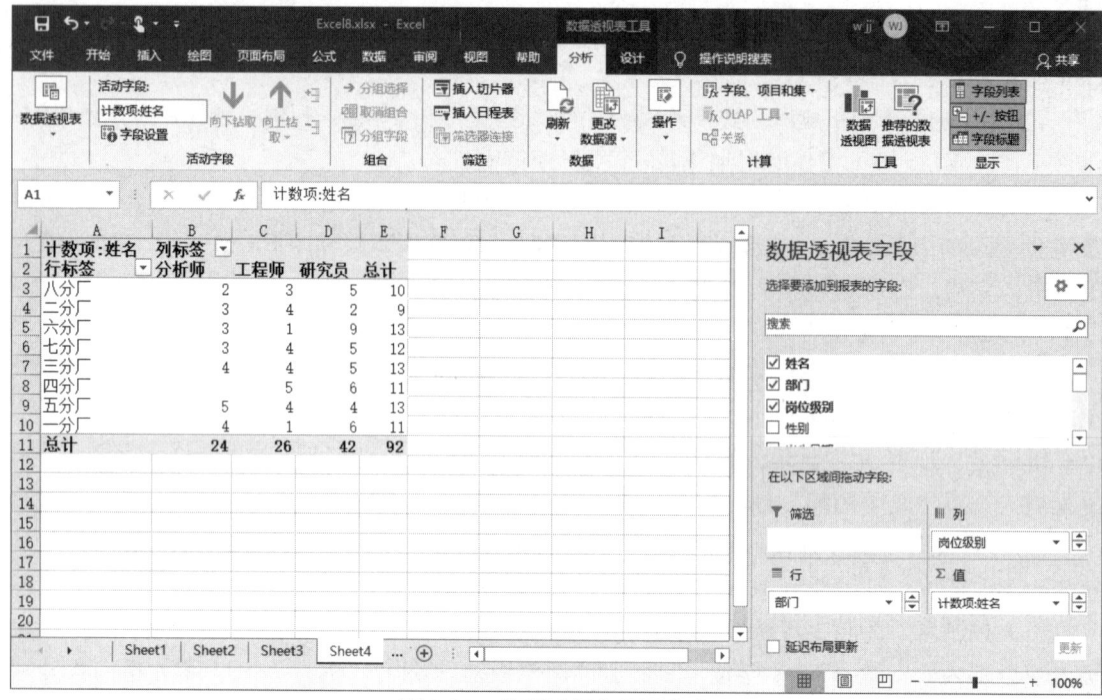

图 3-21　数据透视表设置完成

保存并关闭文件，整套试题操作完成。

试题 9　停车情况记录表

试题描述

一、操作说明

1. DExcel.xlsx 文件保存在本题文件夹下。
2. 单击"回答"按钮，将打开本题文件夹。请按要求对该文件夹中的 DExcel.xlsx 文件进行操作，请注意及时保存操作结果。
3. 考生在做题时，不得对数据表进行操作要求以外的更改。

二、操作要求

1. 在 Sheet4 的 A1 单元格中设置为只能录入 5 位数字或文本。当录入位数错误时，提示错误原因，样式为"警告"，错误信息为"只能录入 5 位数字或文本"。
2. 在 Sheet4 的 B1 单元格中输入公式，判断当前年份是否为闰年，结果为 TRUE 或 FALSE。

- 闰年定义：年数能被 4 整除而不能被 100 整除，或者能被 400 整除的年份。

3. 使用 HLOOKUP 函数，对 Sheet1 "停车情况记录表"中的"单价"列进行填充。

（1）要求：根据 Sheet1 中的"停车价目表"价格，使用 HLOOKUP 函数对"停车情况记录表"中的"单价"列根据不同的车型进行填充。

（2）注意：函数中如果需要用绝对地址的请使用绝对地址进行计算，其他方式无效。

4. 在 Sheet1 中，使用数组公式计算汽车在停车库中的停放时间。要求：
- 计算方法为："停放时间=出库时间-入库时间"。
- 格式为："小时：分钟：秒"。
- 将结果保存在"停车情况记录表"中的"停放时间"列中。
- 例如：一小时十五分十二秒在停放时间中的表示为："1：15：12"。

5. 使用函数公式，对"停车情况记录表"的停车费用进行计算。

（1）要求：
- 根据 Sheet1 停放时间的长短计算停车费用，将计算结果填入到"停车情况记录表"的"应付金额"列中。

（2）注意：
- 停车按小时收费，对于不满一个小时的按照一个小时计费。
- 对于超过整点小时数十五分钟（包含十五分钟）的多累计一个小时。
- 例如 1 小时 23 分，将以 2 小时计费。

6. 使用统计函数，对 Sheet1 中的"停车情况记录表"根据下列条件进行统计。要求：
- 统计停车费用大于等于 40 元的停车记录条数，并将结果保存在 J8 单元格中。
- 统计最高的停车费用，并将结果保存在 J9 单元格中。

7. 将 Sheet1 中的"停车情况记录表"复制到 Sheet2 中，对 Sheet2 进行高级筛选。

（1）要求：
- 筛选条件为"车型"－小汽车，"应付金额"＞＝30。
- 将结果保存在 Sheet2 的 I5 单元格中。

（2）注意：
- 无须考虑是否删除筛选条件。
- 复制过程中，将标题项"停车情况记录表"连同数据一同复制。
- 复制数据表后，粘贴时，数据表必须顶格放置。

8. 根据 Sheet1 中的"停车情况记录表"，创建一个数据透视图并保存在 Sheet3 中。要求：
- 显示各种车型所收费用的汇总。
- x 坐标设置为"车型"。
- 求和项为"应付金额"。
- 将对应的数据透视表也保存在 Sheet3 中。

> 操作过程

1. 在 Sheet4 的 A1 单元格中设置为只能录入 5 位数字或文本。当录入位数错误时，提示错误原因，样式为"警告"，错误信息为"只能录入 5 位数字或文本"。

单击 Sheet4 的 A1 单元格,选择"数据"选项卡→"数据工具"→"数据验证"→"数据验证",在弹出的对话框中进行如下设置。

(1) 在"设置"选项卡中,设置"允许"为"文本长度","数据"为"等于","长度"为"5"。

(2) 在"出错警告"选项卡中,"样式"设为"警告",在"错误信息"框中输入"只能录入 5 位数字或文本",单击"确定"按钮完成。

2. 在 Sheet4 的 B1 单元格中输入公式,判断当前年份是否为闰年,结果为 TRUE 或 FALSE。

● 闰年定义:年数能被 4 整除而不能被 100 整除,或者能被 400 整除的年份。

(1) 在 Sheet4 表中,选择目标单元格 B1,单击公式编辑栏,编辑输入公式"=OR(MOD(YEAR(TODAY()),400)=0,AND(MOD(YEAR(NOW()),4)=0,MOD(YEAR(NOW()),100)<>0))"。

(2) 按回车键确定,B1 单元格显示结果为 FALSE。

3. 使用 HLOOKUP 函数,对 Sheet1 "停车情况记录表"中的"单价"列进行填充。

(1) 要求:

● 根据 Sheet1 中的"停车价目表"价格,使用 HLOOKUP 函数对"停车情况记录表"中的"单价"列根据不同的车型进行填充。

(2) 注意:函数中如果需要用绝对地址的请使用绝对地址进行计算,其他方式无效。

(1) 在 Sheet1 表中,选择目标单元格 C9,单击公式编辑栏,编辑输入公式"=HLOOKUP(B9,A$2:C$3,2,FALSE)",按回车键确定,C9 单元格显示计算结果为 5。

(2) 使用 C9 单元格右下角的填充柄,填充至 C39 单元格,完成"单价"列的计算。C39 单元格显示计算结果为 8。

4. 在 Sheet1 中,使用数组公式计算汽车在停车库中的停放时间。要求:

● 计算方法为:"停放时间=出库时间−入库时间"。

● 格式为:"小时:分钟:秒"。

● 将结果保存在"停车情况记录表"中的"停放时间"列中。

● 例如:一小时十五分十二秒在停放时间中的表示为:"1:15:12"。

在 Sheet1 表中,选择目标单元格"停放时间"列的 F9:F39,按"="键,开始编辑数组公式,编辑输入公式"=E9:E39−D9:D39",同时按下 Ctrl+Shift+Enter 组合键,输入完成。F9 单元格显示为 3:03:10,F39 单元格显示为 0:44:29。

5. 使用函数公式,对"停车情况记录表"的停车费用进行计算。

(1) 要求:

● 根据 Sheet1 停放时间的长短计算停车费用,将计算结果填入到"停车情况记录表"的"应付金额"列中。

(2) 注意:

● 停车按小时收费,对于不满一个小时的按照一个小时计费。

● 对于超过整点小时数十五分钟(包含十五分钟)的多累计一个小时。

● 例如 1 小时 23 分,将以 2 小时计费。

(1) 在 Sheet1 表中,选择目标单元格 G9,单击公式编辑栏,编辑输入公式"=IF(HOUR(F9)=0,1,IF(MINUTE(F9)>15,HOUR(F9)+1,HOUR(F9)))*C9",按回车键确定,G9 单元格显示计算结果为 15。

（2）使用 G9 单元格右下角的填充柄，填充至 G39 单元格，完成"应付金额"计算。G39 单元格显示计算结果为 8。

6. 使用统计函数，对 Sheet1 中的"停车情况记录表"根据下列条件进行统计。要求：
- 统计停车费用大于等于 40 元的停车记录条数，并将结果保存在 J8 单元格中。
- 统计最高的停车费用，并将结果保存在 J9 单元格中。

（1）在 Sheet1 表中，选择目标单元格 J8，单击公式编辑栏，编辑输入公式"=COUNTIF(G9:G39,">=40")"，按回车键确定，J8 单元格显示统计结果为 4。

（2）在 Sheet1 表中，选择目标单元格 J9，单击公式编辑栏，编辑输入公式"=MAX(G9:G39)"，按回车键确定，J9 单元格显示统计结果为 50。

7. 将 Sheet1 中的"停车情况记录表"复制到 Sheet2 中，对 Sheet2 进行高级筛选。

（1）要求：
- 筛选条件为"车型"－小汽车，"应付金额"＞＝30。
- 将结果保存在 Sheet2 的 I5 单元格中。

（2）注意：
- 无须考虑是否删除筛选条件。
- 复制过程中，将标题项"停车情况记录表"连同数据一同复制。
- 复制数据表后，粘贴时，数据表必须顶格放置。

（1）选择 Sheet1 工作表中的 A7:G39，将其复制粘贴至 Sheet2!A1 开始的区域；若出现粘贴异常，可以使用选择性粘贴（粘贴值、粘贴格式），并使用"自动调整列宽"格式功能，确保完成正常粘贴显示。

（2）按要求设计筛选条件区域：如 J1:K2，列标题 J1、K1 为"车型""应付金额"，J2、K2 对应设置"小汽车"">＝30"。

（3）单击 Sheet2 表的任一单元格，如 D5；选择"数据"选项卡→"排序和筛选"→"高级"，打开"高级筛选"对话框。在对话框中进行如下设置。

列表区域：$A$2:$G$33，Excel 会自动选择。

条件区域：选择上面设计的 J1:K2，在筛选对话框中显示为"Sheet2!$J$1:$K$2"。

方式：选择"将筛选结果复制到其他位置"，在"复制到"框中单击 I5 单元格，对话框显示为"Sheet2!$I$5"，最后单击"确定"按钮，按要求完成筛选。然后按需要使用"自动调整列宽"格式功能，确保实现筛选结果的完整显示。

8. 根据 Sheet1 中的"停车情况记录表"，创建一个数据透视图并保存在 Sheet3 中。要求：
- 显示各种车型所收费用的汇总。
- x 坐标设置为"车型"。
- 求和项为"应付金额"。
- 将对应的数据透视表也保存在 Sheet3 中。

（1）单击 Sheet1"停车情况记录表"数据区域的任一单元格，如 D15，选择"插入"选项卡→"数据透视图"，打开"创建数据透视图"对话框，Excel 已自动选择当前区域 Sheet1!$A$8:$G$39。

（2）在对话框的"现有工作表"→"位置"中选择"Sheet3!$A$1"，单击"确定"按钮，在 Sheet3 表的右侧会自动打开"数据透视图字段"任务窗格。按题目要求，将"车型"字段拖曳到"轴（类别）"；将"应付金额"字段拖曳到"值"区域（求和项）。完成后，在 Sheet3

表中自动生成数据透视图（也自动包含数据透视表），如图 3-22 所示。

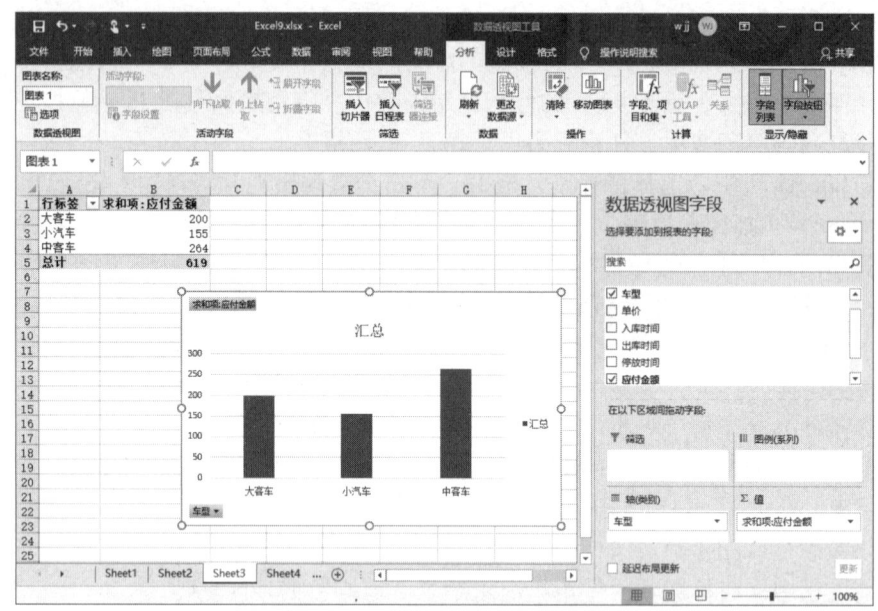

图 3-22　数据透视图设置完成

保存并关闭文件，整套试题操作完成。

试题 10　温度情况表

试题描述

一、操作说明

1. DExcel.xlsx 文件保存在本题文件夹下。
2. 单击"回答"按钮，将打开本题文件夹。请按要求对该文件夹中的 DExcel.xlsx 文件进行操作，请注意及时保存操作结果。
3. 考生在做题时，不得对数据表进行操作要求以外的更改。

二、操作要求

1. 在 Sheet5 的 A1 单元格中设置为只能录入 5 位数字或文本。当录入位数错误时，提示错误原因，样式为"警告"，错误信息为"只能录入 5 位数字或文本"。
2. 在 Sheet5 中，使用函数，根据 A2 单元格中的身份证号码判断性别，结果为"男"或"女"，存放在 B2 单元格中。
   - 倒数第二位为奇数的为"男"，为偶数的为"女"。

3. 使用 IF 函数，对 Sheet1 "温度情况表"中的"温度较高的城市"列进行填充，填充结果为城市名称。

4. 使用数组公式，对 Sheet1 "温度情况表"中的相差温度值（杭州相对于上海的温差）进行计算，并把结果保存在"相差温度值"列中。
- 计算方法：相差温度值 = 杭州平均气温 - 上海平均气温。

5. 使用函数，根据 Sheet1 "温度情况表"中的结果，对符合以下条件的进行统计。要求：
- 杭州这半个月以来的最高气温和最低气温，保存在相应单元格中。
- 上海这半个月以来的最高气温和最低气温，保存在相应单元格中。

6. 将 Sheet1 中的"温度情况表"复制到 Sheet2 中。在 Sheet2 中，重新编辑数组公式，将 Sheet2 中的"相差的温度值"中的数值取其绝对值（均为正数）。注意：
- 复制过程中，将标题项"温度情况表"连同数据一同复制。
- 数据表必须顶格放置。

7. 将 Sheet2 中的"温度情况表"复制到 Sheet3 中，并对 Sheet3 进行高级筛选。
（1）要求：
- 筛选条件："杭州平均气温">=20，"上海平均气温"<20。
- 将筛选结果保存在 Sheet3 的 A22 单元格中。

（2）注意：
- 无须考虑是否删除筛选条件。
- 复制过程中，将标题项"温度情况表"连同数据一同复制。
- 数据表必须顶格放置。

8. 根据 Sheet1 中"温度情况表"的结果，在 Sheet4 中创建一张数据透视表。要求：
- 显示温度较高天数的汇总情况。
- 行区域设置为"温度较高的城市"。
- 数据域设置为"温度较高的城市"。
- 计数项设置为温度较高的城市。

操作过程

1. 在 Sheet5 的 A1 单元格中设置为只能录入 5 位数字或文本。当录入位数错误时，提示错误原因，样式为"警告"，错误信息为"只能录入 5 位数字或文本"。

单击 Sheet4 的 A1 单元格，选择"数据"选项卡→"数据工具"→"数据验证"→"数据验证"，在打开的对话框中进行如下设置。

（1）在"设置"选项卡中，设置"允许"为"文本长度"，"数据"为"等于"，"长度"为"5"。

（2）在"出错警告"选项卡中，"样式"设为"警告"，在"错误信息"框中输入"只能录入 5 位数字或文本"。单击"确定"按钮完成。

2. 在 Sheet5 中，使用函数，根据 A2 单元格中的身份证号码判断性别，结果为"男"或"女"，存放在 B2 单元格中。
- 倒数第二位为奇数的为"男"，为偶数的为"女"。

（1）在 Sheet5 表中，选择目标单元格 B2，单击公式编辑栏，编辑输入公式"=IF(MOD(MID(A2,LEN(A2)-1,1),2) =0,"女","男")"。

（2）按回车键确定，B2 单元格显示结果为"男"。LEN 函数用于计算身份证号码长度；MID 函数对指定文本按指定的位置和长度，取出相应内容；MOD 函数计算余数，用于判断奇数或偶数。

3. 使用 IF 函数，对 Sheet1 "温度情况表"中的"温度较高的城市"列进行填充，填充结果为城市名称。

（1）在 Sheet1 表中，选择目标单元格 D3，单击公式编辑栏，编辑输入公式"=IF(B3>=C3,"杭州","上海")"，按回车键确定，D3 单元格显示计算结果为"杭州"。

（2）使用 D3 单元格右下角的填充柄，填充至 D17 单元格，完成"温度较高的城市"列的计算。D17 单元格显示计算结果为"杭州"。

4. 使用数组公式，对 Sheet1 "温度情况表"中的相差温度值（杭州相对于上海的温差）进行计算，并把结果保存在"相差温度值"列中。

- 计算方法：相差温度值 = 杭州平均气温−上海平均气温。

在 Sheet1 表中，选择目标单元格"相差温度值"列的 E3:E17，按"="键，开始编辑数组公式；编辑输入公式"=B3:B17-C3:C17"，同时按下 Ctrl+Shift+Enter 组合键，输入完成。E3 单元格显示为 2，E17 单元格显示为 4。

5. 使用函数，根据 Sheet1 "温度情况表"中的结果，对符合以下条件的进行统计。要求：
- 杭州这半个月以来的最高气温和最低气温，保存在相应单元格中。
- 上海这半个月以来的最高气温和最低气温，保存在相应单元格中。

（1）杭州最高气温：在 Sheet1 表中，选择目标单元格 C19，单击公式编辑栏，编辑输入公式"=MAX(B3:B17)"，按回车键确定，C19 单元格显示计算结果为 25。

（2）杭州最低气温：在 Sheet1 表，选择目标单元格 C20，单击公式编辑栏，编辑输入公式"=MIN(B3:B17)"，按回车键确定，C20 单元格显示计算结果为 18。

（3）上海最高气温：在 Sheet1 表，选择目标单元格 C21，单击公式编辑栏，编辑输入公式"=MAX(C3:C17)"，按回车键确定，C21 单元格显示计算结果为 25。

（4）上海最低气温：在 Sheet1 表，选择目标单元格 C22，单击公式编辑栏，编辑输入公式"=MIN(C3:C17)"，按回车键确定，C22 单元格显示计算结果为 17。

6. 将 Sheet1 中的"温度情况表"复制到 Sheet2 中。在 Sheet2 中，重新编辑数组公式，将 Sheet2 中的"相差的温度值"中的数值取其绝对值（均为正数）。注意：
- 复制过程中，将标题项"温度情况表"连同数据一同复制。
- 数据表必须顶格放置。

（1）选择 Sheet1 工作表的 A1:E17，将其复制粘贴至 Sheet2!A1 开始的区域；若出现粘贴异常，可以使用选择性粘贴（粘贴值、粘贴格式），并使用"自动调整列宽"格式功能，确保正常粘贴显示。

（2）修改"相差的温度值"：在 Sheet2 表中，选择目标单元格 E3:E17，按"="键，开始编辑数组公式；编辑输入公式"=ABS(B3:B17-C3:C17)"，同时按下 Ctrl+Shift+Enter 组合键，输入完成。E4 单元格显示为 1，E17 单元格显示为 4。

7. 将 Sheet2 中的"温度情况表"复制到 Sheet3 中，并对 Sheet3 进行高级筛选。

（1）要求：
- 筛选条件："杭州平均气温">=20，"上海平均气温"<20。
- 将筛选结果保存在 Sheet3 的 A22 单元格中。

（2）注意：
- 无须考虑是否删除筛选条件。
- 复制过程中，将标题项"温度情况表"连同数据一同复制。
- 数据表必须顶格放置。

（1）选择 Sheet2 工作表的 A1:E17，将其复制粘贴至 Sheet3!A1 开始的区域；若出现粘贴异常，可以使用选择性粘贴（粘贴值、粘贴格式），并使用"自动调整列宽"格式功能，确保完成正常粘贴显示。

（2）按要求设计筛选条件区域：如 A19:B20，列标题 A19、B19 为"杭州平均气温""上海平均气温"，A20、B20 对应设置">=20""<20"。

（3）单击 Sheet3 表数据区域的任一单元格，如 D5，选择"数据"选项卡→"排序和筛选"→"高级"，打开"高级筛选"对话框，设置如下。

列表区域：$A$2:$E$17，Excel 会自动选择。

条件区域：选择上面设计的 A19:B20，对话框中显示为"Sheet3!$A$19:$B$20"。

方式：选择"将筛选结果复制到其他位置"，在"复制到"框中单击 A22 单元格，对话框显示为"Sheet3!$A$22"。最后，单击"确定"按钮，按要求完成筛选。按需要使用"自动调整列宽"格式功能，确保实现筛选结果的完整显示。

8. 根据 Sheet1 中"温度情况表"的结果，在 Sheet4 中创建一张数据透视表。要求：
- 显示温度较高天数的汇总情况。
- 行区域设置为"温度较高的城市"。
- 数据域设置为"温度较高的城市"。
- 计数项设置为温度较高的城市。

（1）单击 Sheet1 表数据区域的任一单元格，如 D15，选择"插入"选项卡→"数据透视表"，打开"创建数据透视表"对话框，Excel 已自动选择当前区域 Sheet1!$A$2:$E$17。

（2）在对话框的"现有工作表"→"位置"中选择"Sheet4!$A$1"，单击"确定"按钮，在 Sheet4 表的右侧会自动打开"数据透视表字段"任务窗格。按题目要求，将"温度较高的城市"字段拖曳到"行"区域；将"温度较高的城市"字段拖曳到"值"区域（计数项）。完成后，在 Sheet4 表中自动生成数据透视表，如图 3-23 所示。

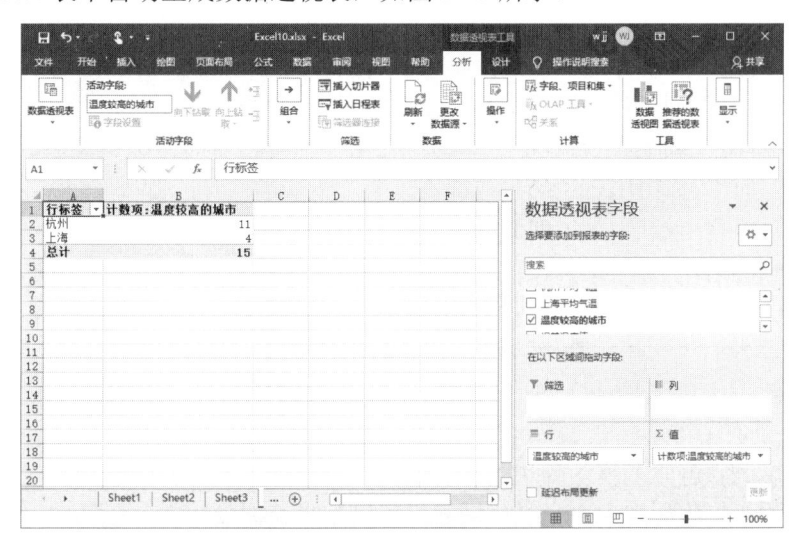

图 3-23　数据透视表设置完成

保存并关闭文件，整套试题操作完成。

试题 11　学生成绩表

试题描述

一、操作说明

1. DExcel.xlsx 文件保存在本题文件夹下。
2. 单击"回答"按钮，将打开本题文件夹。请按要求对该文件夹中的 DExcel.xlsx 文件进行操作，请注意及时保存操作结果。
3. 考生在做题时，不得对数据表进行操作要求以外的更改。

二、操作要求

1. 在 Sheet1 的 A40 单元格中输入分数 1/3。
2. 在 Sheet1 中使用函数计算全部数学成绩中奇数的个数，结果存放在 A41 单元格中。
3. 使用 REPLACE 函数，将 Sheet1 中"学生成绩表"的学生学号进行更改，并将更改的学号填入到"新学号"列中，学号更改的方法为：在原学号的前面加上"2009"。
   - 例如："001"->"2009001"。
4. 使用数组公式，对 Sheet1 中"学生成绩表"的"总分"列进行计算。
   - 计算方法：总分 = 语文 + 数学 + 英语 + 信息技术 + 体育。
5. 使用 IF 函数，根据以下条件，对 Sheet1 中"学生成绩表"的"考评"列进行计算。
   - 条件：如果总分>=350，填充为"合格"；否则，填充为"不合格"。
6. 在 Sheet1 中，利用数据库函数及已设置的条件区域，根据以下情况计算，并将结果填入到相应的单元格当中。条件：
   - 计算："语文"和"数学"成绩都大于或等于 85 的学生人数。
   - 计算："体育"成绩大于或等于 90 的"女生"姓名。
   - 计算："体育"成绩中男生的平均分。
   - 计算："体育"成绩中男生的最高分。
7. 将 Sheet1 中的"学生成绩表"复制到 Sheet2 当中，并对 Sheet2 进行高级筛选。
   （1）要求：
   - 筛选条件为："性别"-男；"英语"->90；"信息技术"->95。
   - 将筛选结果保存在 Sheet2 中。
   （2）注意：
   - 无须考虑是否删除或移动筛选条件。
   - 复制过程中，将标题项"学生成绩表"连同数据一同复制。

- 复制数据表后，粘贴时，数据表必须顶格放置。
8. 根据 Sheet1 中的"学生成绩表"，在 Sheet3 中新建一张数据透视表。要求：
- 显示不同性别、不同考评结果的学生人数情况。
- 行区域设置为"性别"。
- 列区域设置为"考评"。
- 数据区域设置为"考评"。
- 计数项为"考评"。

操作过程

1. 在 Sheet1 的 A40 单元格中输入分数 1/3。

在 Sheet1 的 A40 单元格中，输入"0 1/3"，按回车键确定，输入完成。

2. 在 Sheet1 中使用函数计算全部数学成绩中奇数的个数，结果存放在 A41 单元格中。

在 Sheet1 表中，选择目标单元格 A41，单击公式编辑栏，编辑输入公式"=SUMPRODUCT(MOD(F3:F24,2))"，按回车键确定，A41 单元格显示计算结果为 6。

3. 使用 REPLACE 函数，将 Sheet1 中"学生成绩表"的学生学号进行更改，并将更改的学号填入到"新学号"列中，学号更改的方法为：在原学号的前面加上"2009"。
- 例如："001" -> "2009001"。

（1）在 Sheet1 表中，选择目标单元格 B3，单击公式编辑栏，编辑输入公式"=REPLACE(A3,1,0,"2009")"。

（2）按回车键确定，B3 单元格显示结果为"2009001"。使用 B3 单元格右下角的填充柄，填充至 G24 单元格，完成学号的更改操作。

4. 使用数组公式，对 Sheet1 中"学生成绩表"的"总分"列进行计算。
- 计算方法：总分 =语文 + 数学 + 英语 + 信息技术 + 体育。

在 Sheet1 表中，选择目标单元格"总分"列的 J3:J24，按"="键，开始编辑数组公式，编辑输入公式"=E3:E24+F3:F24+G3:G24+H3:H24+I3:I24"，同时按下 Ctrl+Shift+Enter 组合键，输入完成。J3 单元格显示为 443，J24 单元格显示为 450。

5. 使用 IF 函数，根据以下条件，对 Sheet1 中"学生成绩表"的"考评"列进行计算。
- 条件：如果总分>=350，填充为"合格"；否则，填充为"不合格"。

（1）在 Sheet1 表中，选择目标单元格 K3，单击公式编辑栏，编辑输入公式"=IF(J3>=350,"合格","不合格")"，按回车键确定，K3 单元格显示计算结果为"合格"。

（2）使用 K3 单元格右下角的填充柄，填充至 K24 单元格，完成"考评"计算。K24 单元格显示计算结果为"合格"。

6. 在 Sheet1 中，利用数据库函数及已设置的条件区域，根据以下情况计算，并将结果填入到相应的单元格当中。条件：
- 计算："语文"和"数学"成绩都大于或等于 85 的学生人数。
- 计算："体育"成绩大于或等于 90 的"女生"姓名。
- 计算："体育"成绩中男生的平均分。
- 计算："体育"成绩中男生的最高分。

（1）计算"语文"和"数学"成绩都大于或等于 85 的学生人数：在 Sheet1 表中，选择目标单元格 I28，单击公式编辑栏，编辑输入公式"=DCOUNTA(A2:K24,B2,M2:N3)"，按回车键确定，I28 单元格显示计算结果为 10。

（2）计算"体育"成绩大于或等于 90 的"女生"姓名：在 Sheet1 表中，选择目标单元格 I29，单击公式编辑栏，编辑输入公式"=DGET(A2:K24,C2,M7:N8)"，按回车键确定，I29 单元格显示计算结果为"王　敏"。

（3）计算"体育"成绩中男生的平均分：在 Sheet1 表中，选择目标单元格 I30，单击公式编辑栏，编辑输入公式"=DAVERAGE(A2:K24,I2,M12:M13)"，按回车键确定，I30 单元格显示计算结果为 81.2。

（4）计算"体育"成绩中男生的最高分：在 Sheet1 表中，选择目标单元格 I31，单击公式编辑栏，编辑输入公式"=DMAX(A2:K24,I2,M12:M13)"，按回车键确定，I31 单元格显示计算结果为 92。

7. 将 Sheet1 中的"学生成绩表"复制到 Sheet2 当中，并对 Sheet2 进行高级筛选。

（1）要求：

- 筛选条件为："性别"－男；"英语"－>90；"信息技术"－>95。
- 将筛选结果保存在 Sheet2 中。

（2）注意：

- 无须考虑是否删除或移动筛选条件。
- 复制过程中，将标题项"学生成绩表"连同数据一同复制。
- 复制数据表后，粘贴时，数据表必须顶格放置。

（1）选择 Sheet1 工作表的 A1:K24，将其复制粘贴至 Sheet2!A1 开始的区域；若出现粘贴异常，可以使用选择性粘贴（粘贴值、粘贴格式），并使用"自动调整列宽"格式功能，确保完成正常粘贴显示。

（2）按要求设计筛选条件区域：如 D26:F27，列标题 D26、E26、F26 为"性别""英语""信息技术"，D27、E27、F27 对应设置"男"">90"">95"。

（3）单击 Sheet2 表的任一单元格，如 D5；选择"数据"选项卡→"排序和筛选"→"高级"，打开"高级筛选"对话框，设置如下。

列表区域：$A$2:$K$24，Excel 会自动选择。

条件区域：选择上面设计的 D26:F27，对话框中显示为"Sheet2!$D$26:$F$27"。

方式：选择"在原有区域显示筛选结果"，单击"确定"按钮，按要求完成筛选。再按需要使用"自动调整列宽"格式功能，确保实现筛选结果的完整显示。

8. 根据 Sheet1 中的"学生成绩表"，在 Sheet3 中新建一张数据透视表。要求：

- 显示不同性别、不同考评结果的学生人数情况。
- 行区域设置为"性别"。
- 列区域设置为"考评"。
- 数据区域设置为"考评"。
- 计数项为"考评"。

（1）单击 Sheet1 表数据区域的任一单元格，如 D15，选择"插入"选项卡→"数据透视表"打开"创建数据透视表"对话框，Excel 已自动选择当前区域 Sheet1!$A$2:$K$24。

（2）在对话框的"现有工作表"→"位置"中选择"Sheet3!$A$1"，单击"确定"按钮，在 Sheet3 表的右侧会自动打开"数据透视表字段"任务窗格。按题目要求，将"性别"字段拖曳到"行"区域；将"考评"字段拖曳到"列"区域；再将"考评"字段拖曳到"值"区域（计数项）。完成后，在 Sheet3 表中自动生成数据透视表，如图 3-24 所示。

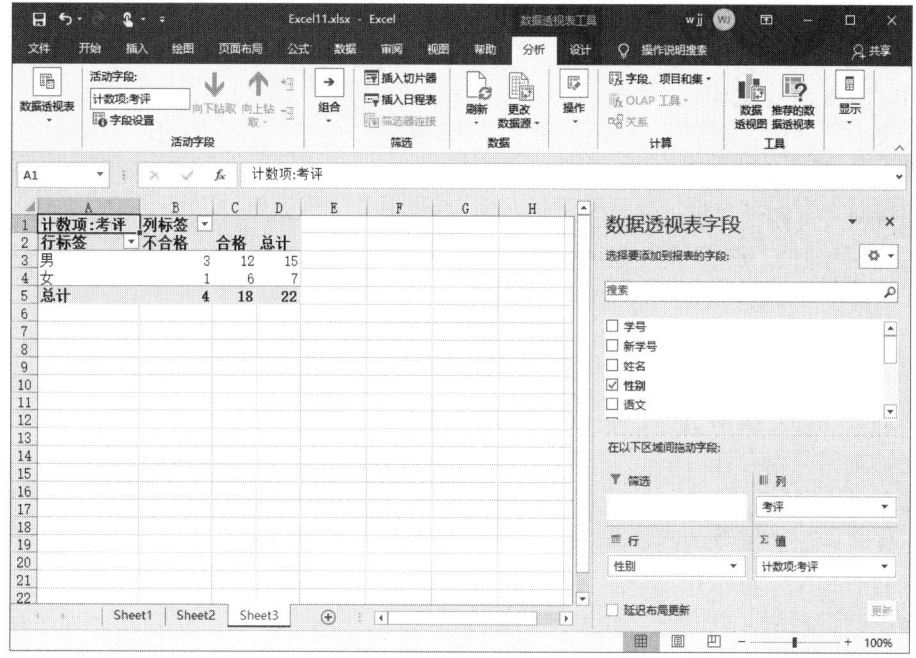

图 3-24　数据透视表设置完成

保存并关闭文件，整套试题操作完成。

试题 12　三月份销售统计表

试题描述

一、操作说明

1. DExcel.xlsx 文件保存在本题文件夹下。
2. 单击"回答"按钮，将打开本题文件夹。请按要求对该文件夹中的 DExcel.xlsx 文件进行操作，请注意及时保存操作结果。
3. 考生在做题时，不得对数据表进行操作要求以外的更改。

二、操作要求

1. 在 Sheet4 中使用函数计算 A1:A10 中奇数的个数，结果存放在 A12 单元格中。
2. 在 Sheet4 的 B1 单元格中输入分数 1/3。
3. 使用 VLOOKUP 函数，对 Sheet1 中的"三月份销售统计表"的"产品名称"列和"产品单价"列进行填充。要求：

● 根据"企业销售产品清单",使用 VLOOKUP 函数,将产品名称和产品单价填充到"三月份销售统计表"的"产品名称"列和"产品单价"列中。

4. 使用数组公式,计算 Sheet1 中的"三月份销售统计表"中的销售金额,并将结果填入到该表的"销售金额"列中。

● 计算方法:销售金额 = 产品单价 * 销售数量。

5. 使用统计函数,根据"三月份销售统计表"中的数据,计算"分部销售业绩统计表"中的总销售额,并将结果填入该表的"总销售额"列。

6. 在 Sheet1 的"分部销售业绩统计"表中,使用 RANK 函数,根据"总销售额"对各部门进行排名,并将结果填入到"销售排名"列中。

7. 将 Sheet1 中的"三月份销售统计表"复制到 Sheet2 中,对 Sheet2 进行高级筛选。

(1)要求:

● 筛选条件为"销售数量"—>3、"所属部门"—市场 1 部、"销售金额"->1000。
● 将筛选结果保存在 Sheet2 的 J5 单元格中。

(2)注意:

● 无须考虑是否删除或移动筛选条件。
● 复制过程中,将标题项"三月份销售统计表"连同数据一同复制。
● 复制数据表后,粘贴时,数据表必须顶格放置。

8. 根据 Sheet1 的"三月份销售统计表"中的数据,新建一个数据透视图并保存在 Sheet3。要求:

● 该图形显示每位经办人的总销售额情况。
● *x* 坐标设置为"经办人"。
● 数据区域设置为"销售金额"。
● 求和项为销售金额。
● 将对应的数据透视表保存在 Sheet3 中。

操作过程

1. 在 Sheet4 中使用函数计算 A1:A10 中奇数的个数,结果存放在 A12 单元格中。

在 Sheet4 表中,选择目标单元格 A12,单击公式编辑栏,编辑输入公式"=SUMPRODUCT(MOD(A1:A10,2))",按回车键确定,A12 单元格显示计算结果为 6。

2. 在 Sheet4 的 B1 单元格中输入分数 1/3。

在 Sheet4 的 B1 单元格中,输入"0 1/3",按回车键确定,输入完成。

3. 使用 VLOOKUP 函数,对 Sheet1 中的"三月份销售统计表"的"产品名称"列和"产品单价"列进行填充。要求:

● 根据"企业销售产品清单",使用 VLOOKUP 函数,将产品名称和产品单价填充到"三月份销售统计表"的"产品名称"列和"产品单价"列中。

(1)在 Sheet1 表中,选择目标单元格 G3,单击公式编辑栏,编辑输入公式"=VLOOKUP(F3,$A$2:$C$10,2,FALSE)",按回车键确定,G3 单元格显示计算结果为"卡特扫描枪"。使用 G3 单元格右下角的填充柄,填充至 G44 单元格,完成"产品名称"列填充。G44 单元格显示为"卡特定位扫描枪"。

(2)在 Sheet1 表中,选择目标单元格 H3,单击公式编辑栏,编辑输入公式"=VLOOKUP

(F3,$A$2:$C$10,3,FALSE)"，按回车键确定，H3 单元格显示计算结果为 368。使用 H3 单元格右下角的填充柄，填充至 H44 单元格，完成"产品单价"列填充。H44 单元格显示为 468。

4. 使用数组公式，计算 Sheet1 中的"三月份销售统计表"中的销售金额，并将结果填入到该表的"销售金额"列中。

- 计算方法：销售金额 = 产品单价 * 销售数量。

在 Sheet1 表中，选择目标单元格"销售金额"列的 L3:L44，按"="键，开始编辑数组公式；编辑输入公式"=H3:H44*I3:I44"，同时按下 Ctrl+Shift+Enter 组合键，输入完成。L3 单元格显示为 1472，L44 单元格显示为 1872。

5. 使用统计函数，根据"三月份销售统计表"中的数据，计算"分部销售业绩统计表"中的总销售额，并将结果填入该表的"总销售额"列。

在 Sheet1 表中，选择目标单元格 O3，单击公式编辑栏，编辑输入公式"=SUMIF($K$3:$K$44,N3,$L$3:$L$44)"，按回车键确定，O3 单元格显示计算结果为 35336。使用 O3 单元格右下角的填充柄，填充至 O5 单元格，完成"总销售额"列填充。O5 单元格显示为 13836。

6. 在 Sheet1 的"分部销售业绩统计"表中，使用 RANK 函数，根据"总销售额"对各部门进行排名，并将结果填入到"销售排名"列中。

在 Sheet1 表中，选择目标单元格 P3，单击公式编辑栏，编辑输入公式"=RANK(O3,O$3:O$5)"，按回车键确定，P3 单元格显示计算结果为 1。使用 P3 单元格右下角的填充柄，填充至 P5 单元格，完成"销售排名"列的填充。P5 单元格显示为 3。

7. 将 Sheet1 中的"三月份销售统计表"复制到 Sheet2 中，对 Sheet2 进行高级筛选。

（1）要求：

- 筛选条件为"销售数量"—>3、"所属部门"—市场 1 部、"销售金额"->1000。
- 将筛选结果保存在 Sheet2 的 J5 单元格中。

（2）注意：

- 无须考虑是否删除或移动筛选条件。
- 复制过程中，将标题项"三月份销售统计表"连同数据一同复制。
- 复制数据表后，粘贴时，数据表必须顶格放置。

（1）选择 Sheet1 工作表中的 E1:L44，将其复制粘贴至 Sheet2!A1 开始的区域；若出现粘贴异常，可以使用选择性粘贴（粘贴值、粘贴格式），并使用"自动调整列宽"格式功能，确保完成正常粘贴显示。

（2）按要求设计筛选条件区域：如 J2:L3，列标题 J2、K2、L2 为"销售数量""所属部门""销售金额"，J3、K3、L3 对应设置">3""市场 1 部"">1000"。

（3）单击 Sheet2 表数据区域的任一单元格，如 D5；选择"数据"选项卡→"排序和筛选"→"高级"，打开"高级筛选"对话框，设置如下。

列表区域：$A$2:$H$44，Excel 会自动选择。

条件区域：选择上面设计的 J2:L3，对话框中显示为"Sheet2!$J$2:$L$3"。

方式：选择"将筛选结果复制到其他位置"，在"复制到"框中单击 J5 单元格，对话框中显示为"Sheet2!$J$5"。最后，单击"确定"按钮，按要求完成筛选。再按需要使用"自动调整列宽"格式功能，确保实现筛选结果的完整显示。

8. 根据 Sheet1 的"三月份销售统计表"中的数据，新建一个数据透视图并保存在 Sheet3。要求：

- 该图形显示每位经办人的总销售额情况。
- x 坐标设置为"经办人"。
- 数据区域设置为"销售金额"。
- 求和项为销售金额。
- 将对应的数据透视表保存在 Sheet3 中。

（1）单击 Sheet1"三月份销售统计表"数据区域的任一单元格，如 H15，选择"插入"选项卡→"数据透视图"，打开"创建数据透视图"对话框，系统已自动选择当前区域 Sheet1!$E$2:$L$44。

（2）在对话框的"现有工作表"→"位置"中选择"Sheet3!$A$1"，单击"确定"按钮，在 Sheet3 表的右侧会自动打开"数据透视图字段"任务窗格。按题目要求，将"经办人"字段拖曳到"轴（类别）"；将"销售金额"字段拖曳到"值"区域（求和项）。完成后，在 Sheet3 表中自动生成数据透视图（也自动包含数据透视表），如图 3-25 所示。

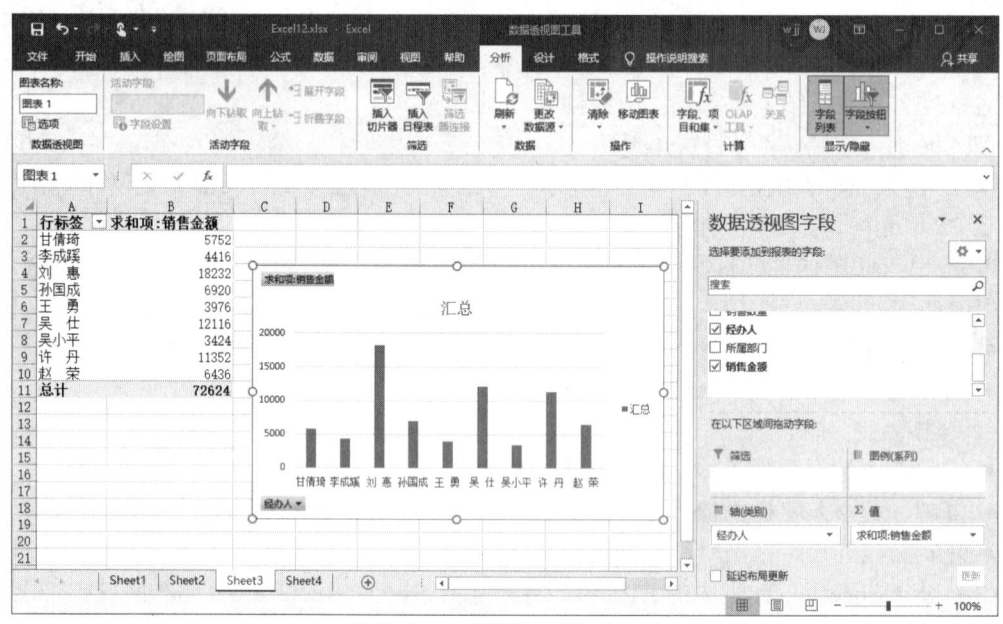

图 3-25　数据透视图设置完成

保存并关闭文件，整套试题操作完成。

试题 13　等级考试成绩表

试题描述

一、操作说明

1. DExcel.xlsx 文件保存在本题文件夹下。

2. 单击"回答"按钮，将打开本题文件夹。请按要求对该文件夹中的 DExcel.xlsx 文件进行操作，请注意及时保存操作结果。

3. 考生在做题时，不得对数据表进行操作要求以外的更改。

二、操作要求

1. 在 Sheet5 中设定 F 列中不能输入重复的数值。
2. 在 Sheet5 中，使用条件格式将"性别"列中数据为"男"的单元格中的字体颜色设置为红色、加粗显示。
3. 使用数组公式，根据 Sheet1 中"学生成绩表"的数据，计算考试总分，并将结果填入"总分"列中。
- 计算方法：总分=单选题+判断题+Windows 操作题+Excel 操作题+PowerPoint 操作题+IE 操作题。
4. 使用文本函数中的一个函数，在 Sheet1 中，利用"学号"列的数据，根据以下要求获得考生所考级别，并将结果填入"级别"列中。要求：
- 学号中的第八位指示的考生所考级别，例如："085200821023080"中的"2"标识了该考生所考级别为二级。
- 在"级别"列中，填入的数据是函数的返回值。
5. 使用统计函数，根据以下要求对 Sheet1 中"学生成绩表"的数据进行统计。要求：
- 统计"考 1 级的考生人数"，并将计算结果填入到 N2 单元格中。
- 统计"考试通过人数（>=60）"，并将计算结果填入到 N3 单元格中。
- 统计"全体 1 级考生的考试平均分"，并将计算结果填入到 N4 单元格中。
- 注意：计算时，分母直接使用"N2"单元格的数据。
6. 使用财务函数，根据以下要求对 Sheet2 中的数据进行计算。要求：
- 根据"投资情况表 1"中的数据，计算 10 年以后得到的金额，并将结果填入到 B7 单元格中。
- 根据"投资情况表 2"中的数据，计算预计投资金额，并将结果填入到 E7 单元格中。
7. 将 Sheet1 中的"学生成绩表"复制到 Sheet3，并对 Sheet3 进行高级筛选。
（1）要求：
- 筛选条件为"级别"－2、"总分"－>=70。
- 将筛选结果保存在 Sheet3 的 L5 单元格中。
（2）注意：
- 无须考虑是否删除或移动筛选条件。
- 复制过程中，将标题项"学生成绩表"连同数据一同复制。
- 数据表必须顶格放置。
8. 根据 Sheet1 中的"学生成绩表"，在 Sheet4 中新建一张数据透视表。要求：
- 显示每个级别不同总分的人数汇总情况。
- 行区域设置为"级别"。
- 列区域设置为"总分"。
- 数据区域设置为"总分"。

- 计数项为总分。

操作过程

1. 在 Sheet5 中设定 F 列中不能输入重复的数值。

单击 Sheet5 表中的 F 列，选中第 F 列，选择"数据"选项卡→"数据工具"→"数据验证"→"数据验证"，在打开的对话框中进行如下设置：在"设置"选项卡中，设置"允许"为"自定义"，"公式"框中输入"=COUNTIF(F:F,F1)<=1"，单击"确定"按钮完成。

2. 在 Sheet5 中，使用条件格式将"性别"列中数据为"男"的单元格中字体颜色设置为红色、加粗显示。

（1）选择 Sheet5 表中的 C2:C56，选择"开始"选项卡→"条件格式"→"突出显示单元格规则"→"等于"，打开"等于"对话框。在"为等于以下值的单元格设置格式"中输入值"男"，并在"设置为"下拉框中选择"自定义格式"，打开"设置单元格格式"对话框。

（2）"颜色"选择"红色"，"字形"选择"加粗"，单击"确定"按钮，完成操作。

3. 使用数组公式，根据 Sheet1 中"学生成绩表"的数据，计算考试总分，并将结果填入"总分"列中。

- 计算方法：总分=单选题+判断题+Windows 操作题+Excel 操作题+PowerPoint 操作题+IE 操作题。

在 Sheet1 表中，选择目标单元格"总分"列的 J3:J57，按"="键，开始编辑数组公式，编辑输入公式"=D3:D57+E3:E57+F3:F57+G3:G57+H3:H57+I3:I57"，同时按下 Ctrl+Shift+Enter 组合键，输入完成。J3 单元格显示为 72，J57 单元格显示为 83。

4. 使用文本函数中的一个函数，在 Sheet1 中，利用"学号"列的数据，根据以下要求获得考生所考级别，并将结果填入"级别"列中。要求：

- 学号中的第八位指示的考生所考级别，例如："085200821023080"中的"2"标识了该考生所考级别为二级。
- 在"级别"列中，填入的数据是函数的返回值。

（1）在 Sheet1 表中，选择目标单元格 C3，单击公式编辑栏，编辑输入公式"=MID(A3,8,1)"。

（2）按回车键确定，C3 单元格显示结果为"1"。使用 C3 单元格右下角的填充柄，填充至 C57 单元格，完成"级别"的获取。C56 单元格显示结果为 2。

5. 使用统计函数，根据以下要求对 Sheet1 中"学生成绩表"的数据进行统计。要求：

- 统计"考 1 级的考生人数"，并将计算结果填入到 N2 单元格中。
- 统计"考试通过人数（>=60）"，并将计算结果填入到 N3 单元格中。
- 统计"全体 1 级考生的考试平均分"，并将计算结果填入到 N4 单元格中。
- 注意：计算时，分母直接使用"N2"单元格的数据。

（1）考 1 级的考生人数：在 Sheet1 表中，选择目标单元格 N2，单击公式编辑栏，编辑输入公式"=COUNTIF(C3:C57,"1")"，按回车键确定，N2 单元格显示计算结果为 34。

（2）考试通过人数（>=60）：在 Sheet1 表中，选择目标单元格 N3，单击公式编辑栏，编辑输入公式"=COUNTIF(J3:J57,">=60")"，按回车键确定，N3 单元格显示计算结果为 44。

（3）全体 1 级考生的考试平均分：在 Sheet1 表中，选择目标单元格 N4，单击公式编辑栏，编辑输入公式"=SUMIF(C3:C57,"1",J3:J57)/N2"，按回车键确定，N4 单元格显示计算结果为

65.24。

6. 使用财务函数，根据以下要求对 Sheet2 中的数据进行计算。要求：

● 根据"投资情况表 1"中的数据，计算 10 年以后得到的金额，并将结果填入到 B7 单元格中。

● 根据"投资情况表 2"中的数据，计算预计投资金额，并将结果填入到 E7 单元格中。

（1）10 年以后得到的金额：在 Sheet2 表中，选择目标单元格 B7，单击公式编辑栏，编辑输入公式"=FV(B3,B5,B4,B2)"，按回车键确定，B7 单元格显示为"¥1,754,673.55"。

（2）预计投资金额：在 Sheet2 表中，选择目标单元格 E7，单击公式编辑栏，编辑输入公式"=PV(E3,E4,E2)"，按回车键确定，E7 单元格显示为"¥12,770,345.58"。

7. 将 Sheet1 中的"学生成绩表"复制到 Sheet3，并对 Sheet3 进行高级筛选。

（1）要求：

● 筛选条件为"级别"—2、"总分"—>=70。

● 将筛选结果保存在 Sheet3 的 L5 单元格中。

（2）注意：

● 无须考虑是否删除或移动筛选条件。

● 复制过程中，将标题项"学生成绩表"连同数据一同复制。

● 数据表必须顶格放置。

（1）选择 Sheet1 工作表的 A1:J57，将其复制粘贴至 Sheet3!A1 开始的区域；若出现粘贴异常，可以使用选择性粘贴（粘贴值、粘贴格式），并使用"自动调整列宽"格式功能，确保完成正常粘贴显示。

（2）按要求设计筛选条件区域：如 L2:M3，列标题 L2、M2 为"级别""总分"，L3、M3 对应设置"2"">=70"。

（3）单击 Sheet3 表数据区域的任一单元格，如 D5；选择"数据"选项卡→"排序和筛选"→"高级"打开"高级筛选"对话框，设置如下。

列表区域：$A$2:$J$57，Excel 会自动选择。

条件区域：选择上面设计的 L2:M3，对话框中显示为"Sheet3!$L$2:$M$3"。

方式：选择"将筛选结果复制到其他位置"，在"复制到"框中单击 L5 单元格，对话框中显示为"Sheet3!$L$5"。最后，单击"确定"按钮，按要求完成筛选。再按需要使用"自动调整列宽"格式功能，确保实现筛选结果的完整显示。

8. 根据 Sheet1 中的"学生成绩表"，在 Sheet4 中新建一张数据透视表。要求：

● 显示每个级别不同总分的人数汇总情况。

● 行区域设置为"级别"。

● 列区域设置为"总分"。

● 数据区域设置为"总分"。

● 计数项为总分。

（1）单击 Sheet1 表数据区域的任一单元格，如 D15，选择"插入"选项卡→"数据透视表"，打开"创建数据透视表"对话框，Excel 已自动选择当前区域 Sheet1!$A$2:J$57。

（2）在对话框的"现有工作表"→"位置"中选择"Sheet4!$A$1"，单击"确定"按钮，在 Sheet4 表的右侧会自动打开"数据透视表字段"任务窗格。按题目要求，将"级别"字段拖曳到"行"区域；将"总分"字段拖曳到"列"区域；再将"总分"字段拖曳到"值"区域（设置为计数项）。完成后，在 Sheet4 表中自动生成数据透视表，如图 3-26 所示。

图 3-26　数据透视表设置完成

保存并关闭文件，整套试题操作完成。

试题 14　通信费年度计划表

试题描述

一、操作说明

1. DExcel.xlsx 文件保存在本题文件夹下。

2. 单击"回答"按钮，将打开本题文件夹。请按要求对该文件夹中的 DExcel.xlsx 文件进行操作，请注意及时保存操作结果。

3. 考生在做题时，不得对数据表进行操作要求以外的更改。

二、操作要求

1. 在 Sheet4 的 B1 单元格中输入公式，判断当前年份是否为闰年，结果为 TRUE 或 FALSE。
- 闰年定义：年数能被 4 整除而不能被 100 整除，或者能被 400 整除的年份。

2. 在 Sheet1 中，使用条件格式将"岗位类别"列中单元格数据按下列要求显示。
- 数据为"副经理"的单元格中字体颜色设置为红色、加粗显示。

- 数据为"服务部"的单元格中字体颜色设置为蓝色、加粗显示。

3. 使用 VLOOKUP 函数，根据 Sheet1 中的"岗位最高限额明细表"，填充"通信费年度计划表"中的"岗位标准"列。

4. 使用 INT 函数，计算 Sheet1 中"通信费年度计划表"的"预计报销总时间"列。要求：
- 每月以 30 天计算。
- 将结果填充在"预计报销总时间"列中。

5. 使用数组公式，计算 Sheet1 中"通信费年度计划表"的"年度费用"列。
- 计算方法为：年度费用 = 岗位标准 * 预计报销总时间。

6. 根据 Sheet1 中"通信费年度计划表"的"年度费用"列，计算预算总金额。要求：
- 使用函数计算并将结果保存在 Sheet1 的 C2 单元格中。
- 根据 C2 单元格中的结果，转换为金额大写形式，保存在 Sheet1 的 F2 单元格中。

7. 把 Sheet1 中的"通信费年度计划表"复制到 Sheet2 中，并对 Sheet2 进行自动筛选。

（1）要求：
- 筛选条件为"岗位类别"-技术研发、"报销地点"-武汉。
- 将筛选条件保存在 Sheet2 中。

（2）注意：
- 复制过程中，将标题项"通信费年度计划表"连同数据一同复制。
- 复制数据表后，粘贴时，数据表必须顶格放置。
- 复制过程中，数据保持一致。

8. 根据 Sheet1 中的"通信费年度计划表"，在 Sheet3 中新建一张数据透视表。要求：
- 显示不同报销地点不同岗位的年度费用情况。
- 行区域设置为"报销地点"。
- 列区域设置为"岗位类别"。
- 数据区域设置为"年度费用"。
- 求和项为"年度费用"。

操作过程

1. 在 Sheet4 的 B1 单元格中输入公式,判断当前年份是否为闰年,结果为 TRUE 或 FALSE。
- 闰年定义：年数能被 4 整除而不能被 100 整除，或者能被 400 整除的年份。

在 Sheet4 表中，选择目标单元格 B1，单击公式编辑栏，编辑输入公式"=OR(MOD(YEAR(TODAY()),400)=0,AND(MOD(YEAR(NOW()),4)=0,MOD(YEAR(NOW()),100)<>0))"。按回车键确定，B1 单元格显示结果为 FALSE。

2. 在 Sheet1 中，使用条件格式将"岗位类别"列中单元格数据按下列要求显示。
- 数据为"副经理"的单元格中字体颜色设置为红色、加粗显示。
- 数据为"服务部"的单元格中字体颜色设置为蓝色、加粗显示。

（1）选择 Sheet1 的 C4:C26，选择"开始"选项卡→"条件格式"→"管理规则"，打开"条件格式规则管理器"对话框。

（2）单击"新建规则"按钮，在打开的"新建格式规则"对话框中设置"选择规则类型"为"只为包含以下内容的单元格设置格式"，然后在下面设置"单元格值"—"等于"—"副经理"；单击"格式"按钮，打开"设置单元格格式"对话框。"颜色"选择"红色"，"字形"

选择"加粗",单击"确定"按钮。

(3)再单击"新建规则"按钮,在打开的"新建格式规则"对话框中设置"选择规则类型"为"只为包含以下内容的单元格设置格式",然后在下面设置"单元格值"—"等于"—"服务部";单击"格式"按钮,打开"设置单元格格式"对话框。"颜色"选择"蓝色","字形"选择"加粗",单击"确定"按钮。

通过上述操作,在条件格式规则管理器中创建了两条格式规则,单击"确定"按钮完成。

3. 使用 VLOOKUP 函数,根据 Sheet1 中的"岗位最高限额明细表",填充"通信费年度计划表"中的"岗位标准"列。

在 Sheet1 表中,选择目标单元格 D4,单击公式编辑栏,编辑输入公式"=VLOOKUP(C4, $K$5:$L$12,2,FALSE)",按回车键确定,D4 单元格显示计算结果为 1500。使用 D4 单元格右下角的填充柄,填充至 D26 单元格,完成"岗位标准"列的填充。D26 单元格显示为 200。

4. 使用 INT 函数,计算 Sheet1 中"通信费年度计划表"的"预计报销总时间"列。要求:
- 每月以 30 天计算。
- 将结果填充在"预计报销总时间"列中。

在 Sheet1 表中,选择目标单元格 G4,单击公式编辑栏,编辑输入公式"=INT((F4-E4)/30)",按回车键确定,G4 单元格显示计算结果为 13。使用 G4 单元格右下角的填充柄,填充至 G26 单元格,完成"岗位标准"列的填充。G26 单元格显示为 7。

5. 使用数组公式,计算 Sheet1 中"通信费年度计划表"的"年度费用"列。
- 计算方法为:年度费用 = 岗位标准 * 预计报销总时间。

在 Sheet1 表中,选择目标单元格"总分"列的 H4:H26,按"="键,开始编辑数组公式;编辑输入公式"=D4:D26*G4:G26",同时按下 Ctrl+Shift+Enter 组合键,输入完成。H4 单元格显示为 19500,H26 单元格显示为 1400。

6. 根据 Sheet1 中"通信费年度计划表"的"年度费用"列,计算预算总金额。要求:
- 使用函数计算并将结果保存在 Sheet1 的 C2 单元格中。
- 根据 C2 单元格中的结果,转换为金额大写形式,保存在 Sheet1 的 F2 单元格中。

(1)预算总金额:在 Sheet1 表中,选择目标单元格 C2,单击公式编辑栏,编辑输入公式"==SUM(H4:H26)",按回车键确定,C2 单元格显示计算结果 286300。

(2)预算总金额(大写):在 Sheet1 表中,选择目标单元格 F2,右击,选择"设置单元格格式"。在打开的"设置单元格格式"对话框的"数字"选项卡下,选择"分类"为"特殊","类型"设置为"中文大写数字";再单击公式编辑栏,编辑输入公式"=C2",按回车键确定,F2 单元格显示计算结果为"贰拾捌万陆仟叁佰"。

7. 把 Sheet1 中的"通信费年度计划表"复制到 Sheet2 中,并对 Sheet2 进行自动筛选。
(1)要求:
- 筛选条件为"岗位类别"-技术研发、"报销地点"-武汉。
- 将筛选条件保存在 Sheet2 中。

(2)注意:
- 复制过程中,将标题项"通信费年度计划表"连同数据一同复制。
- 复制数据表后,粘贴时,数据表必须顶格放置。
- 复制过程中,数据保持一致。

（1）选择 Sheet1 工作表的 A1:I26，将其复制粘贴至 Sheet2!A1 开始的区域；若出现粘贴异常，可以使用选择性粘贴（粘贴值、粘贴格式），并使用"自动调整列宽"格式功能，确保正常粘贴显示。

（2）选择 Sheet2!A3:I26 区域，再选择"开始"选项卡→"排序和筛选"→"筛选"，打开自动筛选界面。

（3）按要求设置自动筛选条件："岗位类别"下拉框中仅勾选"技术研发"；"报销地点"下拉框中仅勾选"武汉"。

按上述操作，完成自动筛选。

8. 根据 Sheet1 中的"通信费年度计划表"，在 Sheet3 中新建一张数据透视表。要求：
- 显示不同报销地点不同岗位的年度费用情况。
- 行区域设置为"报销地点"。
- 列区域设置为"岗位类别"。
- 数据区域设置为"年度费用"。
- 求和项为"年度费用"。

（1）单击 Sheet1 表数据区域的任一单元格，如 D15，选择"插入"选项卡→"数据透视表"，打开"创建数据透视表"对话框，手工选择 A3:I26，使"创建数据透视表"对话框的"表/区域"内容为 Sheet1!$A$3:$I$26。

（2）在对话框的"现有工作表"→"位置"中选择"Sheet3!$A$1"，单击"确定"按钮，在 Sheet3 表的右侧会自动打开"数据透视表字段"任务窗格。按题目要求，将"报销地点"字段拖曳到"行"区域；将"岗位类别"字段拖曳到"列"区域；将"年度费用"字段拖曳到"值"区域（求和项）。完成后，在 Sheet3 表中自动生成数据透视表，如图 3-27 所示。

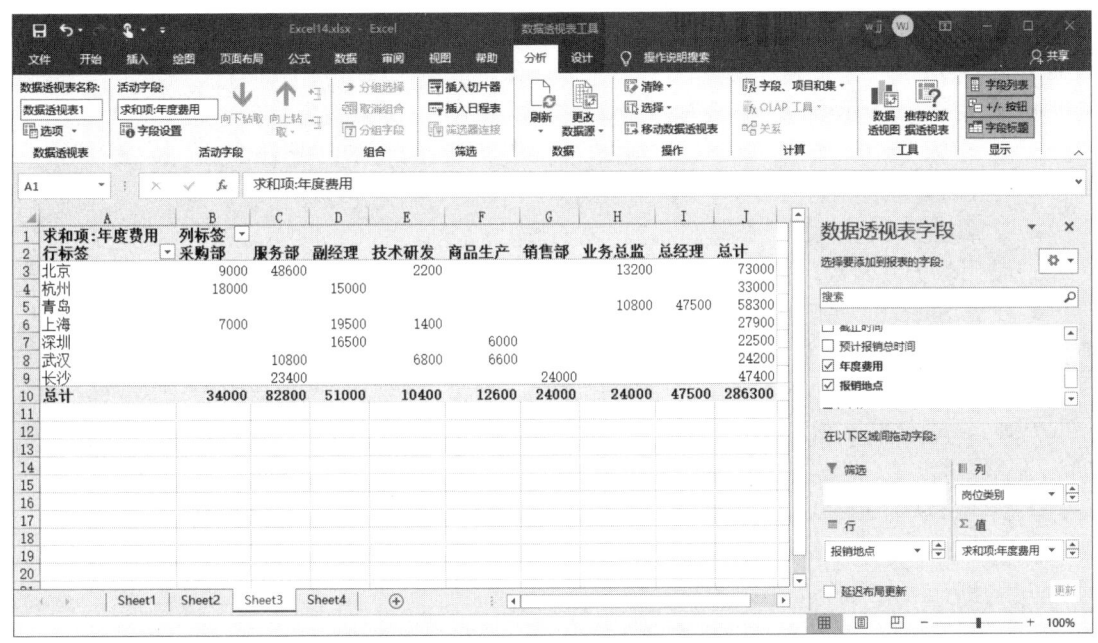

图 3-27　数据透视表设置完成

保存并关闭文件，整套试题操作完成。

试题 15　医院病人护理统计表

试题描述

一、操作说明

1. DExcel.xlsx 文件保存在本题文件夹下。
2. 单击"回答"按钮，将打开本题文件夹。请按要求对该文件夹中的 DExcel.xlsx 文件进行操作，请注意及时保存操作结果。
3. 考生在做题时，不得对数据表进行操作要求以外的更改。

二、操作要求

1. 在 Sheet4 中，使用函数，根据 A1 单元格中的身份证号码判断性别，结果为"男"或"女"，存放在 A2 单元格中。
- 身份证号码倒数第二位为奇数的为"男"，为偶数的为"女"。
2. 在 Sheet4 中，使用函数，将 B1 单元格中的数四舍五入到整百，存放在 C1 单元格中。
3. 使用 VLOOKUP 函数，根据 Sheet1 中的"护理价格表"，对"医院病人护理统计表"中的"护理价格"列进行自动填充。
4. 使用数组公式，根据 Sheet1 中"医院病人护理统计表"中的"入住时间"列和"出院时间"列中的数据计算护理天数，并把结果保存在"护理天数"列中。
- 计算方法：护理天数=出院时间−入住时间。
5. 使用数组公式，根据 Sheet1 中"医院病人护理统计表"的"护理价格"和"护理天数"列，对病人的护理费用进行计算，并把结果保存在该表的"护理费用"列中。
- 计算方法：护理费用=护理价格*护理天数。
6. 使用数据库函数，按以下要求计算。
- 计算 Sheet1 "医院病人护理统计表"中，性别为女性，护理级别为中级护理，护理天数大于 30 天的人数，并保存在 N13 单元格中。
- 计算护理级别为高级护理的护理费用总和，并保存在 N22 单元格中。
7. 把 Sheet1 中的"医院病人护理统计表"复制到 Sheet2，进行自动筛选。
（1）要求：
- 筛选条件为"性别"—女、"护理级别"—高级护理。
- 将筛选结果保存在 Sheet2 中。
（2）注意：
- 复制过程中，将标题项"医院病人护理统计表"连同数据一同复制。
- 数据表必须顶格放置。

- 复制过程中，保持数据一致。

8. 根据 Sheet1 中的"医院病人护理统计表"，创建一个数据透视图并保存在 Sheet3 中。要求：
- 显示每个护理级别的护理费用情况。
- x 坐标设置为"护理级别"。
- 数据区域设置为"护理费用"。
- 求和为护理费用。
- 将对应的数据透视表也保存在 Sheet3 中。

操作过程

1. 在 Sheet4 中，使用函数，根据 A1 单元格中的身份证号码判断性别，结果为"男"或"女"，存放在 A2 单元格中。
- 身份证号码倒数第二位为奇数的为"男"，为偶数的为"女"。

在 Sheet5 表中，选择目标单元格 A2，单击公式编辑栏，编辑输入公式"=IF(MOD(MID(A1,LEN(A1)-1,1),2) =0,"女","男")"，按回车键确定，A2 单元格显示结果为"男"。

2. 在 Sheet4 中，使用函数，将 B1 单元格中的数四舍五入到整百，存放在 C1 单元格中。
在 Sheet4 工作表中，选择 C1 单元格，在公式编辑栏中输入公式"=ROUND(B1/100,0)*100"，按回车键确认，B1 单元格显示为 35841，C1 单元格显示为 35800，实现了四舍五入到整百的计算。

3. 使用 VLOOKUP 函数，根据 Sheet1 中的"护理价格表"，对"医院病人护理统计表"中的"护理价格"列进行自动填充。
在 Sheet1 表中，选择目标单元格 F3，单击公式编辑栏，编辑输入公式"=VLOOKUP(E3,$K$3:$L$5,2,FALSE)"，按回车键确定，F3 单元格显示计算结果为 80。使用 F3 单元格右下角的填充柄，填充至 F30 单元格，完成"护理价格"列的填充。F30 单元格显示为 120。

4. 使用数组公式，根据 Sheet1 中"医院病人护理统计表"中的"入住时间"列和"出院时间"列中的数据计算护理天数，并把结果保存在"护理天数"列中。
- 计算方法：护理天数=出院时间-入住时间。

在 Sheet1 表中，选择目标单元格"护理天数"列的 H3:H30，按"="键，开始编辑数组公式；编辑输入公式"=INT(G3:G30-D3:D30)"，同时按下 Ctrl+Shift+Enter 组合键，输入完成。H3 单元格显示为 35，H30 单元格显示为 7。

5. 使用数组公式，根据 Sheet1 中"医院病人护理统计表"的"护理价格"和"护理天数"列，对病人的护理费用进行计算，并把结果保存在该表的"护理费用"列中。
- 计算方法：护理费用=护理价格*护理天数。

在 Sheet1 表中，选择目标单元格"护理费用"列的 I3:I30，按"="键，开始编辑数组公式；编辑输入公式"=F3:F30*H3:H30"，同时按下 Ctrl+Shift+Enter 组合键，输入完成。I3 单元格显示为 2800，I30 单元格显示为 840。

6. 使用数据库函数，按以下要求计算。
- 计算 Sheet1 "医院病人护理统计表"中，性别为女性，护理级别为中级护理，护理天数大于 30 天的人数,并保存在 N13 单元格中。
● 计算护理级别为高级护理的护理费用总和,并保存在 N22 单元格中。

(1)中级护理天数>30 天的女性人数:在 Sheet1 表中,选择目标单元格 N13,单击公式编辑栏,编辑输入公式"=DCOUNTA(A2:I30,A2,K8:M9)",按回车键确定,N13 单元格显示计算结果为 3。

(2)护理级别为高级护理的费用总和:在 Sheet1 表中,选择目标单元格 N22,单击公式编辑栏,编辑输入公式"=DSUM(A2:I30,I2,K17:K18)",按回车键确定,N22 单元格显示计算结果为 20640。

7. 把 Sheet1 中的"医院病人护理统计表"复制到 Sheet2,进行自动筛选。

(1)要求:
● 筛选条件为"性别"—女、"护理级别"—高级护理。
● 将筛选结果保存在 Sheet2 中。

(2)注意:
● 复制过程中,将标题项"医院病人护理统计表"连同数据一同复制。
● 数据表必须顶格放置。
● 复制过程中,保持数据一致。

(1)选择 Sheet1 工作表中的 A1:I30,将其复制粘贴至 Sheet2!A1 开始的区域;若出现粘贴异常,可以使用选择性粘贴(粘贴值、粘贴格式),并使用"自动调整列宽"格式功能,确保正常粘贴显示。

(2)选择 Sheet2!A2: I30 区域,选择"开始"选项卡→"排序和筛选"→"筛选",打开自动筛选界面。

(3)按要求设置自动筛选条件:"性别"下拉框仅勾选"女";"护理级别"下拉框仅勾选"高级护理"。

按上述操作,完成自动筛选。

8. 根据 Sheet1 中的"医院病人护理统计表",创建一个数据透视图并保存在 Sheet3 中。要求:
● 显示每个护理级别的护理费用情况。
● x 坐标设置为"护理级别"。
● 数据区域设置为"护理费用"。
● 求和为护理费用。
● 将对应的数据透视表也保存在 Sheet3 中。

(1)单击 Sheet1"医院病人护理统计表"数据区域的任一单元格,如 H15,选择"插入"选项卡→"数据透视图",打开"创建数据透视图"对话框,它已自动选择当前区域 Sheet1!$A$2:$I$30。

(2)在对话框的"现有工作表"→"位置"中选择"Sheet3!$A$1",单击"确定"按钮,在 Sheet3 表的右侧会自动打开"数据透视图字段"任务窗格。按题目要求,将"护理级别"字段拖曳到"轴(类别)"(x 坐标);将"护理费用(元)"字段拖曳到"值"区域(求和项)。完成后,在 Sheet3 表中自动生成数据透视图(也自动包含数据透视表),如图 3-28 所示。

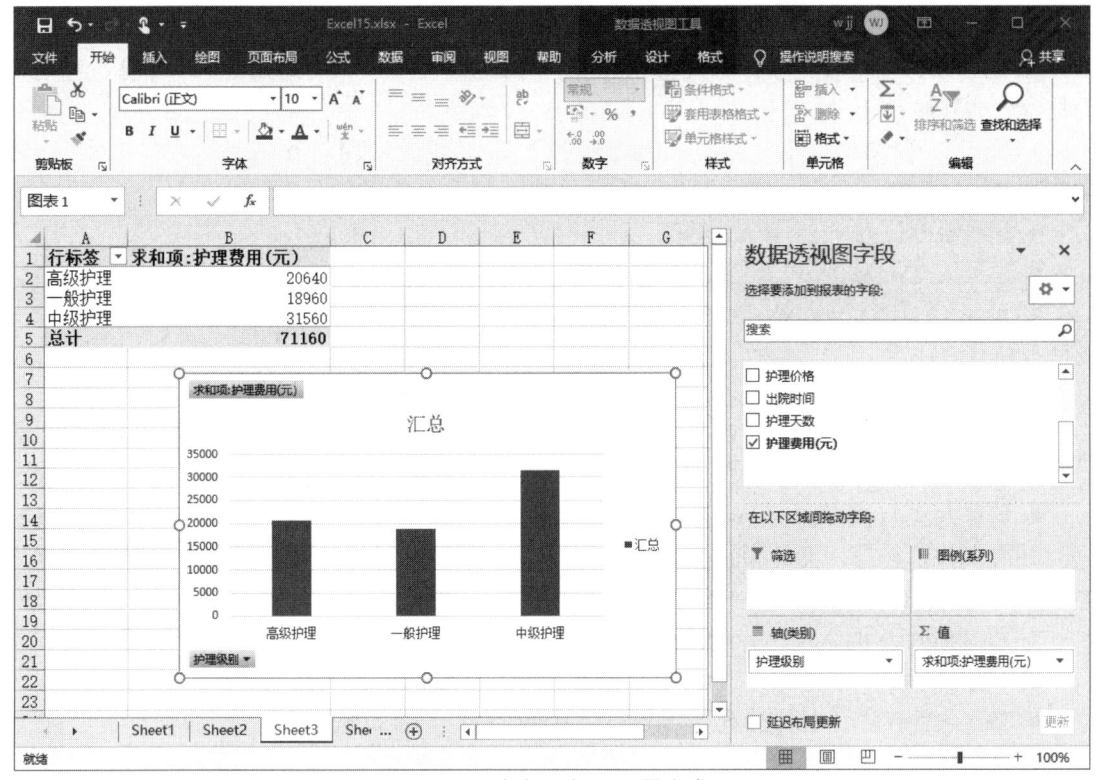

图 3-28 数据透视图设置完成

保存并关闭文件，整套试题操作完成。

试题 16　图书订购信息表

试题描述

一、操作说明

1. DExcel.xlsx 文件保存在本题文件夹下。
2. 单击"回答"按钮，将打开本题文件夹。请按要求对该文件夹中的 DExcel.xlsx 文件进行操作，请注意及时保存操作结果。
3. 考生在做题时，不得对数据表进行操作要求以外的更改。

二、操作要求

1. 在 Sheet4 中，使用函数，根据 E1 单元格中的身份证号码判断性别，结果为"男"或"女"，存放在 F1 单元格中。

- 身份证号码倒数第二位为奇数的为"男",为偶数的为"女"。

2. 在 Sheet4 中,使用条件格式将"性别"列中数据为"女"的单元格中的字体颜色设置为红色、加粗显示。

3. 使用 IF 和 MID 函数,根据 Sheet1 中的"图书订购信息表"中的"学号"列对"所属学院"列进行填充。要求:根据每位学生学号的第七位填充对应的"所属学院"。
- 学号第七位为 1-计算机学院。
- 学号第七位为 0-电子信息学院。

4. 使用 COUNTBLANK 函数,对 Sheet1 中的"图书订购信息表"中的"订书种类数"列进行填充。注意:
- 其中"1"表示该同学订购该图书,空格表示没有订购。
- 将结果保存在 Sheet1 中的"图书订购信息表"中的"订书种类数"列。

5. 使用公式,对 Sheet1 中的"图书订购信息表"中的"订书金额(元)"列进行填充。
- 计算方法为:应缴总额=C 语言*单价+高等数学*单价+大学语文*单价+大学英语*单价。

6. 使用统计函数,根据 Sheet1 中"图书订购信息表"的数据,统计订书金额大于 100 元的学生人数,将结果保存在 Sheet1 的 M9 单元格中。

7. 将 Sheet1 中的"图书订购信息表"复制到 Sheet2,并对 Sheet2 进行自动筛选。

(1) 要求:
- 筛选条件为"订书种类数"一>=3、"所属学院"一计算机学院。
- 将筛选结果保存在 Sheet2 中。

(2) 注意:
- 复制过程中,将标题项"图书订购信息表"连同数据一同复制。
- 复制过程中,保持数据一致。
- 数据表必须顶格放置。

8. 根据 Sheet1 的"图书订购信息表",创建一个数据透视图并保存在 Sheet3 中。要求:
- 显示每个学院图书订购的订书金额汇总情况。
- x 坐标设置为"所属学院"。
- 数据区域设置为"订书金额(元)"。
- 求和项为订书金额(元)。
- 将对应的数据透视表也保存在 Sheet3 中。

操作过程

1. 在 Sheet4 中,使用函数,根据 E1 单元格中的身份证号码判断性别,结果为"男"或"女",存放在 F1 单元格中。
- 身份证号码倒数第二位为奇数的为"男",为偶数的为"女"。

在 Sheet4 表中,选择目标单元格 F1,单击公式编辑栏,编辑输入公式"=IF(MOD(MID(E1,LEN(E1)-1,1),2) =0,"女","男")",按回车键确定,F1 单元格显示结果为"男"。

2. 在 Sheet4 中,使用条件格式将"性别"列中数据为"女"的单元格中的字体颜色设置为红色、加粗显示。

(1) 选择 Sheet4 中的 C2:C56,选择"开始"选项卡→"条件格式"→"突出显示单元格规则"→"等于",打开"等于"对话框。在"为等于以下值的单元格设置格式"中输入值"女",

并在"设置为"下拉框中选择"自定义格式",打开"设置单元格格式"对话框。

(2)"颜色"选择"红色","字形"选择"加粗",单击"确定"按钮,完成操作。

3. 使用 IF 和 MID 函数,根据 Sheet1 中的"图书订购信息表"中的"学号"列对"所属学院"列进行填充。要求:根据每位学生学号的第七位填充对应的"所属学院"。

- 学号第七位为 1－计算机学院。
- 学号第七位为 0－电子信息学院。

在 Sheet1 表中,选择目标单元格 C3,单击公式编辑栏,编辑输入公式"=IF(MID(A3,7,1)="1","计算机学院",IF(MID(A3,7,1)="0","电子信息学院","")))",按回车键确定,C3 单元格显示计算结果为"计算机学院"。使用 C3 单元格右下角的填充柄,填充至 C50 单元格,完成"所属学院"列的填充。C50 单元格显示为"电子信息学院"。

4. 使用 COUNTBLANK 函数,对 Sheet1 中的"图书订购信息表"中的"订书种类数"列进行填充。注意:

- 其中"1"表示该同学订购该图书,空格表示没有订购。
- 将结果保存在 Sheet1 中的"图书订购信息表"中的"订书种类数"列。

在 Sheet1 表中,选择目标单元格 H3,单击公式编辑栏,编辑输入公式"=4-COUNTBLANK(D3:G3)",按回车键确定,H3 单元格显示计算结果为 3。使用 H3 单元格右下角的填充柄,填充至 H50 单元格,完成"订书种类数"列的填充。H50 单元格显示为 3。

5. 使用公式,对 Sheet1 中的"图书订购信息表"中的"订书金额(元)"列进行填充。

- 计算方法为:应缴总额=C 语言*单价+高等数学*单价+大学语文*单价+大学英语*单价。

在 Sheet1 表中,选择目标单元格 H3,单击公式编辑栏,编辑输入公式"=D3*$L$3+E3*$L$4+F3*$L$5+G3*$L$6",按回车键确定,I3 单元格显示计算结果为 81.7。使用 I3 单元格右下角的填充柄,填充至 I50 单元格,完成"订书金额(元)"列的填充。I50 单元格显示为 89.3。

6. 使用统计函数,根据 Sheet1 中"图书订购信息表"的数据,统计订书金额大于 100 元的学生人数,将结果保存在 Sheet1 的 M9 单元格中。

在 Sheet1 表中,选择目标单元格 M9,单击公式编辑栏,编辑输入公式"=COUNTIF(I3:I50,">100")",按回车键确定,M9 单元格显示计算结果为 5。

7. 将 Sheet1 中的"图书订购信息表"复制到 Sheet2,并对 Sheet2 进行自动筛选。

(1)要求:

- 筛选条件为"订书种类数"－>=3、"所属学院"－计算机学院。
- 将筛选结果保存在 Sheet2 中。

(2)注意:

- 复制过程中,将标题项"图书订购信息表"连同数据一同复制。
- 复制过程中,保持数据一致。
- 数据表必须顶格放置。

(1)选择 Sheet1 工作表中的 A1:I50,将其复制粘贴至 Sheet2!A1 开始的区域;若出现粘贴异常,可以使用选择性粘贴(粘贴值、粘贴格式),并使用"自动调整列宽"格式功能,确保正常粘贴显示。

(2)单击 Sheet2 表数据区域的任一单元格,如 D5;选择"开始"选项卡→"排序和筛选"→"筛选",打开自动筛选界面。

(3) 按要求设置自动筛选条件: "订书种类数"下拉框选择"数字筛选"→"大于或等于",打开"自定义自动筛选方式"对话框,输入数值 3,单击"确定"按钮;"所属学院"下拉框边仅勾选"计算机学院"。

按上述操作,完成自动筛选。

8. 根据 Sheet1 的"图书订购信息表",创建一个数据透视图并保存在 Sheet3 中。要求:
- 显示每个学院图书订购的订书金额汇总情况。
- x 坐标设置为"所属学院"。
- 数据区域设置为"订书金额(元)"。
- 求和项为订书金额(元)。
- 将对应的数据透视表也保存在 Sheet3 中。

(1) 单击 Sheet1 "图书订购信息表"数据区域的任一单元格,如 H15,选择"插入"选项卡→"数据透视图",打开"创建数据透视图"对话框,Excel 已自动选择当前区域 Sheet1!$A$2:$I$50。

(2) 在对话框的"现有工作表"→"位置"中选择"Sheet3!$A$1",单击"确定"按钮,在 Sheet3 表的右侧会自动打开"数据透视图字段"任务窗格。按题目要求,将"所属学院"字段拖曳到"轴(类别)"(x 坐标);将"订书金额(元)"字段拖曳到"值"区域(求和项)。完成后,在 Sheet3 表中自动生成数据透视图(也自动包含数据透视表),如图 3-29 所示。

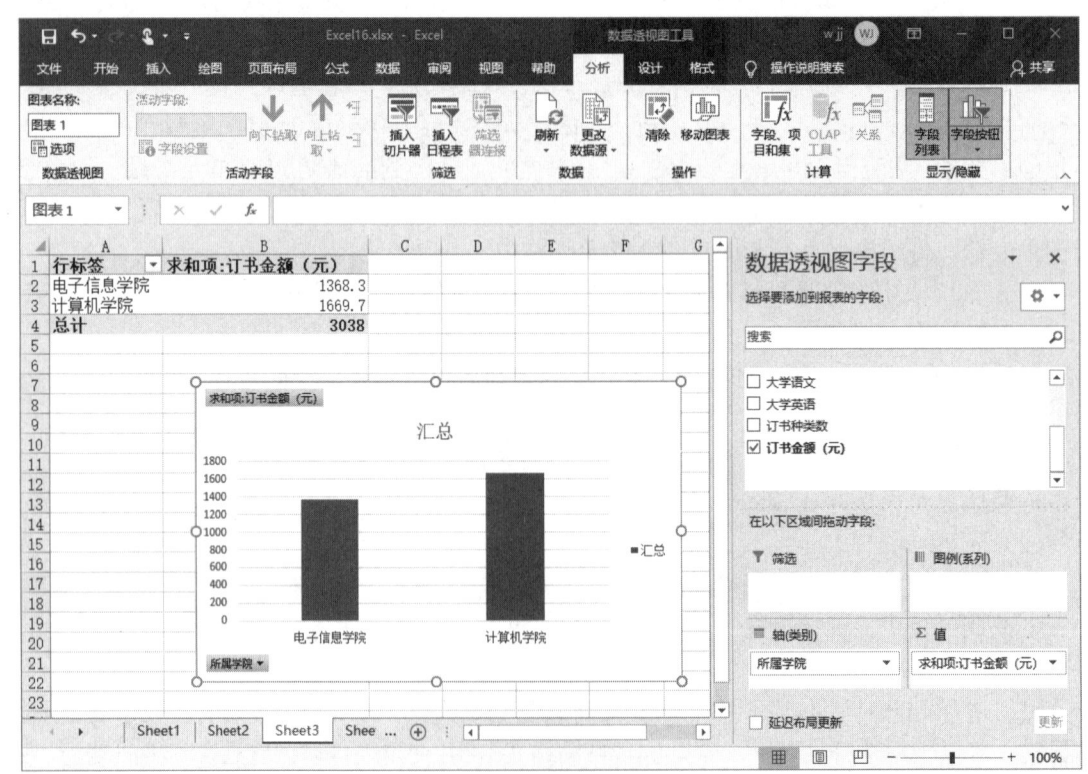

图 3-29 数据透视图设置完成

保存并关闭文件,整套试题操作完成。

试题 17　学生体育成绩表

试题描述

一、操作说明

1. DExcel.xlsx 文件保存在本题文件夹下。
2. 单击"回答"按钮，将打开本题文件夹。请按要求对该文件夹中的 DExcel.xlsx 文件进行操作，请注意及时保存操作结果。
3. 考生在做题时，不得对数据表进行操作要求以外的更改。

二、操作要求

1. 在 Sheet5 中，使用函数，将 B1 单元格中的时间四舍五入到最接近的 15 分钟的倍数，结果存放在 C1 单元格中。
2. 在 Sheet1 中，使用条件格式将"铅球成绩（米）"列中单元格数据按下列要求显示。
- 数据大于 9 的单元格中字体颜色设置为红色、加粗。
- 数据介于 7 和 9 之间的单元格中字体颜色设置为蓝色、加粗。
- 数据小于 7 的单元格中字体颜色设置为绿色、加粗。
3. 在 Sheet1 "学生成绩表"中，使用 REPLACE 函数和数组公式，将原学号转变成新学号并填入"新学号"列中。
- 转变方法：将原学号的第四位后面加上"5"。
- 例如："2007032001" —> "20075032001"。
4. 使用 IF 函数和逻辑函数，对 Sheet1 "学生成绩表"中的"结果 1"和"结果 2"列进行填充。填充的内容根据以下条件确定。
（1）结果 1
- 如果是男生

成绩<14.00，填充为"合格"。

成绩>=14.00，填充为"不合格"。

- 如果是女生

成绩<16.00，填充为"合格"。

成绩>=16.00，填充为"不合格"。

（2）结果 2
- 如果是男生

成绩>7.50，填充为"合格"。

成绩<=7.50，填充为"不合格"。

- 如果是女生

成绩>5.50，填充为"合格"。

成绩<=5.50，填充为"不合格"。

5. 对 Sheet1 "学生成绩表"中的数据，根据以下条件，使用统计函数进行统计。要求：
- 获取"100 米跑的最快的学生成绩"，将结果填入 Sheet1 的 K4 单元格中。
- 统计"所有学生结果 1 为合格的总人数"，将结果填入 Sheet1 的 K5 单元格中。

6. 根据 Sheet2 中的贷款情况，使用财务函数对贷款偿还金额进行计算。要求：
- 计算"按年偿还贷款金额（年末）"，并将结果填入到 Sheet2 中的 E2 单元格中。
- 计算"第 9 个月贷款利息金额"，并将结果填入到 Sheet2 中的 E3 单元格中。

7. 将 Sheet1 中的"学生成绩表"复制到 Sheet3，对 Sheet3 进行高级筛选。

（1）要求：
- 筛选条件为"性别"—"男"，"100 米成绩（秒）"—"<=12.00"，"铅球成绩（米）"—">9.00"。
- 将筛选结果保存在 Sheet3 的 J4 单元格中。

（2）注意：
- 无须考虑是否删除或移动筛选条件。
- 复制过程中，将标题项"学生成绩表"连同数据一同复制。
- 数据表必须顶格放置。

8. 根据 Sheet1 中的"学生成绩表"，在 Sheet4 中创建一张数据透视表。要求：
- 显示每种性别学生的合格与不合格总人数。
- 行区域设置为"性别"。
- 列区域设置为"结果 1"。
- 数据区域设置为"结果 1"。
- 计数项为"结果 1"。

操作过程

1. 在 Sheet5 中，使用函数，将 B1 单元格中的时间四舍五入到最接近的 15 分钟的倍数，结果存放在 C1 单元格中。

在 Sheet5 表中，选择目标单元格 C1，单击公式编辑栏，编辑输入公式"=ROUND(B1*24*4,0)/24/4"，按回车键确定，C1 单元格显示结果为"14:45:00"。

注：每天 24 小时，每小时 4 刻钟，读者可以有多种方式构造公式。

2. 在 Sheet1 中，使用条件格式将"铅球成绩（米）"列中单元格数据按下列要求显示。
- 数据大于 9 的单元格中字体颜色设置为红色、加粗。
- 数据介于 7 和 9 之间的单元格中字体颜色设置为蓝色、加粗。
- 数据小于 7 的单元格中字体颜色设置为绿色、加粗。

（1）选择 Sheet1 中的 G3:G30，选择"开始"选项卡→"条件格式"→"管理规则"，打开"条件格式规则管理器"对话框。

（2）单击"新建规则"按钮，在打开的"新建格式规则"对话框中，"选择规则类型"设为"只为包含以下内容的单元格设置格式"，然后在下面设置"单元格值"—"大于"—"9"；单击"格式"按钮，打开"设置单元格格式"对话框。"颜色"选择"红色"，"字形"列表选择"加粗",单击"确定"按钮。

(3)再单击"新建规则"按钮,在打开的对话框中"选择规则类型"设为"只为包含以下内容的单元格设置格式",然后在下面设置"单元格值"—"介于"—"7"—"9";单击"格式"按钮,在打开的对话框中"颜色"选择"蓝色","字形"选择"加粗",单击"确定"按钮。

(4)再单击"新建规则"按钮,在打开的"新建格式规则"对话框中,"选择规则类型"设为"只为包含以下内容的单元格设置格式",然后在下面设置"单元格值"—"小于"—"7";单击"格式"按钮,打开"设置单元格格式"对话框。"颜色"选择"绿色","字形"列表选择"加粗",单击"确定"按钮。

通过上述操作,在条件格式规则管理器中创建了三条格式规则,单击"确定"按钮完成。

3. 在Sheet1"学生成绩表"中,使用REPLACE函数和数组公式,将原学号转变成新学号并填入"新学号"列中。

- 转变方法:将原学号的第四位后面加上"5"。
- 例如:"2007032001"—>"20075032001"。

在Sheet1表中,选择目标单元格"总分"列的B3:B30,按"="键,开始编辑数组公式;编辑输入公式"=REPLACE(A3:A30,5,0,5)",同时按下Ctrl+Shift+Enter组合键,输入完成。B3单元格显示为20075032001,B30单元格显示为20075032028。

4. 使用IF函数和逻辑函数,对Sheet1"学生成绩表"中的"结果1"和"结果2"列进行填充。填充的内容根据以下条件确定。

(1)结果1
- 如果是男生

成绩<14.00,填充为"合格"。

成绩>=14.00,填充为"不合格"。

- 如果是女生

成绩<16.00,填充为"合格"。

成绩>=16.00,填充为"不合格"。

(2)结果2
- 如果是男生

成绩>7.50,填充为"合格"。

成绩<=7.50,填充为"不合格"。

- 如果是女生

成绩>5.50,填充为"合格"。

成绩<=5.50,填充为"不合格"。

(1)结果1:在Sheet1表中,选择目标单元格F3,单击公式编辑栏,编辑输入公式"=IF(OR(AND(D3="男",E3<14),AND(D3="女",E3<16)),"合格","不合格")",按回车键确定,F3单元格显示计算结果为"合格"。使用F3单元格右下角的填充柄,填充至F30单元格,完成"结果1"的判断。F30单元格显示结果为"合格"。

(2)结果2:在Sheet1表中,选择目标单元格H3,单击公式编辑栏,编辑输入公式"=IF(OR(AND(D3="男",G3>7.5),AND(D3="女",G3>5.5)),"合格","不合格")",按回车键确定,H3单元格显示计算结果为"合格"。使用H3单元格右下角的填充柄,填充至H30单元格,完成"结果2"的判断。H30单元格显示结果为"合格"。

5. 对 Sheet1 "学生成绩表"中的数据，根据以下条件，使用统计函数进行统计。要求：
- 获取"100 米跑得最快的学生成绩"，将结果填入 Sheet1 的 K4 单元格中。
- 统计"所有学生结果 1 为合格的总人数"，将结果填入 Sheet1 的 K5 单元格中。

（1）100 米跑得最快的学生成绩：在 Sheet1 表中，选择目标单元格 K4，单击公式编辑栏，编辑输入公式"=MIN(E3:E30)"，按回车键确定，K4 单元格显示计算结果为 10.44。

（2）所有学生结果 1 为合格的总人数：在 Sheet1 表中，选择目标单元格 K5，单击公式编辑栏，编辑输入公式"=COUNTIF(F3:F30,"合格")"，按回车键确定，K5 单元格显示计算结果为 19。

6. 根据 Sheet2 中的贷款情况，使用财务函数对贷款偿还金额进行计算。要求：
- 计算"按年偿还贷款金额（年末）"，并将结果填入到 Sheet2 中的 E2 单元格中；
- 计算"第 9 个月贷款利息金额"，并将结果填入到 Sheet2 中的 E3 单元格中。

（1）按年偿还贷款金额（年末）：在 Sheet2 表中，选择目标单元格 E2，单击公式编辑栏，编辑输入公式"=PMT(B4,B3,B2)"，按回车键确定，E2 单元格显示计算结果为"¥-96,212.09"。

（2）第 9 个月贷款利息金额：在 Sheet2 表中，选择目标单元格 E3，单击公式编辑栏，编辑输入公式"=IPMT(B4/12,9,B3*12,B2)"，按回车键确定，E3 单元格显示计算结果为"¥-4,023.76"。

7. 将 Sheet1 中的"学生成绩表"复制到 Sheet3，对 Sheet3 进行高级筛选。

（1）要求：
- 筛选条件为"性别"—"男"，"100 米成绩（秒）"—"<=12.00"，"铅球成绩（米）"—">9.00"。
- 将筛选结果保存在 Sheet3 的 J4 单元格中。

（2）注意：
- 无须考虑是否删除或移动筛选条件。
- 复制过程中，将标题项"学生成绩表"连同数据一同复制。
- 数据表必须顶格放置。

（1）选择 Sheet1 工作表中的 A1:H30，将其复制粘贴至 Sheet3!A1 开始的区域；若出现粘贴异常，可以使用选择性粘贴（粘贴值、粘贴格式），并使用"自动调整列宽"格式功能，确保正常粘贴显示。

（2）按要求设计筛选条件区域：如 J2:L3，列标题 J2、K2、L2 为"性别""100 米成绩（秒）""铅球成绩（米）"，J3、K3、L3 对应设置"男""<=12.00"">9.00"。

（3）单击 Sheet3 表数据区域的任一单元格，如 D5；选择"数据"选项卡→"排序和筛选"→"高级"，打开"高级筛选"对话框，在该对话框中进行如下设置。

列表区域：$A$2:$H$30，Excel 会自动选择。

条件区域：选择上面设计的 J2:L3，对话框中显示为"Sheet3!$J$2:$L$3"。

方式：选择"将筛选结果复制到其他位置"，在"复制到"单击 J4 单元格，对话框显示为"Sheet3!$J$4"。最后，单击"确定"按钮，按要求完成筛选。再按需要使用"自动调整列宽"格式功能，确保实现筛选结果的完整显示。

8. 根据 Sheet1 中的"学生成绩表"，在 Sheet4 中创建一张数据透视表。要求：
- 显示每种性别学生的合格与不合格总人数。
- 行区域设置为"性别"。
- 列区域设置为"结果 1"。
- 数据区域设置为"结果 1"。

● 计数项为"结果 1"。

（1）单击 Sheet1 表数据区域的任一单元格，如 D15，选择"插入"选项卡→"数据透视表"，打开"创建数据透视表"对话框，Excel 已自动选择当前区域 Sheet1!$A$2:$H$30。

（2）在对话框的"现有工作表"→"位置"中选择"Sheet4!$A$1"，单击"确定"按钮，在 Sheet4 表的右侧会自动打开"数据透视表字段"任务窗格。按题目要求，将"性别"字段拖曳到"行"区域；将"结果 1"字段拖曳到"列"区域；再将"结果 1"字段拖曳到"值"区域（设置为计数项）。完成后，在 Sheet4 表中自动生成数据透视表，如图 3-30 所示。

图 3-30　数据透视表设置完成

保存并关闭文件，整套试题操作完成。

试题 18　员工资料表

试题描述

一、操作说明

1. DExcel.xlsx 文件保存在本题文件夹下。

2. 单击"回答"按钮，将打开本题文件夹。请按要求对该文件夹中的 DExcel.xlsx 文件进行操作，请注意及时保存操作结果。

3. 考生在做题时，不得对数据表进行操作要求以外的更改。

二、操作要求

1. 在 Sheet5 中使用函数计算 A1:A10 中奇数的个数，结果存放在 A12 单元格中。

2. 在 Sheet5 中，使用函数，将 B1 单元格中的数四舍五入到整百，存放在 C1 单元格中。

3. 仅使用 MID 函数和 CONCATENATE 函数，对 Sheet1 中"员工资料表"的"出生日期"列进行填充。要求：

（1）填充的内容根据"身份证号码"列的内容来确定。
- 身份证号码中的第 7 位~第 10 位：表示出生年份。
- 身份证号码中的第 11 位~第 12 位：表示出生月份。
- 身份证号码中的第 13 位~第 14 位：表示出生日。

（2）填充结果的格式为：xxxx 年 xx 月 xx 日。

4. 根据 Sheet1 中"职务补贴率表"的数据，使用 VLOOKUP 函数，对"员工资料表"中的"职务补贴率"列进行自动填充。

5. 使用数组公式，在 Sheet1 中对"员工资料表"的"工资总额"列进行计算，并将计算结果保存在"工资总额"列。

计算方法：工资总额=基本工资*（1+职务补贴）。

6. 在 Sheet2 中，根据"固定资产情况表"，使用财务函数，对以下条件进行计算。
- 计算"每天折旧值"，并将结果填入到 E2 单元格中。
- 计算"每月折旧值"，并将结果填入到 E3 单元格中。
- 计算"每年折旧值"，并将结果填入到 E4 单元格中。

7. 将 Sheet1 中的"员工资料表"复制到 Sheet3，并对 Sheet3 进行高级筛选。

（1）要求：
- 筛选条件为"性别"－女、"职务"-高级工程师。
- 将筛选结果保存在 Sheet3 的 J5 单元格中。

（2）注意：
- 无须考虑是否删除或移动筛选条件。
- 复制过程中，将标题项"员工资料表"连同数据一同复制。
- 数据表必须顶格放置。

8. 根据 Sheet1 中的"员工资料表"，在 Sheet4 中新建一张数据透视表。要求：
- 显示每种性别的不同职务的人数汇总情况。
- 行区域设置为"性别"。
- 列区域设置为"职务"。
- 数据区域设置为"职务"。
- 计数项为"职务"。

> **操作过程**

1. 在 Sheet5 中使用函数计算 A1:A10 中奇数的个数，结果存放在 A12 单元格中。

在 Sheet5 表中，选择目标单元格 A12，单击公式编辑栏，编辑输入公式"=SUMPRODUCT(MOD(A1:A10,2))"，按回车键确定，A12 单元格显示计算结果为 6。

2. 在 Sheet5 中，使用函数，将 B1 单元格中的数四舍五入到整百，存放在 C1 单元格中。

在 Sheet5 工作表中，选择 C1 单元格，在公式编辑栏中输入公式"=ROUND(B1/100,0)*100"，按回车键确认，B1 单元格显示为 32684，C1 单元格显示为 32700，实现了四舍五入到整百的计算。

3. 仅使用 MID 函数和 CONCATENATE 函数，对 Sheet1 中"员工资料表"的"出生日期"列进行填充。要求：

（1）填充的内容根据"身份证号码"列的内容来确定。
- 身份证号码中的第 7 位～第 10 位：表示出生年份。
- 身份证号码中的第 11 位～第 12 位：表示出生月份。
- 身份证号码中的第 13 位～第 14 位：表示出生日。

（2）填充结果的格式为：xxxx 年 xx 月 xx 日。

在 Sheet1 表中，选择目标单元格 G3，单击公式编辑栏，编辑输入公式"=CONCATENATE(MID(E3,7,4),"年",MID(E3,11,2),"月",MID(E3,13,2),"日")"，按回车键确定，G3 单元格显示计算结果为"1967 年 06 月 15 日"。使用 G3 单元格右下角的填充柄，填充至 G38 单元格，完成"检测结果"列填充。G38 单元格显示为"1954 年 04 月 20 日"。

4. 根据 Sheet1 中"职务补贴率表"的数据，使用 VLOOKUP 函数，对"员工资料表"中的"职务补贴率"列进行自动填充。

在 Sheet1 表中，选择目标单元格 J3，单击公式编辑栏，编辑输入公式"=VLOOKUP(H3,$A$2:$B$6,2,FALSE)"，按回车键确定，J3 单元格显示计算结果为 0.8。使用 J3 单元格右下角的填充柄，填充至 J38 单元格，完成"检测结果"列填充。J38 单元格显示为 0.8。

5. 使用数组公式，在 Sheet1 中对"员工资料表"的"工资总额"列进行计算，并将计算结果保存在"工资总额"列。

- 计算方法：工资总额=基本工资*（1+职务补贴）。

在 Sheet1 表中，选择目标单元格"工资总额"列的 K3:K38，按"="键，开始编辑数组公式；编辑输入公式"=I3:I38*(1+J3:J38)"，同时按下 Ctrl+Shift+Enter 组合键，输入完成。K3 单元格显示为 5400，K38 单元格显示为 5400。

6. 在 Sheet2 中，根据"固定资产情况表"，使用财务函数，对以下条件进行计算。

- 计算"每天折旧值"，并将结果填入到 E2 单元格中。
- 计算"每月折旧值"，并将结果填入到 E3 单元格中。
- 计算"每年折旧值"，并将结果填入到 E4 单元格中。

（1）每天折旧值：在 Sheet2 表中，选择目标单元格 E2，单击公式编辑栏，编辑输入公式"=SLN(B2,B3,B4*365)"，按回车键确定，E2 单元格显示计算结果为"￥11.64"。

（2）每月折旧值：在 Sheet2 表中，选择目标单元格 E3，单击公式编辑栏，编辑输入公式"=SLN(B2,B3,B4*12)"，按回车键确定，E3 单元格显示计算结果为"￥354.17"。

（3）每月折旧值：在 Sheet2 表中，选择目标单元格 E4，单击公式编辑栏，编辑输入公式"=SLN(B2,B3,B4)"，按回车键确定，E4 单元格显示计算结果为"￥4,250.00"。

7. 将 Sheet1 中的"员工资料表"复制到 Sheet3，并对 Sheet3 进行高级筛选。

（1）要求：
- 筛选条件为"性别"-女、"职务"-高级工程师。
- 将筛选结果保存在 Sheet3 的 J5 单元格中。

（2）注意：
- 无须考虑是否删除或移动筛选条件。
- 复制过程中，将标题项"员工资料表"连同数据一同复制。
- 数据表必须顶格放置。

注意：在本题中，Sheet3 工作表起初只能看到第 29 行开始的空白行，无法按题目要求操作。因此，需要先显示被隐藏的记录，并删除。单击"数据"选项卡→"排序和筛选"→"清除"，展示出被隐藏的记录，再选择前 28 行记录，右击，选择"删除"即可。

（1）选择 Sheet1 工作表中的 A1:K38，将其复制粘贴至 Sheet3!A1 开始的区域；若出现粘贴异常，可以使用选择性粘贴（粘贴值、粘贴格式），并使用"自动调整列宽"格式功能，确保正常粘贴显示。

（2）按要求设计筛选条件区域：如 J2:K3，列标题 J2、K2 为"性别"（注意，此处需要与数据表的标题保持一致）、"职务"，J3、K3 对应设置"女""高级工程师"。

（3）单击 Sheet3 表数据区域的任一单元格，如 D5；选择"数据"选项卡→"排序和筛选"→"高级"，打开"高级筛选"对话框，设置如下。

列表区域：$A$2:$H$38，Excel 会自动选择。

条件区域：选择上面设计的 J2:K3，对话框中显示为"Sheet3!$J$2:$K$3"。

方式：选择"将筛选结果复制到其他位置"，在"复制到"框中单击 J5 单元格，对话框中显示为"Sheet3!$J$5"。最后，单击"确定"按钮，按要求完成筛选。再按需要使用"自动调整列宽"格式功能，确保实现筛选结果的完整显示。

8. 根据 Sheet1 中的"员工资料表"，在 Sheet4 中新建一张数据透视表。要求：
- 显示每种性别的不同职务的人数汇总情况。
- 行区域设置为"性别"。
- 列区域设置为"职务"。
- 数据区域设置为"职务"。
- 计数项为"职务"。

（1）单击 Sheet1 表数据区域的任一单元格，如 D15，选择"插入"选项卡→"数据透视表"，打开"创建数据透视表"对话框，Excel 已自动选择当前区域 Sheet1!$D$2:$K$38。

（2）在对话框的"现有工作表"→"位置"中选择"Sheet4!$A$1"，单击"确定"按钮，在 Sheet4 表的右侧会自动打开"数据透视表字段"任务窗格。按题目要求，将"性别"字段拖曳到"行"区域；将"职务"字段拖曳到"列"区域；再将"职务"字段拖曳到"值"区域（设置为计数项）。完成后，在 Sheet4 表中自动生成数据透视表，如图 3-31 所示。

图 3-31　数据透视表设置完成

保存并关闭文件，整套试题操作完成。

试题 19　公司员工人事信息表

试题描述

一、操作说明

1. DExcel.xlsx 文件保存在本题文件夹下。
2. 单击"回答"按钮，将打开本题文件夹。请按要求对该文件夹中的 DExcel.xlsx 文件进行操作，请注意及时保存操作结果。
3. 考生在做题时，不得对数据表进行操作要求以外的更改。

二、操作要求

1. 在 Sheet4 中使用函数计算 A1:A10 中奇数的个数，结果存放在 A12 单元格中。
2. 在 Sheet4 中设定 B 列中不能输入重复的数值。
3. 使用大小写转换函数，根据 Sheet1 中"公司员工人事信息表"的"编号"列，对"新编号"列进行填充。
- 要求：把编号中的小写字母改为大写字母，并将结果保存在"新编号"列中。
- 例如："a001"更改后为"A001"。

4. 使用文本函数和时间函数，根据 Sheet1 中"公司员工人事信息表"的"身份证号码"列，计算用户的年龄，并保存在"年龄"列中。注意：
- 身份证的第 7 位～第 10 位表示出生年份。
- 计算方法：年龄=当前年份–出生年份。其中，"当前年份"使用时间函数计算。

5. 在 Sheet1 中，利用数据库函数及已设置的条件区域，根据以下情况计算，并将结果填入相应的单元格当中。
- 计算：获取具有硕士学历，职务为经理助理的员工姓名，并将结果保存在 Sheet1 的 E31 单元格中。

6. 使用函数，判断 Sheet1 中 L12 和 M12 单元格中的文本字符串是否完全相同。注意：
- 如果完全相同，结果保存为 TRUE，否则保存为 FALSE。
- 将结果保存在 Sheet1 中的 N12 单元格中。

7. 将 Sheet1 中的"公司员工人事信息表"复制到 Sheet2，对 Sheet2 进行自动筛选。

（1）要求：
- 筛选条件为"籍贯"—"广东"，"学历"—"硕士"，"职务"—"职员"。
- 将筛选结果保存在 Sheet2 中。

（2）注意：
- 复制过程中，将标题项"公司员工人事信息表"连同数据一同复制。
- 数据表必须顶格放置。

8. 根据 Sheet1 中的"公司员工人事信息表"，在 Sheet3 中创建一张数据透视表。要求：
- 显示每个职位的不同学历的人数情况。
- 行区域设置为"职务"。
- 列区域设置为"学历"。
- 数据区域设置为"学历"。
- 计数项为"学历"。

操作过程

1. 在 Sheet4 中使用函数计算 A1:A10 中奇数的个数，结果存放在 A12 单元格中。

在 Sheet4 表中，选择目标单元格 A12，单击公式编辑栏，编辑输入公式"=SUMPRODUCT(MOD(A1:A10,2))"，按回车键确定，A12 单元格显示计算结果为 6。

2. 在 Sheet4 中设定 B 列中不能输入重复的数值。

单击 Sheet4 的 F 列，选中第 B 列，选择"数据"选项卡→"数据工具"→"数据验证"→"数据验证"，在打开的对话框中进行如下设置。在"设置"选项卡中，设置"允许"为"自定义"，在"公式"框中输入"=COUNTIF(B:B,B1)<=1"，单击"确定"按钮。

3. 使用大小写转换函数，根据 Sheet1 中"公司员工人事信息表"的"编号"列，对"新编号"列进行填充。
- 要求：把编号中的小写字母改为大写字母，并将结果保存在"新编号"列中。

● 例如:"a001"更改后为"A001"。

在 Sheet1 表中,选择目标单元格 B3,单击公式编辑栏,编辑输入公式"=UPPER(A3)",按回车键确定,B3 单元格显示计算结果为"A001"。使用 B3 单元格右下角的填充柄,填充至 B27 单元格,完成"新编号"列的填充。B27 单元格显示为"A025"。

4. 使用文本函数和时间函数,根据 Sheet1 中"公司员工人事信息表"的"身份证号码"列,计算用户的年龄,并保存在"年龄"列中。注意:

● 身份证的第 7 位~第 10 位表示出生年份。

● 计算方法:年龄=当前年份-出生年份。其中,"当前年份"使用时间函数计算。

在 Sheet1 表中,选择目标单元格 F3,单击公式编辑栏,编辑输入公式"=YEAR(TODAY())-MID(G3,7,4)",按回车键确定,F3 单元格显示为 36。使用 F3 单元格右下角的填充柄,填充至 F3 单元格,完成"年龄"列的填充。F27 单元格显示为 42。

注意:试题中使用"当前年份"作为年龄计算,故随着时间推移,本书上述文字的计算结果也会随之增加。

5. 在 Sheet1 中,利用数据库函数及已设置的条件区域,根据以下情况计算,并将结果填入相应的单元格当中。

● 计算:获取具有硕士学历,职务为经理助理的员工姓名,并将结果保存在 Sheet1 的 E31 单元格中。

在 Sheet1 表中,选择目标单元格 E31,单击公式编辑栏,编辑输入公式"=DGET(A2:J27,C2,L3:M4)",按回车键确定,F31 单元格显示计算结果为"陈 杰"。

6. 使用函数,判断 Sheet1 中 L12 和 M12 单元格中的文本字符串是否完全相同。注意:

● 如果完全相同,结果保存为 TRUE,否则保存为 FALSE。

● 将结果保存在 Sheet1 中的 N12 单元格中。

在 Sheet1 表中,选择目标单元格 N12,单击公式编辑栏,编辑输入公式"=EXACT(L12,M12)",按回车键确定,N12 单元格显示计算结果为 FALSE。

7. 将 Sheet1 中的"公司员工人事信息表"复制到 Sheet2,对 Sheet2 进行自动筛选。

(1)要求:

● 筛选条件为"籍贯"—"广东","学历"—"硕士","职务"—"职员"。

● 将筛选结果保存在 Sheet2 中。

(2)注意:

● 复制过程中,将标题项"公司员工人事信息表"连同数据一同复制。

● 数据表必须顶格放置。

(1)选择 Sheet1 工作表中的 A1:J37,将其复制粘贴至 Sheet2!A1 开始的区域;若出现粘贴异常,可以使用选择性粘贴(粘贴值、粘贴格式),并使用"自动调整列宽"格式功能,确保正常粘贴显示。

(2)单击 Sheet2 表数据区域的任一单元格,如 D5;选择"开始"选项卡→"排序和筛选"→"筛选",打开自动筛选界面。

(3)按要求设置自动筛选条件:"职务"下拉框仅勾选"职员";"籍贯"下拉框仅勾选"广东";"学历"下拉框仅勾选"硕士"。

按上述操作,完成自动筛选。

8. 根据 Sheet1 中的"公司员工人事信息表",在 Sheet3 中创建一张数据透视表。要求:
- 显示每个职位的不同学历的人数情况。
- 行区域设置为"职务"。
- 列区域设置为"学历"。
- 数据区域设置为"学历"。
- 计数项为"学历"。

(1) 单击 Sheet1 表数据区域的任一单元格,如 D15,选择"插入"选项卡→"数据透视表",打开"创建数据透视表"对话框,Excel 已自动选择当前区域 Sheet1!$A$2:$J$27。

(2) 在对话框的"现有工作表"→"位置"中选择"Sheet3!$A$1",单击"确定"按钮,在 Sheet3 表的右侧会自动打开"数据透视表字段"任务窗格。按题目要求,将"职务"字段拖曳到"行"区域;将"学历"字段拖曳到"列"区域;再将"学历"字段拖曳到"值"区域(设置为计数项)。完成后,在 Sheet3 表中自动生成数据透视表,如图 3-32 所示。

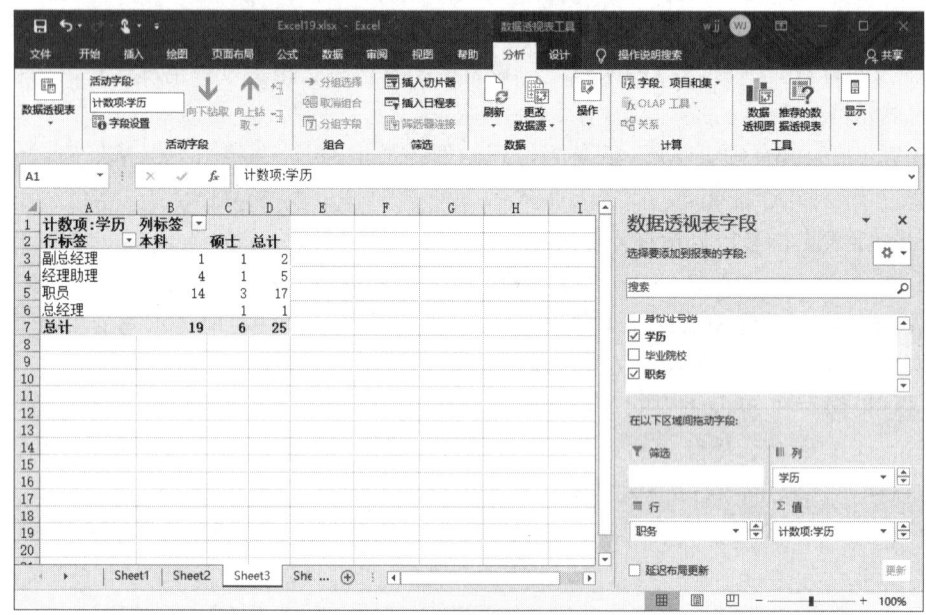

图 3-32 数据透视表设置完成

保存并关闭文件,整套试题操作完成。

试题 20 打印机备货清单

试题描述

一、操作说明

1. DExcel.xlsx 文件保存在本题文件夹下。

2. 单击"回答"按钮，将打开本题文件夹。请按要求对该文件夹中的 DExcel.xlsx 文件进行操作，请注意及时保存操作结果。

3. 考生在做题时，不得对数据表进行操作要求以外的更改。

二、操作要求

1. 在 Sheet4 中，使用函数，根据 A1 单元格中的身份证号码判断性别，结果为"男"或"女"，存放在 A2 单元格中。身份证号码倒数第二位为奇数的为"男"，为偶数的为"女"。

2. 在 Sheet4 的 B1 单元格中输入公式，判断当前年份是否为闰年，结果为 TRUE 或 FALSE。闰年定义：年数能被 4 整除而不能被 100 整除，或者能被 400 整除的年份。

3. 使用 IF 函数，对 Sheet1 中的"界面"列，根据"打印机类型"列的内容，进行自动填充。具体如下：
- 点阵—D。
- 喷墨—P。
- 黑白激光—H。
- 彩色激光—C。
- 以上四种类型之外的—T。

4. 使用 REPLACE 函数和数组公式对"新货号"列进行填充。要求：
- 将货号的前三位字符替换成"0233PRT"，以生成新货号；例如：将 23369585 替换为 0233PRT69585。
- 使用数组公式一次完成"新货号"列的填充。

5. 使用 VLOOKUP 函数对"供货商"列进行填充。
- 要求：根据"供货商清单"，利用 VLOOKUP 函数对"供货商"列依照不同厂牌进行填充。

6. 使用数据库函数统计厂牌为 EPSON，兼容性为支持的型号总数（不计空白型号）。

7. 将 Sheet1 中的"打印机备货清单"复制到 Sheet2 中，然后依照打印机类型重新排序。
- 要求：排序依据：点阵—喷墨—喷墨相片打印机—黑白激光—彩色激光。

8. 根据 Sheet2 中的"打印机备货清单"，在 Sheet3 中新建一个数据透视表。要求：
- 显示每种厂牌的每个打印机类型的型号总数。
- 行区域设置为"厂牌"。
- 列区域设置为"打印机类型"。
- 计数项为"型号"。

操作过程

1. 在 Sheet4 中，使用函数，根据 A1 单元格中的身份证号码判断性别，结果为"男"或"女"，存放在 A2 单元格中。身份证号码倒数第二位为奇数的为"男"，为偶数的为"女"。

在 Sheet4 表中，选择目标单元格 A2，单击公式编辑栏，编辑输入公式"=IF(MOD(MID(A1,LEN(A1)-1,1),2) =0,"女","男")"，按回车键确定，A2 单元格显示结果为"男"。

2. 在 Sheet4 的 B1 单元格中输入公式，判断当前年份是否为闰年，结果为 TRUE 或 FALSE。闰年定义：年数能被 4 整除而不能被 100 整除，或者能被 400 整除的年份。

在 Sheet4 表中，选择目标单元格 B1，单击公式编辑栏，编辑输入公式"=OR(MOD(YEAR(NOW()),400)=0,AND(MOD(YEAR(NOW()),4)=0,MOD(YEAR(NOW()),100)<>0))"，按回车键确定，B1 单元格显示结果为"FALSE"。

3. 使用 IF 函数，对 Sheet1 中的"界面"列，根据"打印机类型"列的内容，进行自动填充。具体如下：
- 点阵—D。
- 喷墨—P。
- 黑白激光—H。
- 彩色激光—C。
- 以上四种类型之外的—T。

在 Sheet1 表中，选择目标单元格 E3，单击公式编辑栏，编辑输入公式"=IF(D3="点阵","D",IF(D3="喷墨","P",IF(D3="黑白激光","H",IF(D3="彩色激光","C","T"))))"，按回车键确定，E3 单元格显示计算结果为"D"。使用 E3 单元格右下角的填充柄，填充至 E189 单元格，完成"界面"列的填充。E189 单元格显示为"H"。

4. 使用 REPLACE 函数和数组公式对"新货号"列进行填充。要求：
- 将货号的前三位字符替换成"0233PRT"，以生成新货号；例如：将 23369585 替换为 0233PRT69585。
- 使用数组公式一次完成"新货号"列的填充。

（1）在 Sheet1 表中，选择目标单元格"新货号"列的 H3:H189，按"="键，开始编辑数组公式；编辑输入公式"=REPLACE(A3:A189,1,3,"0233PRT")"，同时按下 Ctrl+Shift+Enter 组合键，输入完成。H3 单元格显示为"0233PRT69585"，H189 单元格显示为"0233PRT79550"。

5. 使用 VLOOKUP 函数对"供货商"列进行填充。
- 要求：根据"供货商清单"，利用 VLOOKUP 函数对"供货商"列依照不同厂牌进行填充。

在 Sheet1 表中，选择目标单元格 I3，单击公式编辑栏，编辑输入公式"=VLOOKUP(B3,$M$12:$N$29,2,FALSE)"，按回车键确定，I3 单元格显示计算结果为"兄弟电子"。使用 I3 单元格右下角的填充柄，填充至 I189 单元格，完成"界面"列的填充。I189 单元格显示为"爱生公司"。

6. 使用数据库函数统计厂牌为 EPSON，兼容性为支持的型号总数（不计空白型号）。

（1）按题意，为数据库函数创建条件区域，指定为 M35:N36 区域：M35、N35 单元格内容分别为"厂牌""兼容性"；M35、N35 单元格内容分别为"EPSON""支持"。

（2）选择目标单元格 N38，单击公式编辑栏，编辑输入公式"=DCOUNTA(A2:F189,C2,M35:N36)"，按回车键确定，N38 单元格显示计算结果为 39。

7. 将 Sheet1 中的"打印机备货清单"复制到 Sheet2 中，然后依照打印机类型重新排序。
- 要求：排序依据：点阵—喷墨—喷墨相片打印机—黑白激光—彩色激光。

（1）选择 Sheet1 工作表的 A1:F189，将其复制粘贴至 Sheet2!A1 开始的区域；若出现粘贴异常，可以使用选择性粘贴（粘贴值、粘贴格式），并使用"自动调整列宽"格式功能，确保正常粘贴显示。

（2）单击 Sheet2 表"打印机类型"列的任一单元格，如 D5；选择"开始"选项卡→"排序和筛选"→"自定义排序"，打开"排序"对话框。

（3）设置"主要关键字"为"打印机类型"，"排序依据"为"单元格值"，"次序"为"自定义序列"，打开"自定义序列"对话框，如图 3-33 所示。在"输入序列"框中，输入"点阵,喷墨,喷墨相片打印机,黑白激光,彩色激光"，先后单击"添加""确定"按钮，完成自定义序列创建。

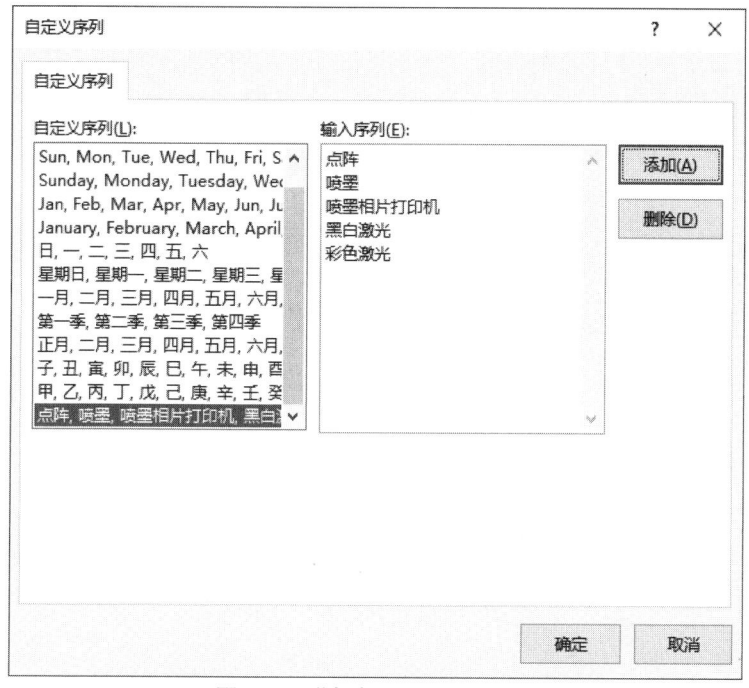

图 3-33 "自定义序列"对话框

（4）最后，在"排序"对话框中，单击"确定"按钮，完成自定义排序。

8. 根据 Sheet2 中的"打印机备货清单"，在 Sheet3 中新建一个数据透视表。要求：
- 显示每种厂牌的每个打印机类型的型号总数。
- 行区域设置为"厂牌"。
- 列区域设置为"打印机类型"。
- 计数项为"型号"。

（1）单击 Sheet2 表数据区域的任一单元格，如 D15，选择"插入"选项卡→"数据透视表"，打开"创建数据透视表"对话框，Excel 已自动选择当前区域 Sheet2!$A$2:$F$189。

（2）在对话框的"现有工作表"→"位置"框中选择"Sheet3!$A$1"，单击"确定"按钮，在 Sheet3 表的右侧会自动打开"数据透视表字段"任务窗格。按题目要求，将"厂牌"字段拖曳到"行"区域；将"打印机类型"字段拖曳到"列"区域；将"型号"字段拖曳到"值"区域（计数项）。完成后，在 Sheet3 表中自动生成数据透视表，如图 3-34 所示。

图 3-34　数据透视表设置完成

保存并关闭文件，整套试题操作完成。

试题 21　零件检测结果表

> 试题描述

一、操作说明

1. DExcel.xlsx 文件保存在本题文件夹下。
2. 单击"回答"按钮，将打开本题文件夹。请按要求对该文件夹中的 DExcel.xlsx 文件进行操作，请注意及时保存操作结果。
3. 考生在做题时，不得对数据表进行操作要求以外的更改。

二、操作要求

1. 在 Sheet4 的 A1 单元格中输入分数 1/3。
2. 在 Sheet4 中，使用函数，将 B1 中的时间四舍五入到最接近的 15 分钟的倍数，结果存放在 C1 单元格中。
3. 使用数组公式，根据 Sheet1 中"零件检测结果表"的"外轮直径"和"内轮直径"列，计算内外轮差，并将结果保存在"轮差"列中。

- 计算方法为：轮差=外轮直径−内轮直径。
4. 使用 IF 函数，对 Sheet1 中"零件检测结果表"的"检测结果"列进行填充。要求：
- 如果"轮差"<4mm，测量结果保存为"合格"，否则为"不合格"。
- 将计算结果保存在 Sheet1 的"零件检测结果表"的"检测结果"列中。
5. 使用统计函数，根据以下要求进行计算，并将结果保存在相应位置。
（1）要求：
- 统计：轮差为 0 的零件个数，并将结果保存在 Sheet1 的 K4 单元格中。
- 统计：零件的合格率，并将结果保存在 Sheet1 的 K5 单元格中。
（2）注意：
- 计算合格率时，分子分母必须用函数计算。
- 合格率的计算结果保存为数值型小数点后两位。
6. 使用文本函数，判断 Sheet1 中"字符串 2"在"字符串 1"中的起始位置并把返回结果保存在 Sheet1 的 K9 单元格中。
7. 把 Sheet1 中的"零件检测结果表"复制到 Sheet2 中，并进行自动筛选。
（1）要求：
- 筛选条件为"制作人员"—赵俊峰、"检测结果"—合格。
- 将筛选结果保存在 Sheet2 中。
（2）注意：
- 复制过程中，将标题项"零件检测结果表"连同数据一同复制。
- 数据表必须顶格放置。
8. 根据 Sheet1 中的"零件检测结果表"，在 Sheet3 中新建一张据透视表。要求：
- 显示每个制作人员制作的不同检测结果的零件个数情况。
- 行区域设置为"制作人员"。
- 列区域设置为"检测结果"。
- 数据区域设置为"检测结果"。
- 计数项为"检测结果"。

> 操作过程

1. 在 Sheet4 的 A1 单元格中输入分数 1/3。

在 Sheet4 的 A1 单元格中，输入"0 1/3"，按回车键确定，输入完成。

2. 在 Sheet4 中，使用函数，将 B1 中的时间四舍五入到最接近的 15 分钟的倍数，结果存放在 C1 单元格中。

在 Sheet4 表中，选择目标单元格 C1，单击公式编辑栏，编辑输入公式"=ROUND(B1*24*4,0)/24/4"，按回车键确定，C1 单元格显示结果为"15:45:00"。

3. 使用数组公式，根据 Sheet1 中"零件检测结果表"的"外轮直径"和"内轮直径"列，计算内外轮差，并将结果保存在"轮差"列中。
- 计算方法为：轮差=外轮直径-内轮直径。

在 Sheet1 表中，选择目标单元格"轮差"列的 D3:D50，按"="键，开始编辑数组公式；编辑输入公式"=B3:B50-C3:C50"，同时按下 Ctrl+Shift+Enter 组合键，输入完成。D3 单元格显示为 0，D50 单元格显示为 3。

4. 使用IF函数，对Sheet1中"零件检测结果表"的"检测结果"列进行填充。要求：
- 如果"轮差"<4mm，测量结果保存为"合格"，否则为"不合格"。
- 将计算结果保存在Sheet1的"零件检测结果表"的"检测结果"列中。

在Sheet1表中，选择目标单元格E3，单击公式编辑栏，编辑输入公式"=IF(D3<4,"合格","不合格")"，按回车键确定，E3单元格显示计算结果为"合格"。使用E3单元格右下角的填充柄，填充至E50单元格，完成"检测结果"列的填充。E50单元格显示为"合格"。

5. 使用统计函数，根据以下要求进行计算，并将结果保存在相应位置。

（1）要求：
- 统计：轮差为0的零件个数，并将结果保存在Sheet1的K4单元格中。
- 统计：零件的合格率，并将结果保存在Sheet1的K5单元格中。

（2）注意：
- 计算合格率时，分子分母必须用函数计算。
- 合格率的计算结果保存为数值型小数点后两位。

（1）统计轮差为0的零件个数：在Sheet1表中，选择目标单元格K4，单击公式编辑栏，编辑输入公式"=COUNTIF(D3:D50,"=0")"，按回车键确定，K4单元格显示为20。

（2）统计零件的合格率：在Sheet1表中，选择目标单元格K5，单击公式编辑栏，编辑输入公式"=COUNTIF(E3:E50,"合格")/COUNTA(E3:E50)"，按回车键确定，K5单元格显示为0.77。

6. 使用文本函数，判断Sheet1中"字符串2"在"字符串1"中的起始位置并把返回结果保存在Sheet1的K9单元格中。

在Sheet1表中，选择目标单元格K9，单击公式编辑栏，编辑输入公式"=FIND(J9,I9)"，按回车键确定，K9单元格显示结果为26。

7. 把Sheet1中的"零件检测结果表"复制到Sheet2中，并进行自动筛选。

（1）要求：
- 筛选条件为"制作人员"—赵俊峰、"检测结果"—合格。
- 将筛选结果保存在Sheet2中。

（2）注意：
- 复制过程中，将标题项"零件检测结果表"连同数据一同复制。
- 数据表必须顶格放置。

（1）选择Sheet1工作表中的A1:F50，将其复制粘贴至Sheet2!A1开始的区域；若出现粘贴异常，可以使用选择性粘贴（粘贴值、粘贴格式），并使用"自动调整列宽"格式功能，确保正常粘贴显示。

（2）单击Sheet2表数据区域的任一单元格，如D5；选择"开始"选项卡→"排序和筛选"→"筛选"，打开自动筛选界面。

（3）按要求设置自动筛选条件："制作人员"下拉框仅勾选"赵俊峰"；"检测结果"下拉框仅勾选"合格"。

按上述操作，完成自动筛选。

8. 根据Sheet1中的"零件检测结果表"，在Sheet3中新建一张据透视表。要求：
- 显示每个制作人员制作的不同检测结果的零件个数情况。
- 行区域设置为"制作人员"。

- 列区域设置为"检测结果"。
- 数据区域设置为"检测结果"。
- 计数项为"检测结果"。

(1)单击 Sheet1 表数据区域的任一单元格,如 D15,选择"插入"选项卡→"数据透视表",打开"创建数据透视表"对话框,Excel 已自动选择当前区域 Sheet1!$A$2:$F$50。

(2)在对话框的"现有工作表"→"位置"框中选择"Sheet3!$A$1",单击"确定"按钮,在 Sheet3 表的右侧会自动打开"数据透视表字段"任务窗格。按题目要求,将"制作人员"字段拖曳到"行"区域;将"检测结果"字段拖曳到"列"区域,再将"检测结果"字段拖曳到"值"区域(计数项)。完成后,在 Sheet3 表中自动生成数据透视表,如图 3-35 所示。

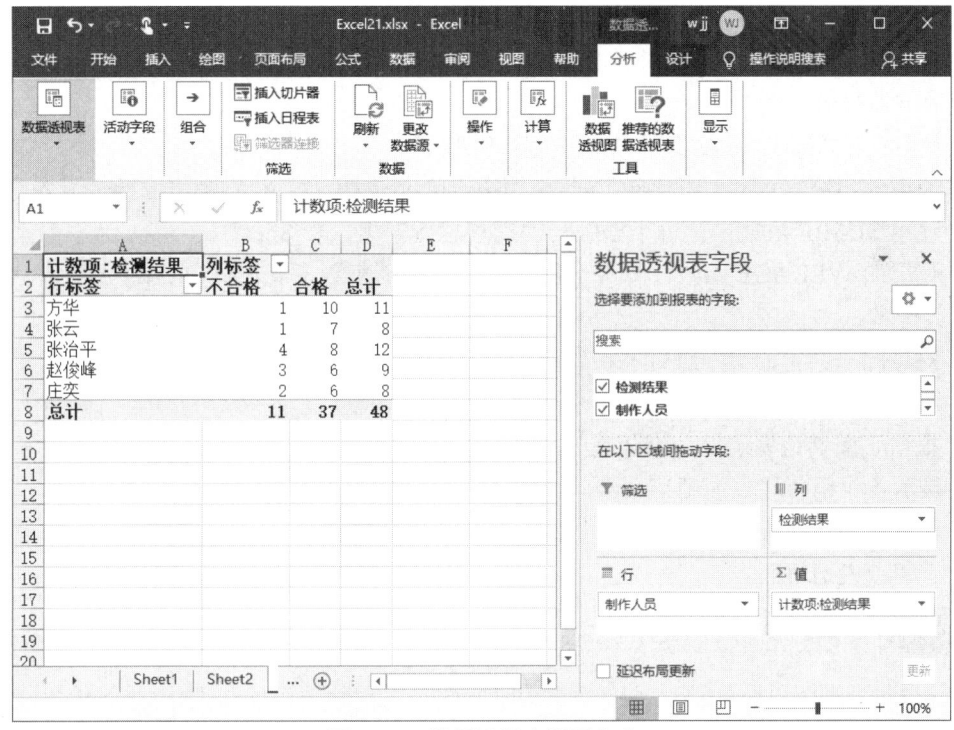

图 3-35 数据透视表设置完成

保存并关闭文件,整套试题操作完成。

试题 22 图书销售清单

> 试题描述

一、操作说明

1. DExcel.xlsx 文件保存在本题文件夹下。

2. 单击"回答"按钮，将打开本题文件夹。请按要求对该文件夹中的 DExcel.xlsx 文件进行操作，请注意及时保存操作结果。

3. 考生在做题时，不得对数据表进行操作要求以外的更改。

二、操作要求

1. 在 Sheet3 中，使用函数，将 A1 中的时间四舍五入到最接近的 15 分钟的倍数，结果存放在 A2 单元格中。

2. 在 Sheet3 的 B1 单元格中输入公式，判断当前年份是否为闰年，结果为 TRUE 或 FALSE。闰年定义：年数能被 4 整除而不能被 100 整除，或者能被 400 整除的年份。

3. 使用文本函数和 VLOOKUP 函数，填写"货品代码"列，规则是将"登记号"的前 4 位替换为出版社简码。

- 使用 VLOOKUP 函数填写"销售代表"列。

4. 使用数组公式填写"销售额"列，销售额=单价×销售数，并将销售额四舍五入到整数。

5. 使用 SUMIF 函数计算每个出版社的销售总额，填入表 Sheet1。

6. 使用 DAVERAGE 函数计算每个销售代表平均销售数，填入表 Sheet2，并用 RANK 函数计算其排名。

7. 对"图书销售清单"进行高级筛选，并将筛选结果复制到 Sheet2 中。

- 筛选条件：单价大于等于 20，销售数大于等于 800。

8. 根据"图书销售清单"创建数据透视图。

- 显示各个销售代表的销售总额。
- 行设置为销售代表。
- 求和项为销售额。

操作过程

1. 在 Sheet3 中，使用函数，将 A1 中的时间四舍五入到最接近的 15 分钟的倍数，结果存放在 A2 单元格中。

在 Sheet3 表中，选择目标单元格 A2，单击公式编辑栏，编辑输入公式"=ROUND(A1*24*4,0)/24/4"，按回车键确定，A2 单元格显示结果为"16:15:00"。

2. 在 Sheet3 的 B1 单元格中输入公式，判断当前年份是否为闰年，结果为 TRUE 或 FALSE。闰年定义：年数能被 4 整除而不能被 100 整除，或者能被 400 整除的年份。

在 Sheet3 表中，选择目标单元格 B1，单击公式编辑栏，编辑输入公式"=OR(MOD(YEAR(NOW()),400)=0,AND(MOD(YEAR(NOW()),4)=0,MOD(YEAR(NOW()),100)<>0))"，按回车键确定，B1 单元格显示结果为 FALSE。

3. 使用文本函数和 VLOOKUP 函数，填写"货品代码"列，规则是将"登记号"的前 4 位替换为出版社简码。

- 使用 VLOOKUP 函数填写"销售代表"列。

(1) 在 Sheet1 表中，选择目标单元格 B3，单击公式编辑栏，编辑输入公式"=REPLACE(A3,1,4,VLOOKUP(E3,$K$7:$N$24,3,FALSE))"，按回车键确定，B3 单元格显示计算结果为"YU427308"。使用 B3 单元格右下角的填充柄，填充至 B102 单元格，完成"货品代码"列的填充。B102 单元格显示为"JD041272"。

(2) 在 Sheet1 表中，选择目标单元格 H3，单击公式编辑栏，编辑输入公式"=VLOOKUP(E3,$K$7:$N$24,4,FALSE)"，按回车键确定，H3 单元格显示计算结果为"胡雁茹"。使用 H3 单元格右下角的填充柄，填充至 H102 单元格，完成"销售代表"列的填充。H102 单元格显示为"钱源"。

4. 使用数组公式填写"销售额"列，销售额=单价×销售数，并将销售额四舍五入到整数。

在 Sheet1 表中，选择目标单元格"销售额"列的 G3:G102，按"="键，开始编辑数组公式，编辑输入公式"=D3:D102*F3:F102"，同时按下 Ctrl+Shift+Enter 组合键，输入完成。G3 单元格显示为 35136，G102 单元格显示为 21120。

5. 使用 SUMIF 函数计算每个出版社的销售总额，填入表 Sheet1。

在 Sheet1 表中，选择目标单元格 L7，单击公式编辑栏，编辑输入公式"=SUMIF($E$3:$E$102,K7,$G$3:$G$102)"，按回车键确定，L7 单元格显示计算结果为 65570.4。使用 L7 单元格右下角的填充柄，填充至 L24 单元格，完成表 Sheet1"销售总额"列的填充。L24 单元格显示为 92710。

6. 使用 DAVERAGE 函数计算每个销售代表平均销售数，填入表 Sheet2，并用 RANK 函数计算其排名。

(1) 按题意，为数据库函数创建条件区域，假设为 L33:P33 区域：L33、M33、N33、O33、P33 单元格内容均为"销售代表"；L34、M34、N34、O34、P34 单元格内容分别为"钱源""廖堉心""胡雁茹""袁永阳""吴新婷"。

(2) 在 Sheet1 表中，选择目标单元格 L30，单击公式编辑栏，编辑输入公式"=DAVERAGE($A$2:$H$102,$F$2,L33:L34)"，按回车键确定，L30 单元格显示计算结果为 648.4444444。使用 L30 单元格右下角的填充柄，填充至 P30 单元格，完成表 Sheet2"平均销售数"的填充。P30 单元格显示为 749.9375。

(3) 在 Sheet1 表中，选择目标单元格 L31，单击公式编辑栏，编辑输入公式"=RANK(L30,$L$30:$P$30)"，按回车键确定，L31 单元格显示计算结果为 5。使用 L31 单元格右下角的填充柄，填充至 P31 单元格，完成表 Sheet2"排名"的填充。P31 单元格显示为 4。

7. 对"图书销售清单"进行高级筛选，并将筛选结果复制到 Sheet2 中。

- 筛选条件：单价大于等于 20，销售数大于等于 800。

(1) 按要求设计筛选条件区域：如 Sheet1 的 J42:K43，列标题 J42、K42 为"单价""销售数"，J43、K43 对应设置">=20"">=800"。

(2) 单击 Sheet1 的"图书销售清单"表数据区域的任一单元格，如 D5；选择"数据"选项卡→"排序和筛选"→"高级"，打开"高级筛选"对话框，在该对话框中进行如下设置。

列表区域：$A$2:$H$102，Excel 会自动选择。

条件区域：选择上文设计的 J42:K43，对话框中显示为"Sheet1!$J$42:$K$43"。

方式：选择"将筛选结果复制到其他位置"，在"复制到"框中单击 A105 单元格（可由读者自行决定位置），对话框中显示为"Sheet1!$A$105"。之后，单击"确定"按钮，按要求完成筛选。

（3）最后，选择当前高级筛选的结果，复制粘贴到 Sheet2 的 A1 单元格开始的位置。按需要使用"自动调整列宽"格式功能，确保实现筛选结果的完整显示。

8. 根据"图书销售清单"创建数据透视图。

- 显示各个销售代表的销售总额。
- 行设置为销售代表。
- 求和项为销售额。

（1）单击 Sheet1 "图书销售清单"数据区域的任一单元格，如 H15，选择"插入"选项卡→"数据透视图"，打开"创建数据透视图"对话框，Excel 已自动选择当前区域 Sheet1!$A$2:$H$102。

（2）在对话框的"现有工作表"→"位置"框中选择"Sheet4!$A$1"（当前 Sheet4 为空白数据表），单击"确定"按钮，在 Sheet4 表的右侧会自动打开"数据透视图字段"任务窗格。按题目要求，将"销售代表"字段拖曳到"轴（类别）"；将"销售额"字段拖曳到"值"区域（求和项）。完成后，在 Sheet3 表中自动生成数据透视图（也自动包含数据透视表），如图 3-36 所示。

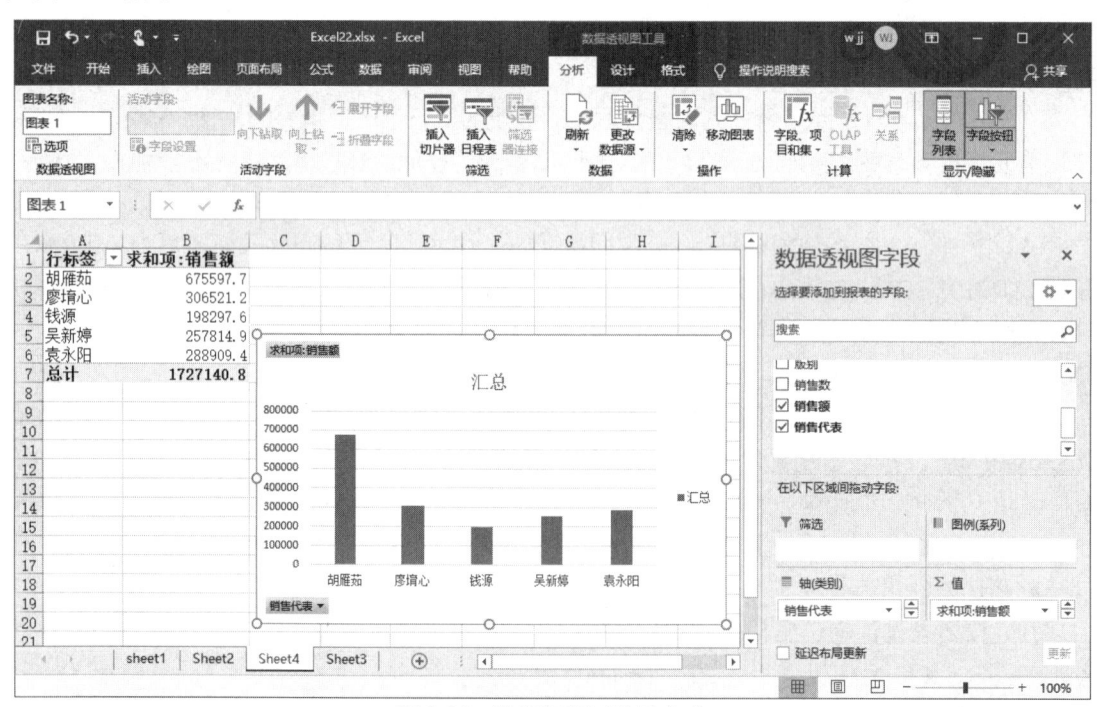

图 3-36　数据透视图设置完成

（3）最后，右击 Sheet4 中的数据透视图，选择"移动图表"命令，打开"移动图表"对话框。选择"新工作表"为"Chart1"，单击"确定"按钮。这样，数据透视图最终在单独的 Chart1 中显示，如图 3-37 所示。

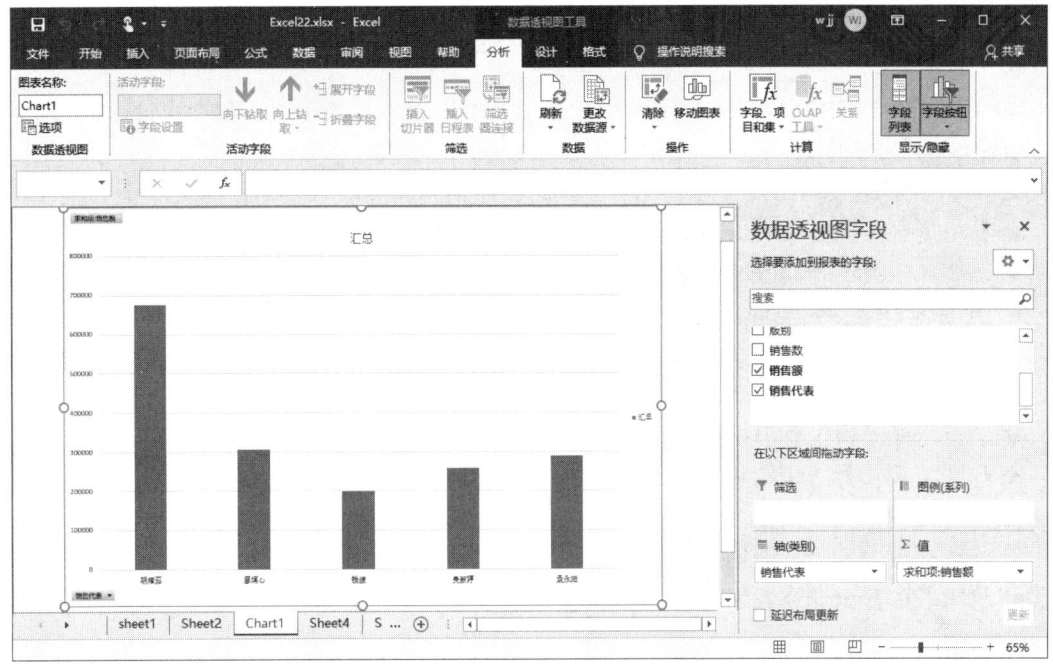

图 3-37　数据透视图在 Chart1 中独立显示

保存并关闭文件，整套试题操作完成。

试题 23　房屋销售清单

试题描述

一、操作说明

1. DExcel.xlsx 文件保存在本题文件夹下。
2. 单击"回答"按钮，将打开本题文件夹。请按要求对该文件夹中的 DExcel.xlsx 文件进行操作，请注意及时保存操作结果。
3. 考生在做题时，不得对数据表进行操作要求以外的更改。

二、操作要求

1. 在 Sheet5 中，使用条件格式，将 A1:A20 单元格区域中有重复值的单元格的填充色设为红色。
2. 在 Sheet5 中，使用函数，将 B1 中的时间四舍五入到最接近的 15 分钟的倍数，结果存放在 C1 单元格中。
3. 使用 IF 函数自动填写"折扣率"列，标准：面积小于 140 的，九九折（即折扣率为

99%）；小于 200 但大于等于 140 的，九七折；大于等于 200 的，九五折，并使用数组公式和 ROUND 函数填写"房价"列，四舍五入到百位。

4. 使用 COUNTIF 和 SUMIF 函数统计面积大于等于 140 的房屋户数和房价总额，结果填入单元格 M9 和 N9 中。

5. 将"小灵通号码"列号码升位并填入"新电话号码"栏，要求使用文本函数完成。
- 升位规则：先将小灵通号码的第 4 位和第 5 位之间插入一个 8，再在号码前加上 133。
- 例如：小灵通号码 5793278　新电话号码 13357938278。

6. 判断客户的出生年份是否为闰年，将结果"是"或者"否"填入"闰年"栏。

7. 先将"房屋销售清单"拷贝到 Sheet2 中，然后汇总不同销售人员所售房屋总价。

8. 根据"房屋销售清单"的结果，创建一张数据透视表，要求：
- 显示每个销售经理以折扣率分类的销售房屋户数。
- 行区域设置为"销售经理"。
- 列区域设置为"折扣率"。
- 计数项设置为"物业地址"。
- 将对应的数据透视表保存在 Sheet4 中。

操作过程

1. 在 Sheet5 中，使用条件格式，将 A1:A20 单元格区域中有重复值的单元格的填充色设为红色。

（1）选择 Sheet5 的 A1:A20，选择"开始"选项卡→"条件格式"→"突出显示单元格规则"→"重复值"，打开"重复值"对话框，在"设置为"下拉框中选择"自定义格式"，打开"设置单元格格式"对话框。

（2）"颜色"选择"红色"，单击"确定"按钮，完成操作。

2. 在 Sheet5 中，使用函数，将 B1 中的时间四舍五入到最接近的 15 分钟的倍数，结果存放在 C1 单元格中。

在 Sheet5 表中，选择目标单元格 C1，单击公式编辑栏，编辑输入公式"=ROUND(B1*24*4,0)/24/4"，按回车键确定，C1 单元格显示结果为"8:30:00"。

3. 使用 IF 函数自动填写"折扣率"列，标准：面积小于 140 的，九九折（即折扣率为 99%）；小于 200 但大于等于 140 的，九七折；大于等于 200 的，九五折，并使用数组公式和 round 函数填写"房价"列，四舍五入到百位。

（1）在 Sheet1 表中，选择目标单元格 I3，单击公式编辑栏，编辑输入公式"=IF(G3<140,99%,IF(G3<200,97%,95%))"，按回车键确定，I3 单元格显示计算结果为 0.99。使用 I3 单元格右下角的填充柄，填充至 I39 单元格，完成"折扣率"列的填充。I39 单元格显示为 0.95。

（2）在 Sheet1 表中，选择目标单元格"房价"列的 J3:J39，按"="键，开始编辑数组公式；编辑输入公式"=ROUND(G3:G39*H3:H39*I3:I39,-2)"，同时按下 Ctrl+Shift+Enter 组合键，输入完成。J3 单元格显示为 1890800，J39 单元格显示为 1542400。

4. 使用 COUNTIF 和 SUMIF 函数统计面积大于等于 140 的房屋户数和房价总额，结果填入单元格 M9 和 N9 中。

（1）户数：在 Sheet1 表中，选择目标单元格 M9，单击公式编辑栏，编辑输入公式"=COUNTIF(G3:G39,">=140")"，按回车键确定，M9 单元格显示结果为 27。

（2）房价总额：在 Sheet1 表中，选择目标单元格 N9，单击公式编辑栏，编辑输入公式"=SUMIF(G3:G39,">=140",J3:J39)"，按回车键确定，N9 单元格显示结果为 50432100。

5. 将"小灵通号码"列号码升位并填入"新电话号码"栏，要求使用文本函数完成。
- 升位规则：先将小灵通号码的第 4 位和第 5 位之间插入一个 8，再在号码前加上 133。
- 例如：小灵通号码 5793278　新电话号码 13357938278

在 Sheet1 表中，选择目标单元格 C3，单击公式编辑栏，编辑输入公式"=CONCAT("133",REPLACE(B3,5,0,8))"，按回车键确定，C3 单元格显示计算结果为"13357938278"。使用 C3 单元格右下角的填充柄，填充至 C39 单元格，完成"新电话号码"列的填充。C39 单元格显示为"13357328346"。

6. 判断客户的出生年份是否为闰年，将结果"是"或者"否"填入"闰年"栏。

在 Sheet1 表中，选择目标单元格 E3，单击公式编辑栏，编辑输入公式"=IF(MOD(YEAR(D3),400)=0,"是",IF(MOD(YEAR(D3),4)<>0,"否",IF(MOD(YEAR(D3),100)<>0,"是","否")))"，按回车键确定，E3 单元格显示计算结果为"否"。使用 E3 单元格右下角的填充柄，填充至 E39 单元格，完成"闰年"列的填充。E39 单元格显示为"否"。

7. 先将"房屋销售清单"拷贝到 Sheet2 中，然后汇总不同销售人员所售房屋总价。

（1）选择 Sheet1 表中的"房屋销售清单"（A1:K39），使用选择性粘贴（粘贴值、粘贴格式），将其复制到 Sheet2 的 A1 单元格开始的位置。按需要使用"自动调整列宽"格式功能，确保实现筛选结果的完整显示。

注：若直接粘贴，会因数据中包含数组公式导致后续的排序无法正常进行。

（2）单击 Sheet2 表数据区"销售经理"列的任一单元格，如 K5；选择"开始"选项卡→"编辑"→"排序和筛选"→"升序"，Sheet2 表内容完成升序排序（按销售人员）。

此时可见，K3 单元格显示的内容为"陈建佳"（排序前为"张睿"），A3 单元格显示为"张新花"。

（3）选择 Sheet2 的 A2:K39 区域，选择"数据"选项卡→"分级显示"→"分类汇总"，打开"分类汇总"对话框，如图 3-38 所示。设置"分类字段"为"销售经理"，"汇总方式"为"求和"，"选定汇总项"中仅勾选"房价"，单击"确定"按钮。

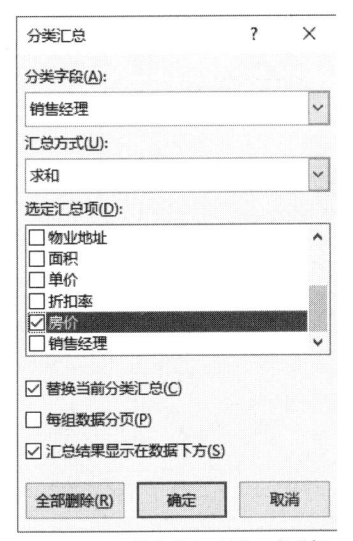

图 3-38　"分类汇总"对话框

（4）调整显示级别，不同销售人员所售房屋总价的分类汇总结果如图 3-39 所示。

图 3-39　分类汇总结果

8. 根据"房屋销售清单"的结果，创建一张数据透视表，要求：
- 显示每个销售经理以折扣率分类的销售房屋户数。
- 行区域设置为"销售经理"。
- 列区域设置为"折扣率"。
- 计数项设置为"物业地址"。
- 将对应的数据透视表保存在 Sheet4 中。

（1）单击 Sheet1 表"房屋销售清单"数据区域的任一单元格，如 D15，选择"插入"选项卡→"数据透视表"，打开"创建数据透视表"对话框，Excel 已自动选择当前区域 Sheet1!$A$2:$K$39。

（2）在对话框的"现有工作表"→"位置"框中选择"Sheet4!$A$1"，单击"确定"按钮，在 Sheet4 表的右侧会自动打开"数据透视表字段"任务窗格。按题目要求，将"销售经理"字段拖曳到"行"区域；将"折扣率"字段拖曳到"列"区域；将"物业地址"字段拖曳到"值"区域（计数项），若默认为求和项时，需要单击该项打开下拉列表，选择"值字段设置"。在打开的"值字段设置"对话框中选择"计算类型"为"计数"，单击"确定"按钮。完成后，在 Sheet4 表中自动生成数据透视表，如图 3-40 所示。

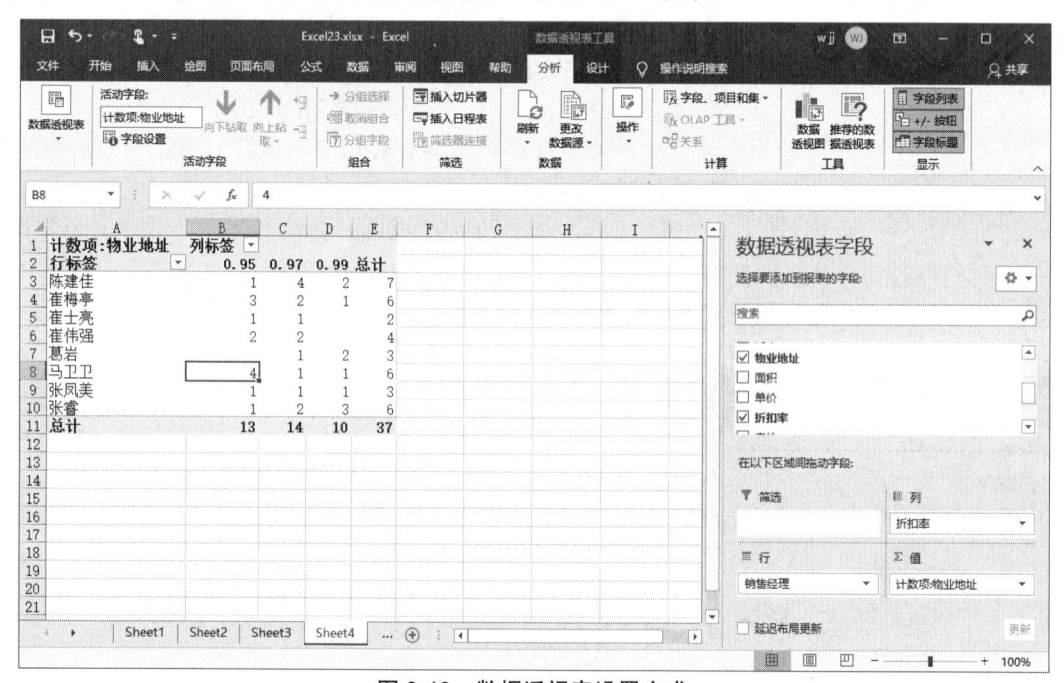

图 3-40 数据透视表设置完成

保存并关闭文件，整套试题操作完成。

第四部分 PowerPoint 2019 演示文稿综合操作

试题 1 汽车购买行为特征研究

> 试题描述

1. 将幻灯片的设计模板设置为"丝状"。
2. 给幻灯片插入日期（自动更新，格式为×年×月×日）。
3. 设置幻灯片的动画效果，要求：
针对第二张幻灯片，按顺序设置以下自定义动画效果。
- 将文本内容"背景及目的"的进入效果设置成"自顶部 飞入"。
- 将文本内容"研究体系"的强调效果设置成"彩色脉冲"。
- 将文本内容"基本结论"的退出效果设置成"淡化"。
- 在页面中添加"前进"（前进或下一项）与"后退"（后退或前一项）的动作按钮。
4. 按下面要求设置幻灯片的切换效果。
- 设置所有幻灯片的切换效果为"自左侧 推入"。
- 实现每隔 3 秒自动切换，也可以单击鼠标进行手动切换。
5. 在幻灯片的最后一张后，新增加一张幻灯片，设计如下效果：单击鼠标，矩形自动放大，且自动翻转为缩小，重复显示 3 次，其他设置为默认，效果分别为图 4-1 所示。注意：矩形初始大小，由考生自定。

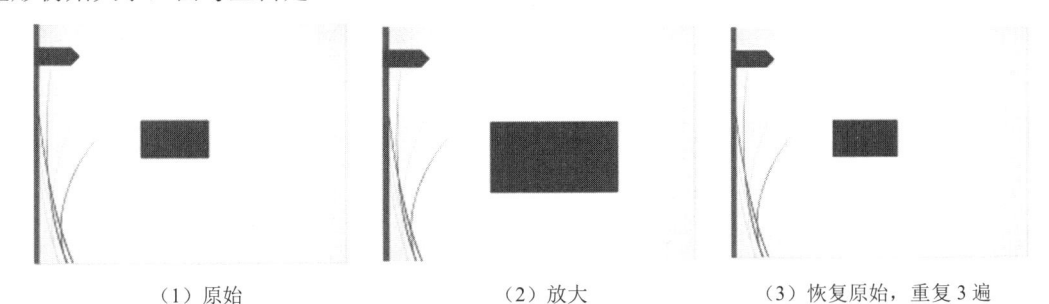

（1）原始　　　　　　　（2）放大　　　　　　（3）恢复原始，重复 3 遍

图 4-1 试题 1 最后一张幻灯片效果

> 操作过程

1. 设计模板。

打开文档，单击"设计"选项卡→"主题"功能组右下角的向下箭头，在弹出的列表中

单击"丝状"主题即可为所有演示文稿设置丝状主题，如图 4-2 所示。

图 4-2　设置主题

2. 插入日期。

单击"插入"选项卡→"文本"→"日期和时间"，在弹出的"页眉和页脚"对话框中勾选"日期和时间"，单击"自动更新"，在下方的列表框中选择"2020 年 1 月 28 日"，再单击"全部应用"按钮，如图 4-3 所示。

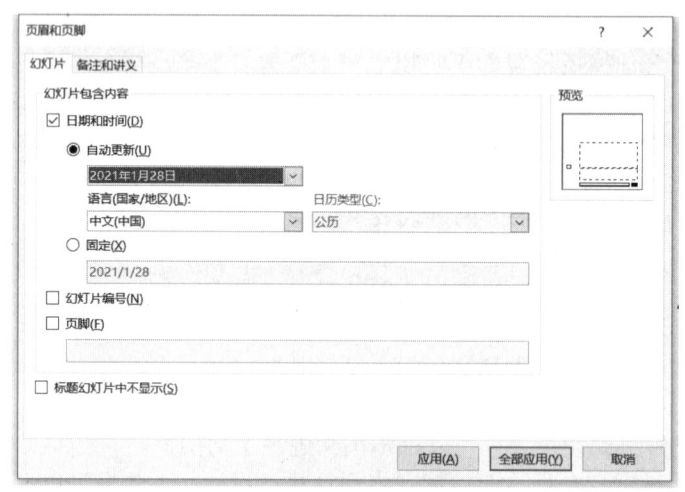

图 4-3　页眉和页脚日期设置

3. 插入动画。

（1）选择第二张幻灯片中的"背景和目的"文字，单击"动画"选项卡→"添加动画"，选择"进入"类别中的"飞入"，在"效果选项"中设置方向为"自顶部"，如图 4-4 所示。

图 4-4　添加"飞入"动画

（2）选择"研究体系"文字，单击"动画"选项卡→"添加动画"，选择"强调"类别中的"彩色脉冲"，如图 4-5 所示。

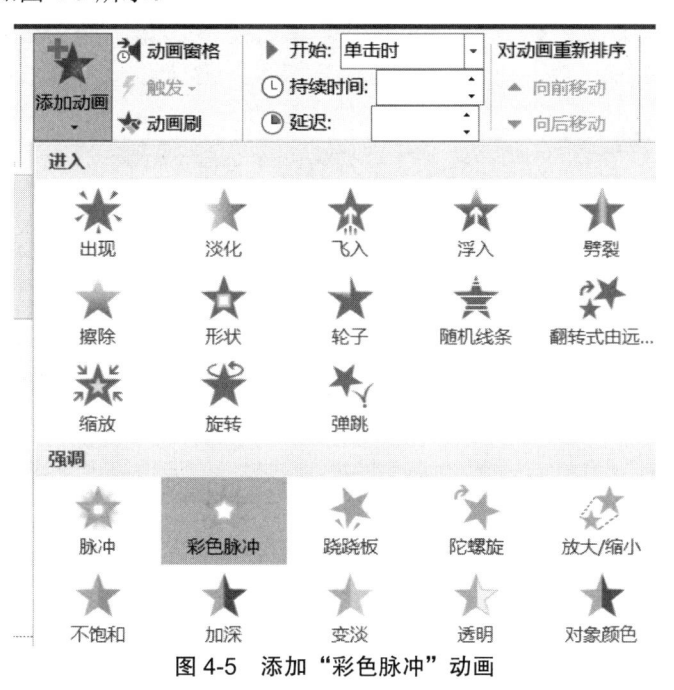

图 4-5　添加"彩色脉冲"动画

（3）选择文字"基本结论"，单击"动画"选项卡→"添加动画"，选择"退出"类别中的"淡化"，如图 4-6 所示。

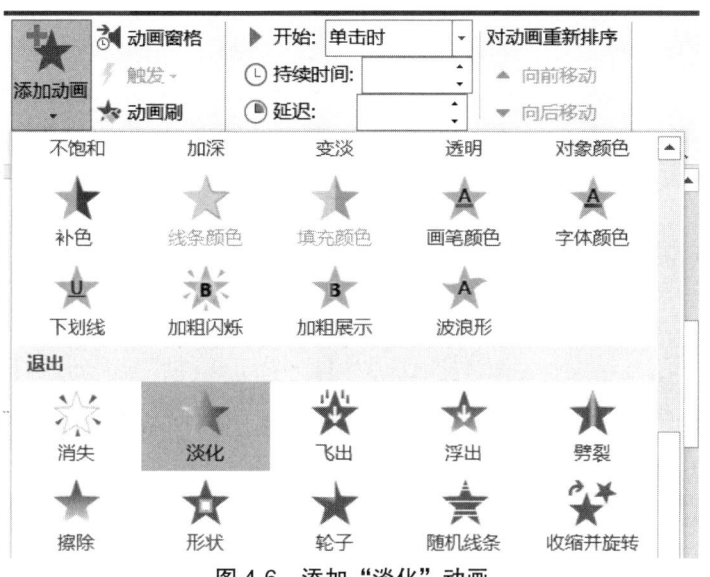

图 4-6　添加"淡化"动画

（4）单击"插入"选项卡→"插图"→"形状"，在下拉列表中选择"动作按钮"下的"前进或下一项"，如图 4-7 所示，此时光标变成十字形状，在第二张幻灯片中用鼠标拖曳绘制图形，在弹出的"操作设置"对话框中单击"确定"按钮。

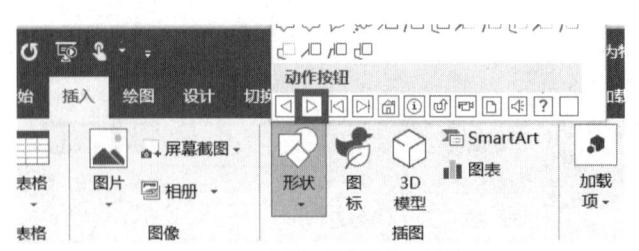

图 4-7 插入"前进"按钮

重复上一步操作,绘制"后退或前一项"按钮。

4. 切换。

① 单击"切换"选项卡,选择其下的"推入"效果。

② 单击"效果选项",选择"自左侧"。

③ 勾选"设置自动换片时间",将时间设置为"00:03.00"秒,即 3 秒。

④ 单击"应用到全部",如图 4-8 所示。

图 4-8 幻灯片切换

5. 新建幻灯片,动画设计。

① 在左侧缩略图中选择最后一张幻灯片,单击"开始"选项卡→"新建幻灯片";幻灯片版式可以任意选择,此处建议选择"空白"版式,如图 4-9 所示。

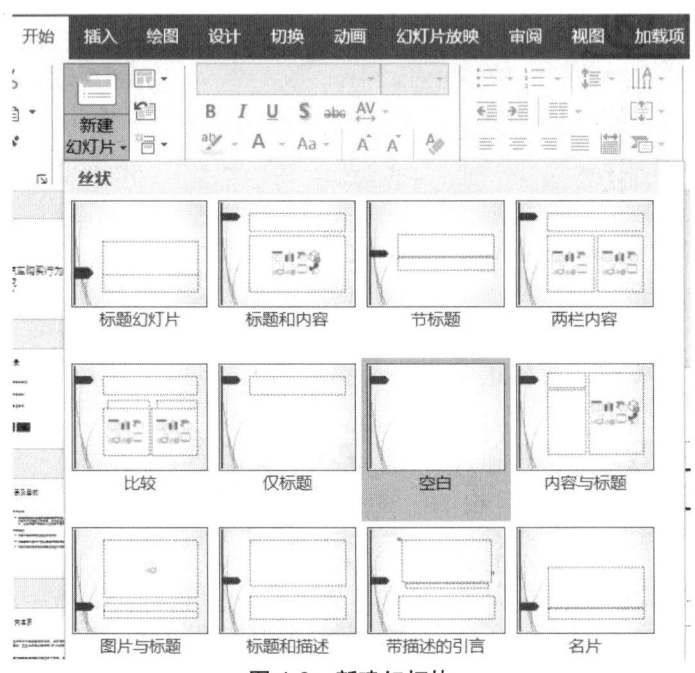

图 4-9 新建幻灯片

② 单击"插入"选项卡→"形状",单击"矩形",在新建的幻灯片中绘制图形,如图 4-10 所示。

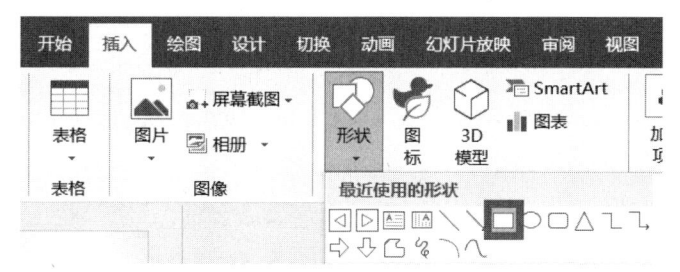

图 4-10　插入矩形

③ 选择矩形,单击"动画"选项卡→"添加动画",选择"强调"类别中的"放大/缩小",如图 4-11 所示。

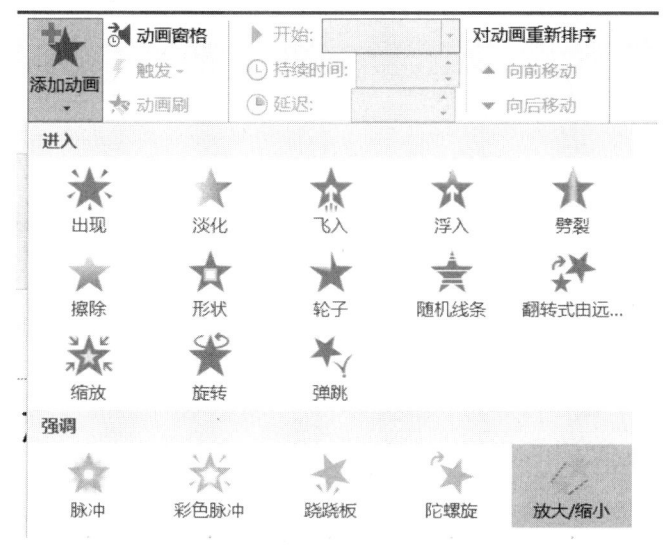

图 4-11　添加"放大/缩小"动画

④ 单击"动画"选项卡下的"动画窗格",在弹出的动画窗格中选择需要设置的动画,在该动画上单击右键,在弹出的下拉列表中选择"效果选项",如图 4-12 所示。

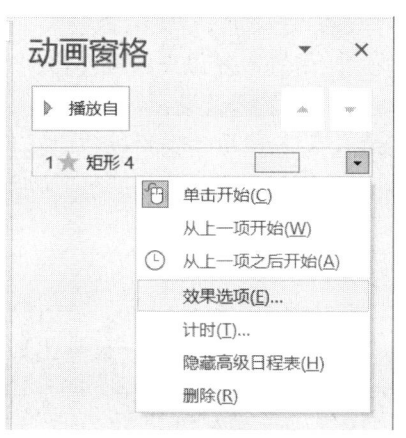

图 4-12　效果选项

⑤ 在弹出的"放大/缩小"对话框中,"效果"选项卡下勾选"自动翻转",单击"确定"按钮;"计时"选项卡下设置"重复"次数为"3",单击"确定"按钮,如图4-13所示。

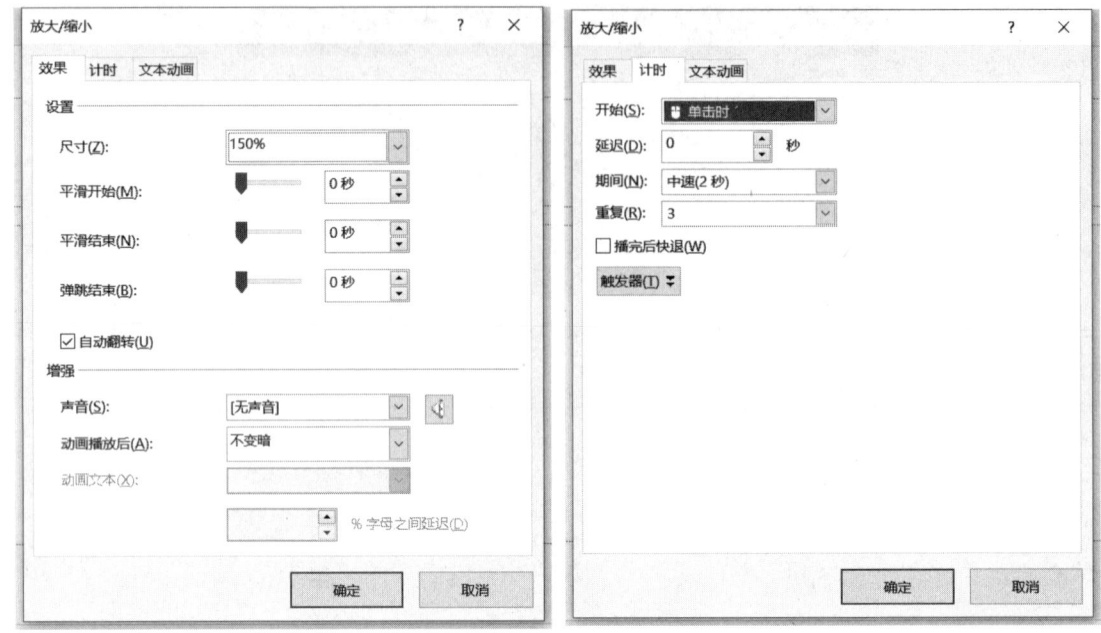

图 4-13 动画选项设置

试题2 CORBA技术介绍

试题描述

1. 将幻灯片的设计模板设置为"丝状"。
2. 给幻灯片插入日期(自动更新,格式为×年×月×日)。
3. 设置幻灯片的动画效果,要求:
针对第二张幻灯片,按顺序设置以下的自定义动画效果。
- 将文本内容"CORBA 概述"的进入效果设置成"自顶部 飞入"。
- 将文本内容"对象管理小组"的强调效果设置成"彩色脉冲"。
- 将文本内容"OMA 对象模型"的退出效果设置成"淡化"。
- 在页面中添加"前进"(前进或下一项)与"后退"(后退或前一项)的动作按钮。
4. 按下面要求设置幻灯片的切换效果。
- 设置所有幻灯片的切换效果为"自左侧 推入"。
- 实现每隔 3 秒自动切换,也可以单击鼠标进行手动切换。

5. 在幻灯片的最后一张后,新增加一张幻灯片,设计出如下效果:单击鼠标,依次显示文字 A、B、C、D,效果分别为图 4-13 中(1)~(4)所示。注意:字体、大小等,由考生自定。

（1）显示 A　　　　　　　　　　　　（2）显示 B

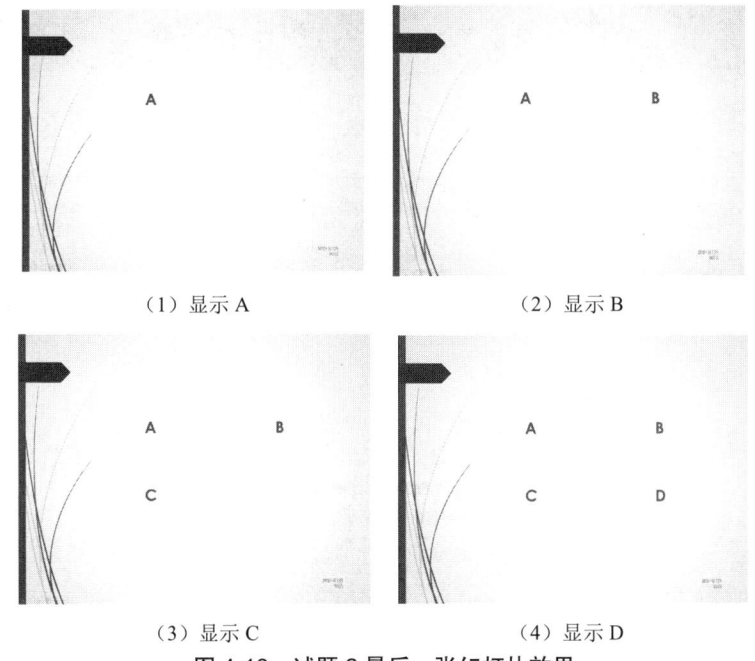

（3）显示 C　　　　　　　　　　　　（4）显示 D

图 4-13　试题 2 最后一张幻灯片效果

操作过程

1. 设计模板。
2. 插入日期。
3. 插入动画。
4. 切换。

以上操作过程见试题 1。

5. 新建幻灯片，动画设计。

① 在左侧缩略图中选择最后一张幻灯片，选择"开始"选项卡→"新建幻灯片"。

② 在新建的幻灯片中选择"插入"选项卡→"文本框"→"绘制横排文本框"，如图 4-14 所示，插入一个文本框，输入"A"，字体、大小任意设置，同样再插入三个文本框，依次写入"B""C""D"；字体和大小可以任意设置。

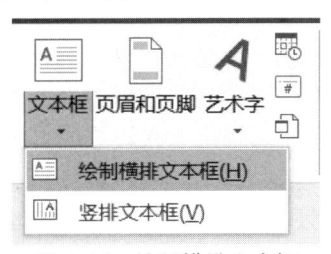

图 4-14　绘制横排文本框

③ 切换到"动画"选项卡，选择文本框"A"，单击"动画"组中的"出现"，选择文本框"B"，同样单击"动画"组中的"出现"，接着设置文本框"C"，最后设置文本框"D"，它们的动画都为"出现"动画，如图 4-15 所示。

图 4-15 插入"出现"动画

注意：要注意动画的播放顺序，如果顺序有问题，则可以在动画窗格中修改顺序，如图 4-16 所示。

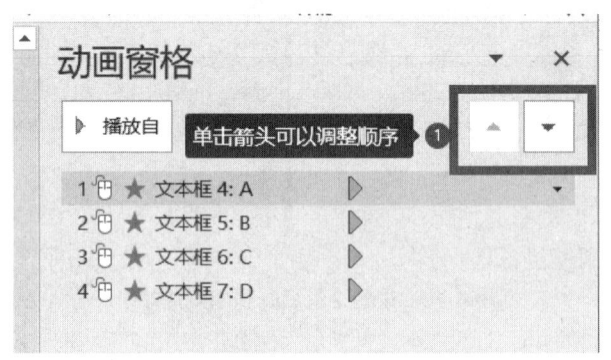

图 4-16 动画顺序的调整

试题 3　如何进行有效的时间管理

试题描述

1. 将幻灯片的设计模板设置为"丝状"。
2. 给幻灯片插入日期（自动更新，格式为×年×月×日）。
3. 设置幻灯片的动画效果，要求：
针对第二张幻灯片，按顺序设置以下的自定义动画效果。
- 将文本内容"关于时间的名言"的进入效果设置成"自顶部 飞入"。
- 将文本内容"生理节奏法"的强调效果设置成"彩色脉冲"。
- 将文本内容"有效个人管理"的退出效果设置成"淡化"。
- 在页面中添加"前进"（前进或下一项）与"后退"（后退或前一项）的动作按钮。
4. 按下面要求设置幻灯片的切换效果。
- 设置所有幻灯片的切换效果为"自左侧 推入"。
- 实现每隔 3 秒自动切换，也可以单击鼠标进行手动切换。
5. 在幻灯片的最后一张后，新增加一张幻灯片，设计出如下效果：圆形四周的箭头向各自方向放大，自动翻转为缩小，重复 5 次。效果分别如图 4-17 中图（1）、（2）所示。注意：圆形无变化；圆形、箭头的初始大小，由考生自定。

（1）初始图　　　　　　　　　　（2）放大后

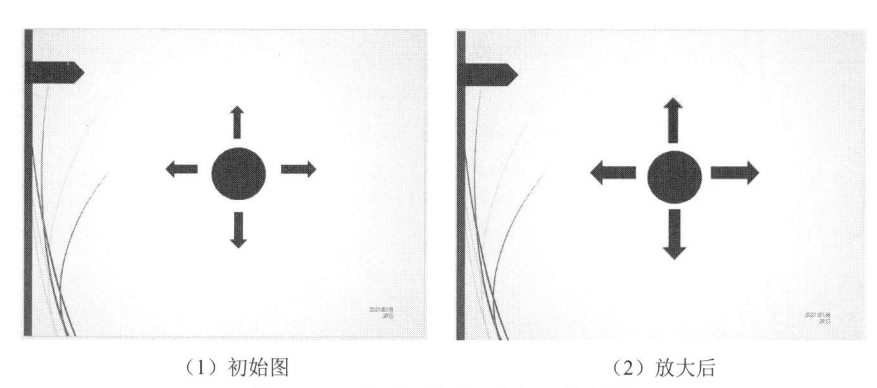

图 4-17　试题 3 最后一张幻灯片效果

操作过程

1. 设计模板。
2. 插入日期。
3. 插入动画。
4. 切换。

以上操作过程见试题 1。

5. 新建幻灯片，动画设计。

① 在左侧缩略图中选择最后一张幻灯片，单击"开始"选项卡→"新建幻灯片"；幻灯片版式任意选择，此处建议选择"空白"版式。

② 单击"插入"选项卡→"形状"，在新建的幻灯片中绘制圆形及上下左右箭头，如图 4-18 所示。

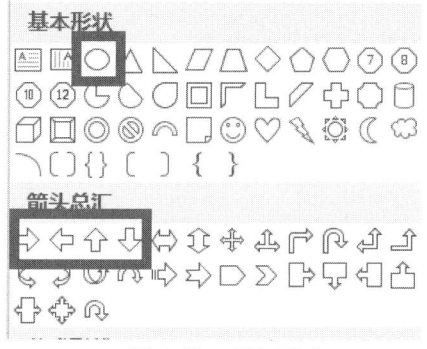

图 4-18　插入形状

③ 按住 Shift 键，同时选择 4 个箭头，在"动画"选项卡下，添加强调动画中的"放大/缩小"，如图 4-19 所示。

图 4-19　"放大/缩小"动画

④ 单击"动画"选项卡下的"动画窗格",打开右侧的动画窗格,按住 Shift 键,同时选择 4 个动画,单击右键,选择"效果选项"命令,如图 4-20 所示。

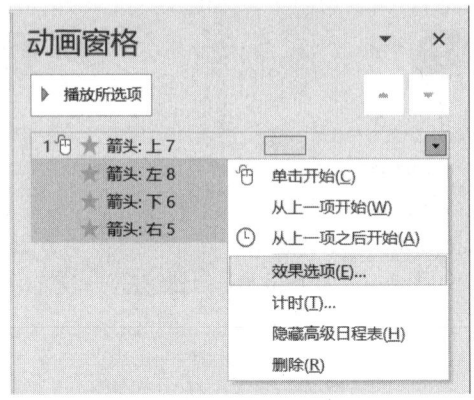

图 4-20 "效果选项"命令

⑤ 在弹出的"放大/缩小"对话框中的"效果"选项卡下勾选"自动翻转","计时"选项卡下设置"重复"次数为"5",单击"确定"按钮。

最后动画窗格中的效果如图 4-21 所示。

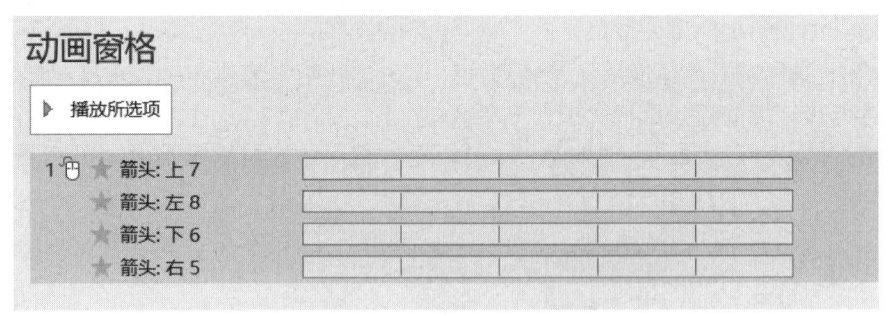

图 4-21 试题 3 动画效果

试题 4 枸 杞

试题描述

1. 将幻灯片的设计模板设置为 "丝状"。
2. 给幻灯片插入日期(自动更新,格式为×年×月×日)。
3. 设置幻灯片的动画效果,要求:
针对第二张幻灯片,按顺序设置以下的自定义动画效果。
- 将"甜菜子"的进入效果设置成"自顶部 飞入"。
- 将"红青椒"的强调效果设置成"脉冲"。
- 将"拘蹄子"的退出效果设置成"淡化"。
- 在页面中添加"前进"(前进或下一项)与"后退"(后退或前一项)的动作按钮。

4. 按下面要求设置幻灯片的切换效果。
- 设置所有幻灯片的切换效果为"自左侧 推入"。
- 实现每隔 3 秒自动切换,也可以单击鼠标进行手动切换。

5. 在幻灯片的最后一张后,新增加一张幻灯片,设计出如下效果:圆形四周的箭头向各自方向放大(此处要求箭头在向外移动的过程中变大),自动翻转为缩小,重复 5 次。效果分别如图 4-22 中的图(1)、(2)所示。注意:圆形无变化;圆形、箭头的初始大小,由考生自定。

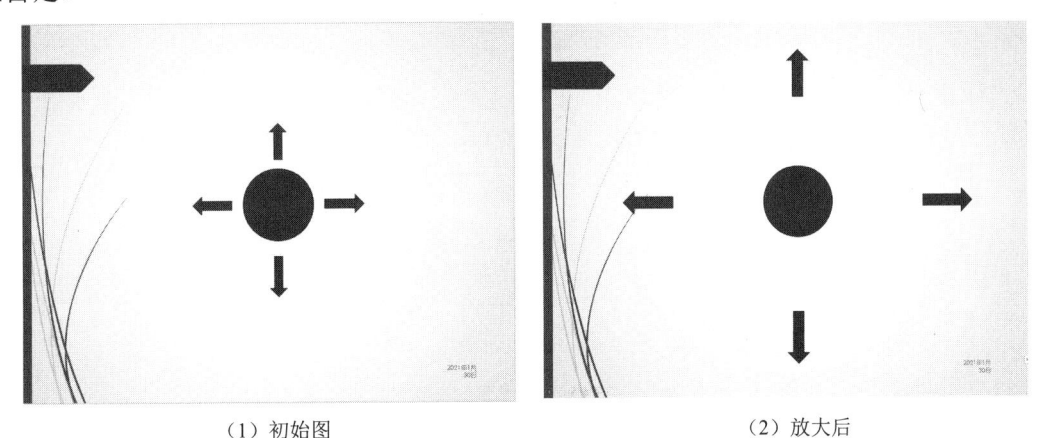

(1)初始图   (2)放大后

图 4-22 试题 4 最后一张幻灯片效果

操作过程

1. 设计模板。
2. 插入日期。
3. 插入动画。

注意:本题"红青椒"的强调动画是"脉冲",和前面的"彩色脉冲"是不同的。

4. 切换。

以上操作过程见试题 1。

5. 新建幻灯片,动画设计。

① 在左侧缩略图中选择最后一张幻灯片,单击"开始"选项卡→"新建幻灯片"。

② 单击"插入"选项卡→"形状",在新建的幻灯片中绘制圆形及上下左右箭头。

③ 按住 Shift 键同时选中 4 个箭头,单击"动画"选项卡→"添加动画",添加强调动画中的"放大/缩小"。

④ 单击"动画"选项卡→"动画窗格",打开右侧的动画窗格,按住 Shift 键,同时选中 4 个动画,单击右键,选择"效果选项"命令。

⑤ 在打开的"放大/缩小"对话框中,"效果"选项卡下勾选"自动翻转","计时"选项卡下设置"重复"次数为"5",单击"确定"按钮。

分析:

本题和试题 3 的区别是"箭头要在向外移动的过程中变大",因此在操作和试题 4 一样的动画操作后,还需要为 4 个箭头添加向外移动的动画。

⑥ 按住 Shift 键,同时选择 4 个箭头,单击"动画"选项卡→"添加动画"(注意:此时

必须用"添加动画"命令),选择"动作路径"中的"直线"动画,如图 4-23 所示。

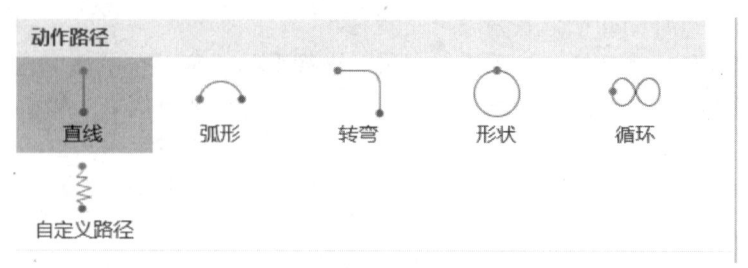

图 4-23 插入"直线"动画

⑦ 单击"动画窗格"中的"箭头:左"的路径动画,然后单击"效果选项",在弹出的下拉菜单中选择方向为"靠左",如图 4-24 所示。

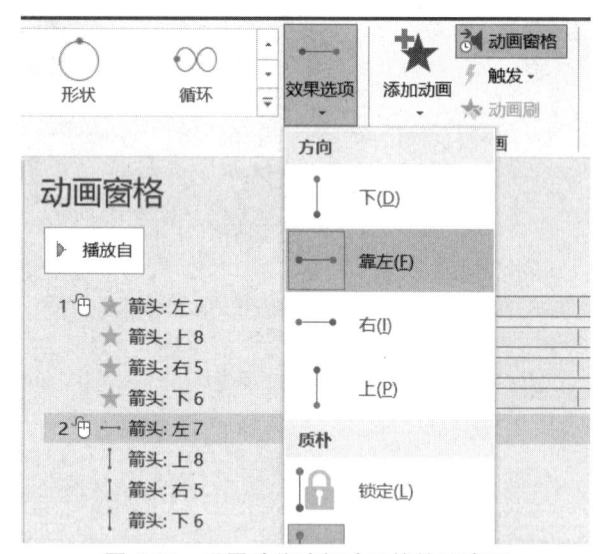

图 4-24 设置动作路径动画的效果选项

同理,单击"动画窗格"中的"箭头:上"的路径动画,然后单击"效果选项",在弹出的下拉菜单中选择方向为"上"。

单击"动画窗格"中的"箭头:右"的路径动画,然后单击"效果选项",在弹出的下拉菜单中选择方向为"右"。

单击"动画窗格"中的"箭头:下"的路径动画,然后单击"效果选项",在弹出的下拉菜单中选择方向为"下"(此操作可省略,因为默认为"下")。

分析:

本操作选择对象时必须选择动画窗格中的路径动画,而不是单击箭头。因为每个箭头都有两个动画效果,因此,如果单击动画,则不能确定修改的是哪一个动画的效果选项。

⑧ 在动画窗格中按住 Shift 键,同时选择 4 个路径动画,单击右键,选择"效果选项"命令。在打开的"放大/缩小"对话框中,在"效果"选项卡下勾选"自动翻转","计时"选项卡下设置"重复"次数为"5",单击"确定"按钮。

⑨ 如图 4-25 所示,在"动画窗格"中单击第一个路径动画,在"动画"选项卡的"计时"功能组中设置"开始"为"与上一动画同时"。

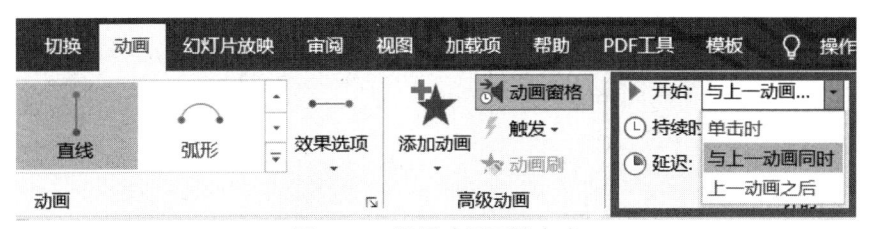

图 4-25 设置动画开始方式

最终的动画窗格效果如图 4-26 所示。

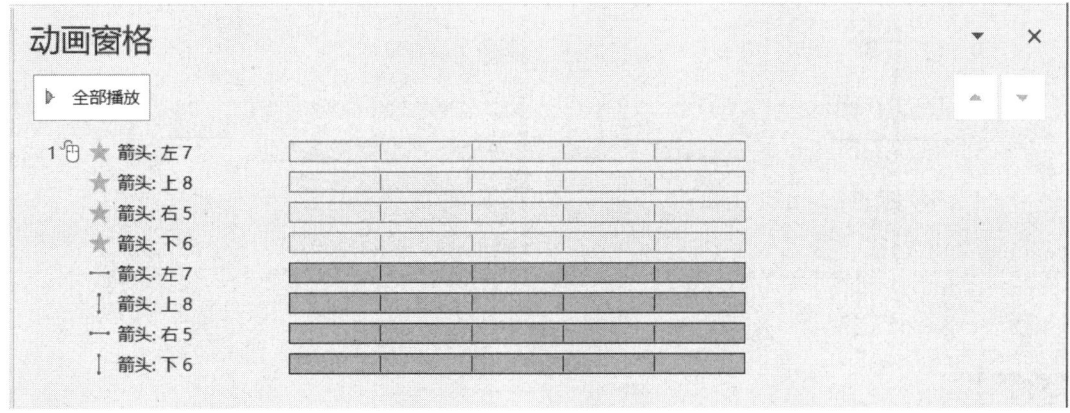

图 4-26 动画窗格效果

试题 5　数据挖掘能做些什么

试题描述

1. 将幻灯片的设计模板设置为"丝状"。
2. 给幻灯片插入日期（自动更新，格式为×年×月×日）。
3. 设置幻灯片的动画效果，要求：
针对第二张幻灯片，按顺序设置以下的自定义动画效果。
- 将文本内容"关联规则"的进入效果设置成"自顶部　飞入"。
- 将文本内容"分类与预测"的强调效果设置成"彩色脉冲"。
- 将文本内容"聚类"的退出效果设置成"淡化"。
- 在页面中添加"前进"（前进或下一项）与"后退"（后退或前一项）的动作按钮。
4. 按下面要求设置幻灯片的切换效果。
- 设置所有幻灯片的切换效果为"自左侧　推入"。
- 实现每隔 3 秒自动切换，也可以单击鼠标进行手动切换。
5. 在幻灯片的最后一张后，新增加一张幻灯片，设计出如下效果：选择"我国的首都"，若选择正确，则在选项边显示文字"正确"，否则显示文字"错误"，效果分别如图 4-27 中的图（1）～（5）所示。注意：字体、大小等，由考生自定。

（1）初始　　　　　　　（2）单击"上海"　　　　　　（3）单击"北京"

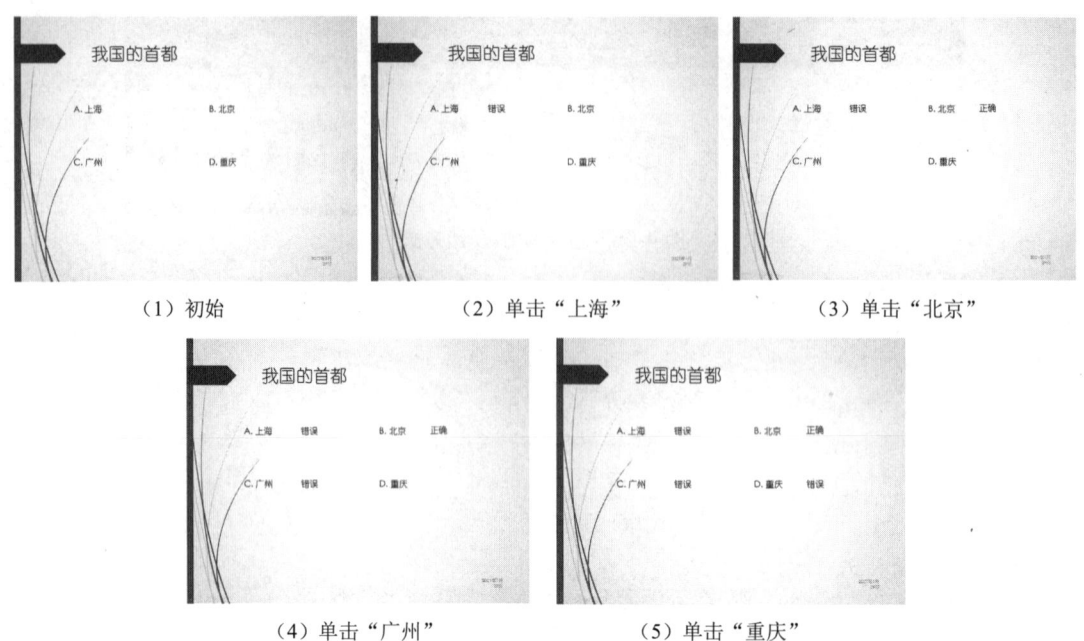

（4）单击"广州"　　　　　　（5）单击"重庆"

图 4-27　试题 5 最后一张幻灯片效果

操作过程

1. 设计模板。
2. 插入日期。
3. 插入动画。
4. 切换。

以上操作过程见试题 1。

5. 新建幻灯片，动画设计。

① 在左侧缩略图中选择最后一张幻灯片，单击"开始"选项卡→"新建幻灯片"。

② 在新建幻灯片的标题占位符中输入"我国的首都"。

③ 单击"插入"选项卡→"文本框"→"绘制横排文本框"，插入一个文本框，输入文字"A. 上海"，同样再插入文本框"B. 北京""C. 广州""D. 重庆"。

④ 同样继续插入三个"错误"文本框，一个"正确"文本框，如图 4-28 所示。

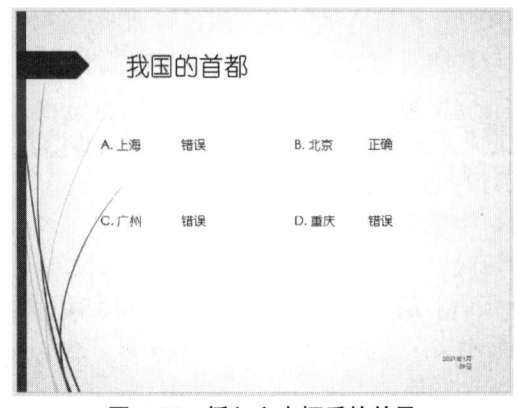

图 4-28　插入文本框后的效果

⑤ 选择"上海"右侧的"错误"文本框，单击"动画"选项卡→"出现"，打开动画窗格，在该动画上单击右键，选择"计时"命令。在弹出的"出现"对话框的"计时"选项卡下单击"触发器"按钮，在"单击下列对象时启动动画效果"右侧的列表框中选择"文本框4:A.上海"，单击"确定"按钮完成，如图4-29所示。

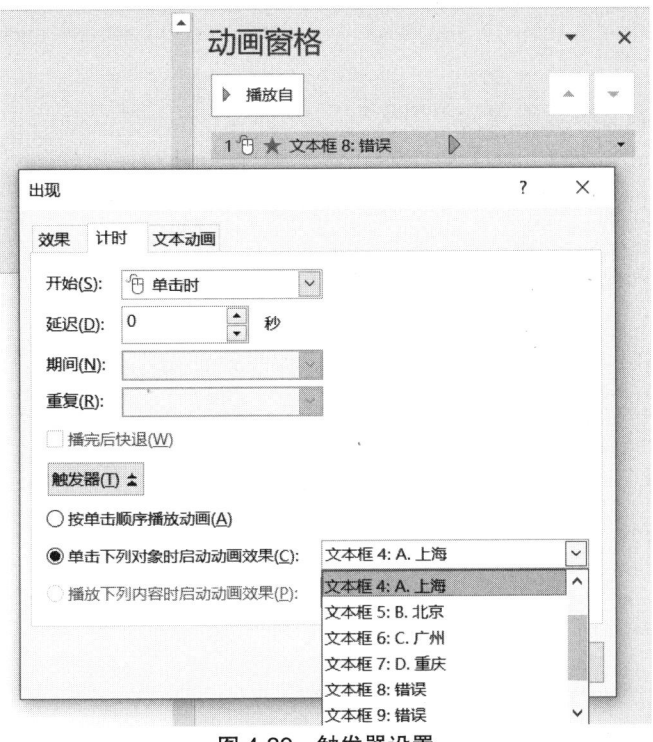

图4-29 触发器设置

⑥ 对另外三个"正确""错误"文本框重复操作⑤，实现当单击"北京"时，出现"正确"文字；单击"广州"时，出现右侧的"错误"文字；单击"重庆"时，出现右侧的"错误"文字。

最后的动画窗格效果如图4-30所示。

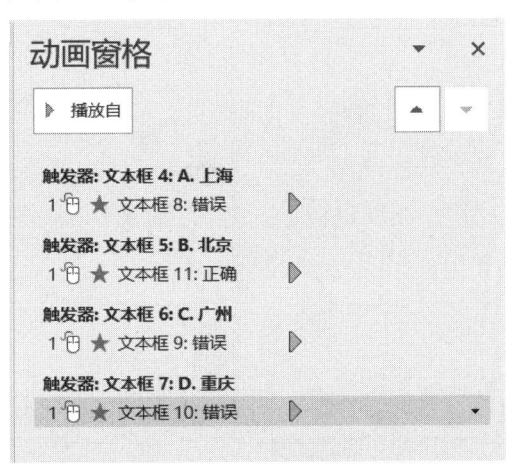

图4-30 动画窗格效果

试题 6　盛夏的果实

试题描述

1. 将幻灯片的设计模板设置为"丝状"。
2. 给幻灯片插入日期（自动更新，格式为×年×月×日）。
3. 设置幻灯片的动画效果，要求：
针对第二张幻灯片，按顺序设置以下的自定义动画效果。
- 将文本内容"也许放弃"的进入效果设置成"自顶部　飞入"。
- 将文本内容"才能靠近你"的强调效果设置成"彩色脉冲"。
- 将文本内容"回忆里寂寞的香气"的退出效果设置成"淡化"。
- 在页面中添加"前进"（前进或下一项）与"后退"（后退或前一项）的动作按钮。
4. 按下面要求设置幻灯片的切换效果。
- 设置所有幻灯片的切换效果为"自左侧　推入"。
- 实现每隔 3 秒自动切换，也可以单击鼠标进行手动切换。

5. 在幻灯片的最后一张后，新增加一张幻灯片，设计出如下效果：单击鼠标，文字从底部，垂直向上显示，默认设置，效果分别如图 4-31 中图（1）～（4）所示。注意：字体、大小等，由考生自定。

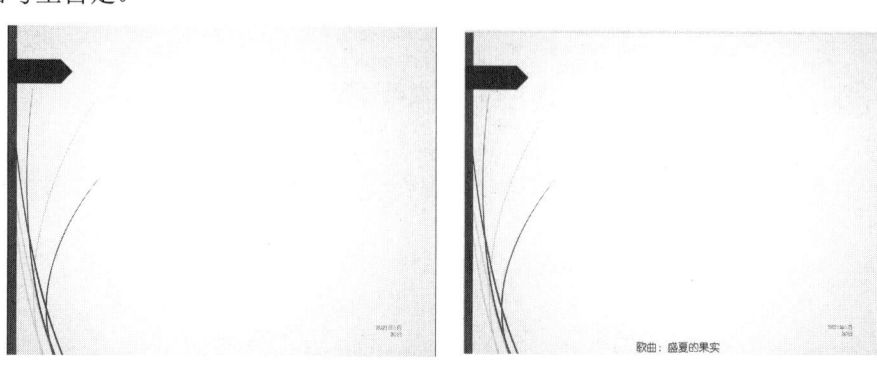

（1）字幕在底端，尚未显示出　　　　　（2）字幕开始垂直向上

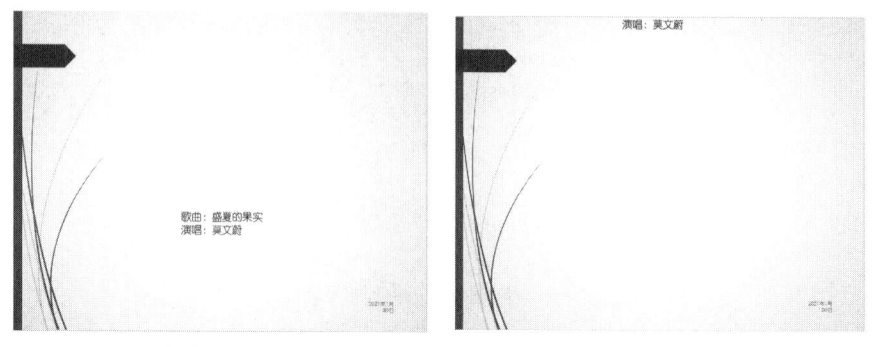

（3）字幕继续垂直向上　　　　　（4）字幕垂直向上，最后消失

图 4-31　试题 6 最后一张幻灯片效果

操作过程

1. 设计模板。
2. 插入日期。
3. 插入动画。
4. 切换。

以上操作过程见试题 1。

5. 新建幻灯片，动画设计。

① 在左侧缩略图中选择最后一张幻灯片，单击"开始"选项卡→"新建幻灯片"；此处建议选择"空白"版式幻灯片。

② 在新建的幻灯片中单击"插入"选项卡→"文本框"→"绘制横排文本框"，插入一个文本框，输入文字"歌曲：盛夏的果实"，按回车键换行后继续输入"演唱：莫文蔚"；用鼠标将其拖曳至幻灯片的下方，如图 4-32 所示。

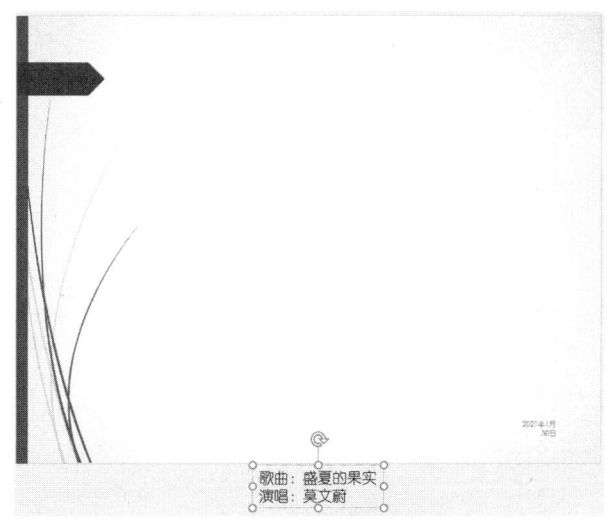

图 4-32　插入文本框

③ 选择文本框，插入"动画"选项卡下路径动画中的"直线"动画，单击"效果选项"，在弹出的下拉菜单的设置方向为"上"，如图 4-33 所示。

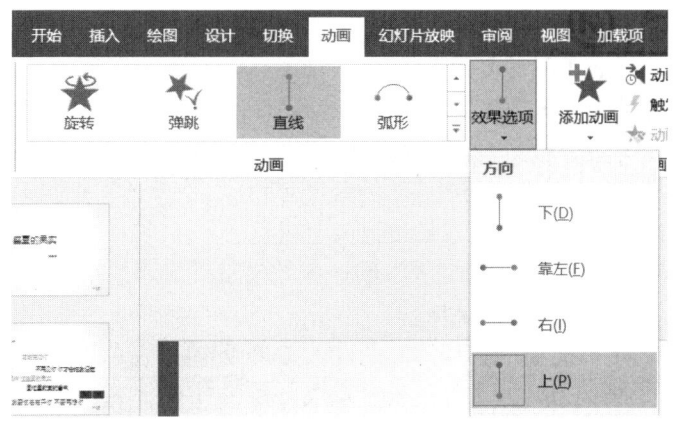

图 4-33　添加"直线"动画

④ 单击路径动画中的路径，将光标移动到路径最上方的顶点上（以小圆圈显示），此时光标变成双向斜箭头的形式，按住鼠标左键将路径拉长到幻灯片的最上方，如图 4-34 所示。

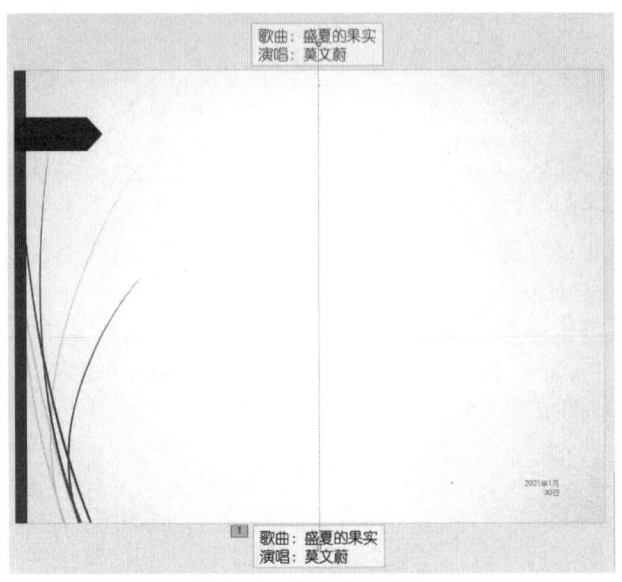

图 4-34　调整路径高度

试题 7　成功的项目管理

试题描述

1. 使用设计主题方案。
● 将第一张幻灯片的设计主题设为"平面"，其余幻灯片的设计主题设为"丝状"。
2. 按照以下要求设置并应用幻灯片的母版。
● 对于首页所用的母版，将其中的标题样式设为"黑体，54 号字"。
● 对于其他页面所应用的一般幻灯片母版，在日期区中插入格式为"×年×月×日　星期×"并自动更新显示，插入幻灯片编号（页码）。
3. 设置幻灯片的动画效果，要求：
● 将首页标题文本的进入动画方案设置成系统自带的"向内溶解"效果。
● 针对第二张幻灯片，按顺序（播放时按照 a～h 的顺序播放）设置以下的自定义动画效果。
　a）将标题内容"提纲"的进入效果设置成"棋盘"。
　b）将文本内容"成功的项目管理者"的进入效果设置成"字幕式"，并且在标题内容出现 1 秒后自动开始，而不需要单击鼠标。
　c）将文本内容"明确的目标和目的"的进入效果设置成"弹跳"。
　d）将文本内容"凝聚力"的进入效果设置成"菱形"。
　e）将文本内容"信任的程度"的强调效果设置成"波浪形"。

f）将文本内容"信任的程度"的动作路径设置成"向右"。

g）将文本内容"明确的目标和目的"的退出效果设置成"层叠"。

h）在页面中添加"前进"与"后退"的动作按钮，当单击按钮时分别调到当前页面的下一页与上一页，并设置这两个动作按钮的进入效果为同时"飞入"。

4. 按下面要求设置幻灯片的切换效果。
- 设置所有幻灯片之间的切换效果为"垂直百叶窗"。
- 实现每隔 5 秒自动切换，也可以单击鼠标进行手动切换。

5. 按下面要求设置幻灯片的放映效果。
- 隐藏第 4 张幻灯片，使播放时直接跳过隐藏页。
- 选择前 10 张幻灯片进行循环放映。

操作过程

1. 使用设计主题方案。

①打开文档，单击"设计"选项卡→"主题"→"丝状"主题，实现所有幻灯片的主题应用。

②选择第一张幻灯片，在"主题"组中的"平面"主题上单击右键，选择"应用于选定幻灯片"命令，即可将第一张幻灯片应用"平面"主题，如图 4-35 所示。

图 4-35　应用于选定幻灯片

2. 幻灯片的母版。

单击"视图"选项卡→"幻灯片母版"，进入母版视图，如图 4-36 所示。

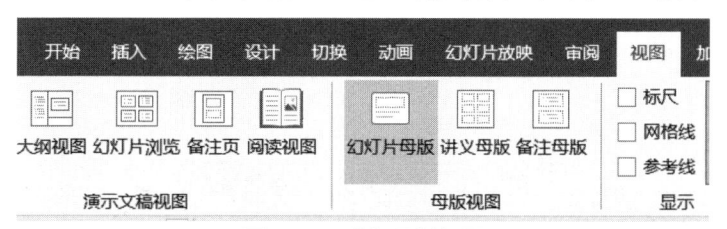

图 4-36　进入母版视图

单击左侧缩略图中应用"平面"主题的标题幻灯片,再选择该幻灯片中的标题占位符,在"开始"选项卡→"字体"组中进行字号和字体的设置,如图 4-37 所示。

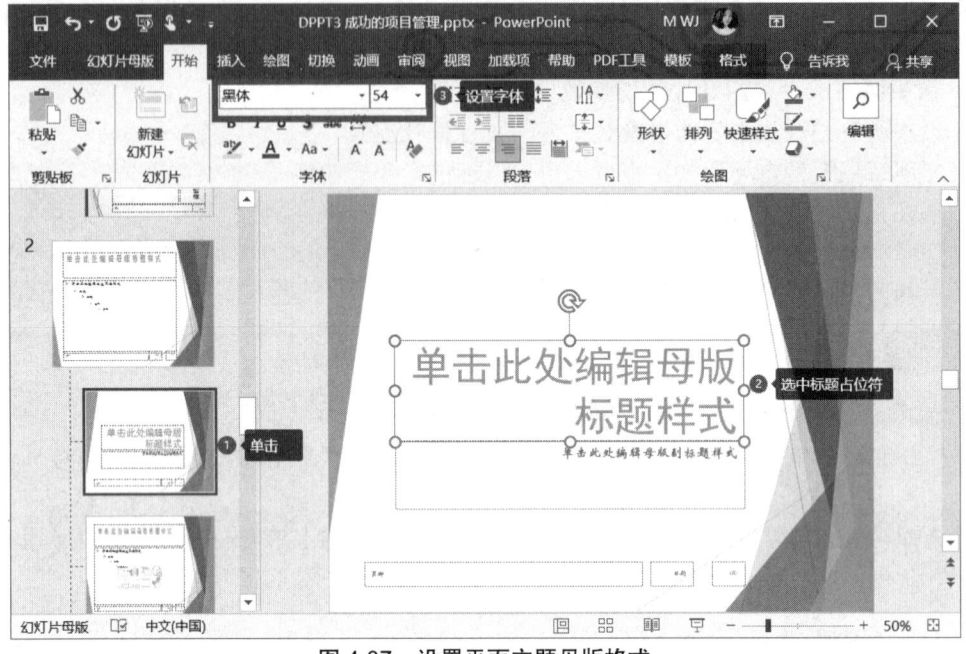

图 4-37 设置平面主题母版格式

在左侧缩略图中,选择"丝状"主题的主幻灯片母版,单击"插入"选项卡→"日期和时间",在弹出的"页眉和页脚"对话框中勾选"日期和时间",单击"自动更新",选择"2021年1月28日星期四"格式;勾选"幻灯片编号",单击"全部应用"按钮,如图 4-38 所示。

图 4-38 设置丝状主题母版格式

单击"幻灯片母版"选项卡下"关闭母版视图"按钮，退出母版视图。

返回普通视图后，可以发现标题幻灯片下标题因为采用了自定义的格式，所以没有显示为"黑体"，此时可以选择标题文本，单击"开始"选项卡下的"清除格式"命令，采用默认的黑体、54号字格式，如图4-39所示。

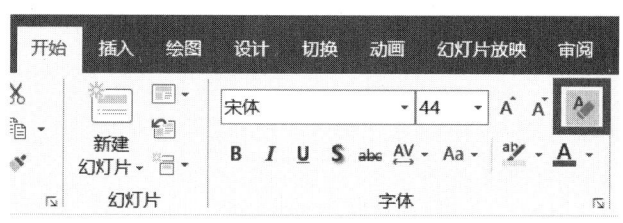

图4-39 清除格式

3. 动画效果。

①选择首页标题文本"成功的项目管理"，单击"动画"选项卡→"添加动画"→"更多进入效果"，在弹出的"添加进入效果"对话框中选择"向内溶解"，如图4-40所示。

②单击第二张幻灯片，进行下列动画设置。

（a）选择标题文本"提纲"，单击"动画"选项卡→"添加动画"→"更多进入效果"→"棋盘"。

（b）选择文本内容"成功的项目管理者"，单击"动画"选项卡→"添加动画"→"更多进入效果"→"字幕式"，在"动画"选项卡下的"计时"组中设置"开始"为"上一动画之后"，设置"延迟"为"01.00"，即1秒，如图4-41所示。

（c）选择文本内容"明确的目标和目的"，单击"动画"选项卡→"添加动画"→"进入"→"弹跳"。

（d）选择文本"凝聚力"，单击"动画"选项卡→"添加动画"→"更多进入效果"→"菱形"。

（e）选择文本"信任的程度"，单击"动画"选项卡→"添加动画"→"更多强调效果"→"波浪形"。

（f）继续选择文本"信任的程度"，单击"动画"选项卡→"添加动画"→"路径动画"→"直线"，再单击"效果选项"，在弹出的下拉菜单中选择"右"，如图4-42所示。

图4-40 添加"向内溶解"动画

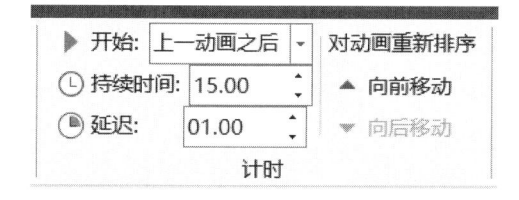

图4-41 动画计时设置

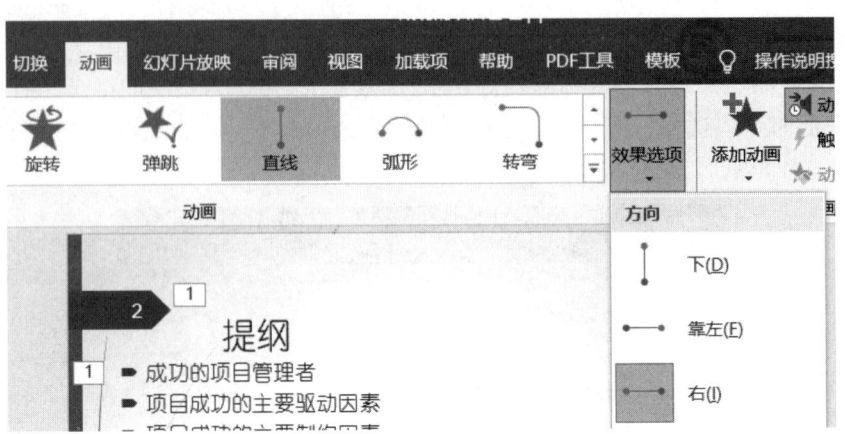

图 4-42 添加路径动画及效果选项设置

说明：可以对同一个对象设置多种动画，这时要注意必须通过单击"添加动画"命令来实现，而如果单击"动画"组中的动画名，则会替换上一次的动画效果。

（g）选择文字"明确的目标和目的"，单击"动画"选项卡→"添加动画"→"退出动画"→"层叠"。

（h）单击"插入"选项卡→"形状"→"动作按钮"，依次绘制"下一页"和"上一页"图形按钮，同时选择这两个图形，单击"动画"选项卡→"飞入"。

最后"动画窗格"中的内容如图 4-43 所示。

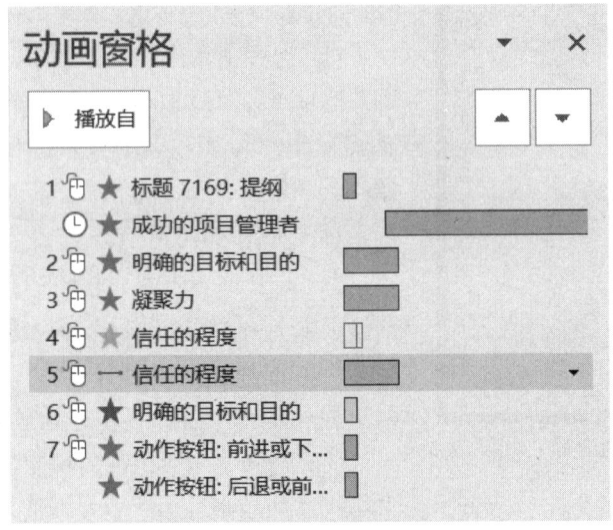

图 4-43 "动画窗格"中的内容

4. 切换。

单击"切换"选项卡→"百叶窗"，设置"效果选项"为"垂直"，勾选"设置自动换片时间"，设置时间为"00:00:05"，即 5 秒，单击"应用到全部"按钮。

5. 放映效果。

选择第 4 张幻灯片，单击"幻灯片放映"选项卡下的"隐藏幻灯片"命令，如图 4-44 所示。

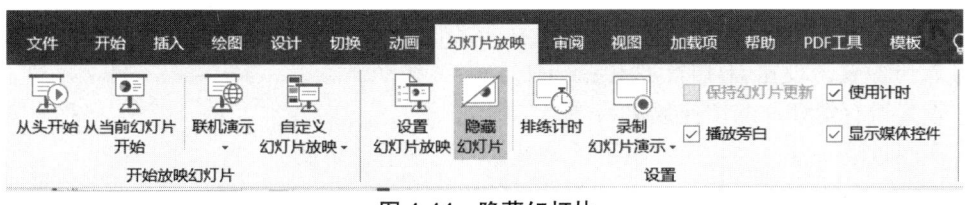

图 4-44 隐藏幻灯片

单击"幻灯片放映"选项卡下的"设置幻灯片放映"命令，在弹出的对话框中设置"放映幻灯片"从"1"到"10"，勾选"循环放映，按 ESC 键终止"，单击"确定"按钮即可，如图 4-45 所示。

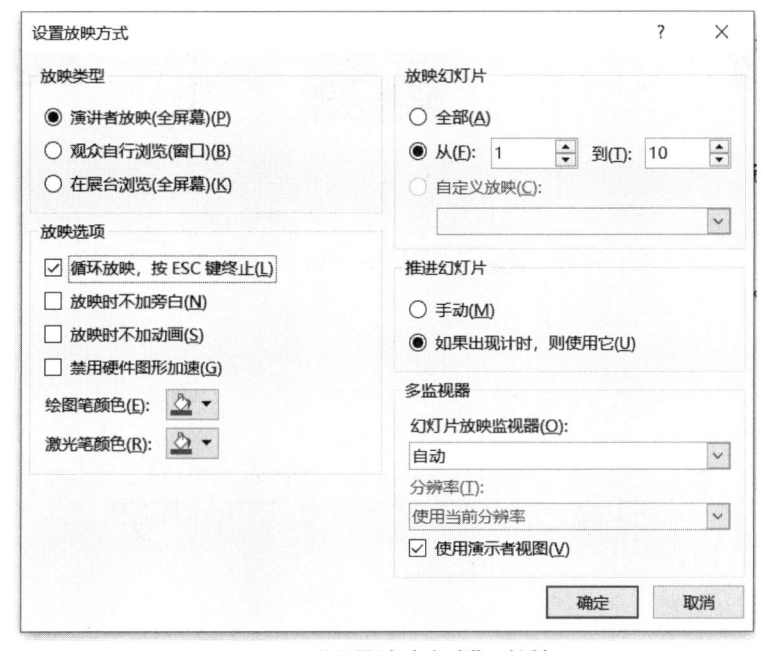

图 4-45 "设置放映方式"对话框

习题 1 数据仓库的设计

试题描述

1. 将幻灯片的设计模板设置为"丝状"。
2. 给幻灯片插入日期（自动更新，格式为×年×月×日）。
3. 设置幻灯片的动画效果，要求：
针对第二张幻灯片，按顺序设置以下的自定义动画效果。
- 将文本内容"面向主题原则"的进入效果设置成"自顶部 飞入"。
- 将文本内容"数据驱动原则"的强调效果设置成"彩色脉冲"。
- 将文本内容"原型法设计原则"的退出效果设置成"淡化"。

- 在页面中添加"前进"(前进或下一项)与"后退"(后退或前一项)的动作按钮。

4. 按下面要求设置幻灯片的切换效果。
- 设置所有幻灯片的切换效果为"自左侧 推入"。
- 实现每隔3秒自动切换,也可以单击鼠标进行手动切换。

5. 在幻灯片的最后一张后,新增加一张幻灯片,设计出如下效果:单击鼠标,矩形自动放大,且自动翻转为缩小,重复显示3次,其他设置默认。效果分别如图4-46中的图(1)~(3)所示。注意:矩形初始大小,由考生自定。

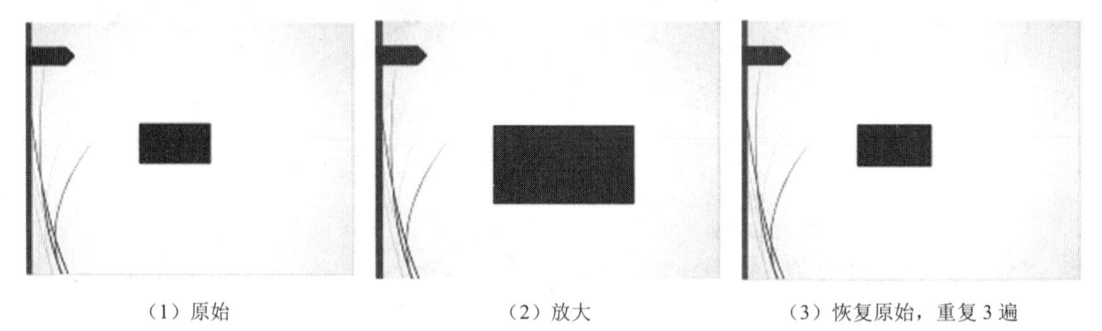

(1)原始　　　　　　　(2)放大　　　　　　　(3)恢复原始,重复3遍

图 4-46　习题1最后一张幻灯片效果

操作过程

参考试题1

习题2　中考开放问题研究

试题描述

1. 将幻灯片的设计模板设置为"丝状"。
2. 给幻灯片插入日期(自动更新,格式为×年×月×日)。
3. 设置幻灯片的动画效果,要求:
针对第二页幻灯片,按顺序设置以下的自定义动画效果。
- 将"条件开放"的进入效果设置成"自顶部 飞入"。
- 将"结论开放"的强调效果设置成"脉冲"。
- 将"策略开放"的退出效果设置成"淡化"。
- 在页面中添加"前进"(前进或下一项)与"后退"(后退或前一项)的动作按钮。

4. 按下面要求设置幻灯片的切换效果。
- 设置所有幻灯片的切换效果为"自左侧 推入"。
- 实现每隔3秒自动切换,也可以单击鼠标进行手动切换。

5. 在幻灯片的最后一张后,新增加一张幻灯片,设计出如下效果:单击鼠标,依次显示文字:A、B、C、D,效果分别如图4-47中的图(1)~(4)所示。注意:字体、大小等,由考生自定。

（1）显示 A　　　　　　　　　（2）显示 B

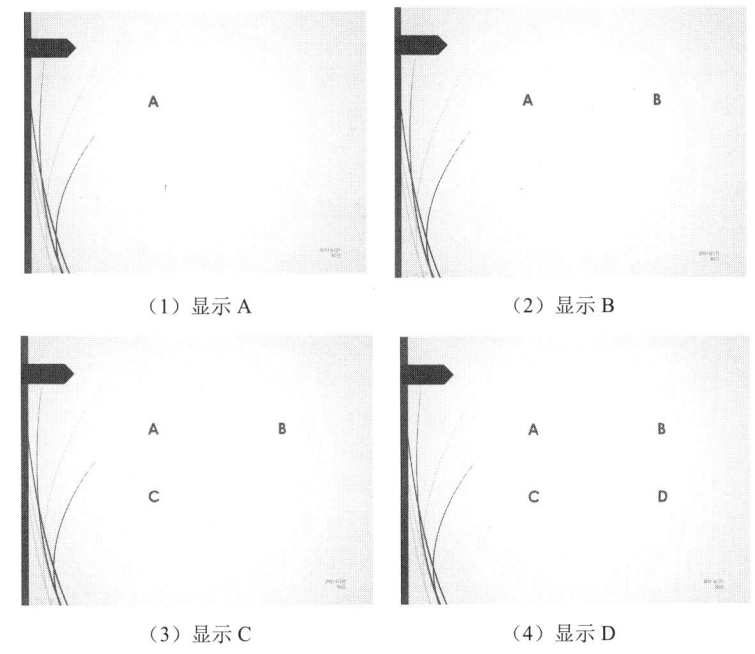

（3）显示 C　　　　　　　　　（4）显示 D

图 4-47　习题 2 最后一张幻灯片效果

操作过程

参考试题 2

习题 3　植物对水分的吸收和利用

试题描述

1. 将幻灯片的设计模板设置为"丝状"。
2. 给幻灯片插入日期（自动更新，格式为×年×月×日）。
3. 设置幻灯片的动画效果，要求：

针对第二张幻灯片，按顺序设置以下的自定义动画效果。

- 将"不同植物的需水量不同"的进入效果设置成"自顶部　飞入"。
- 将"同一植物在不同生长期需水量也不同"的强调效果设置成"脉冲"。
- 将"我国水资源情况"的退出效果设置成"淡化"。
- 在页面中添加"前进"（前进或下一项）与"后退"（后退或前一项）的动作按钮。

4. 按下面要求设置幻灯片的切换效果：

- 设置所有幻灯片的切换效果为"自左侧　推入"。
- 实现每隔 3 秒自动切换，也可以单击鼠标进行手动切换。

5. 在幻灯片的最后一张后，新增加一张幻灯片，设计出如下的效果：圆形四周的箭头向各自方向放大，自动翻转为缩小，重复 5 次，效果分别如图 4-48 中的图（1）、（2）所示。注意：圆形无变化；圆形、箭头的初始大小，由考生自定。

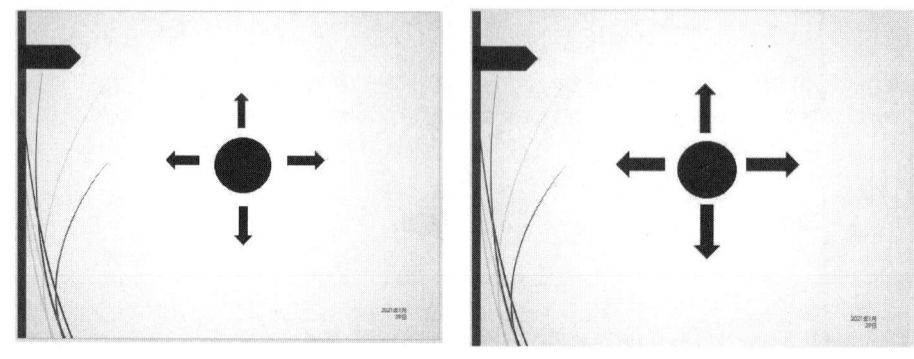

（1）初始图　　　　　　　　　　　　（2）放大后

图 4-48　习题 3 最后一张幻灯片效果

操作过程

参考试题 3

习题 4　IT供应链发展趋势

试题描述

1. 将幻灯片的设计模板设置为"丝状"。
2. 给幻灯片插入日期（自动更新，格式为×年×月×日）。
3. 设置幻灯片的动画效果，要求：

针对第二张幻灯片，按顺序设置以下的自定义动画效果。
- 将"新供应模式发展的动力"的进入效果设置成"自顶部 飞入"。
- 将"企业的新兴职能"的强调效果设置成"彩色脉冲"。
- 将"企业经营模式发生变化"的退出效果设置成"淡化"。
- 在页面中添加"前进"（前进或下一项）与"后退"（后退或前一项）的动作按钮。

4. 按下面要求设置幻灯片的切换效果。
- 设置所有幻灯片的切换效果为"自左侧 推入"。
- 实现每隔 3 秒自动切换，也可以单击鼠标进行手动切换。

5. 在幻灯片的最后一张后，新增加一张幻灯片，设计出如下的效果：圆形四周的箭头向各自箭头指向的方向放大（此处要求箭头在向外移动的过程中变大），自动翻转为缩小，重复 5 次，效果分别如图 4-49 中的图（1）、（2）所示。注意：圆形无变化；圆形、箭头的初始大小，由考生自定。

（1）初始图　　　　　　　　　　　　（2）放大后

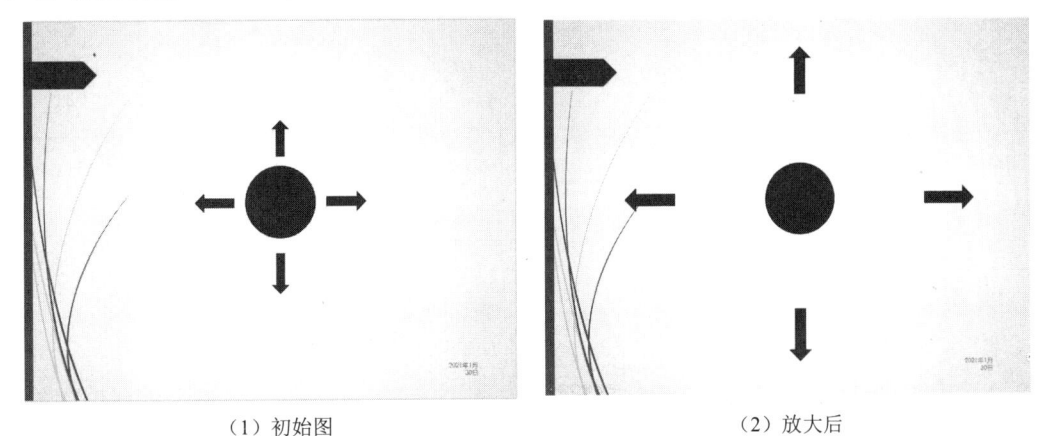

图 4-49　习题 4 最后一张幻灯片效果

操作过程

参考试题 4

习题 5　行动学习法

试题描述

1. 将幻灯片的设计模板设置为"丝状"。
2. 给幻灯片插入日期（自动更新，格式为×年×月×日）。
3. 设置幻灯片的动画效果，要求：
针对第二张幻灯片，按顺序设置以下的自定义动画效果。
- 将文本内容"行动学习的概念"的进入效果设置成"自顶部 飞入"。
- 将文本内容"行动学习的方法"的强调效果设置成"彩色脉冲"。
- 将文本内容"行动学习依据的学习原理"的退出效果设置成"淡化"。
- 在页面中添加"前进"（前进或下一项）与"后退"（后退或前一项）的动作按钮。
4. 按下面要求设置幻灯片的切换效果。
- 设置所有幻灯片的切换效果为"自左侧 推入"。
- 实现每隔 3 秒自动切换，也可以单击鼠标进行手动切换。
5. 在幻灯片的最后一张后，新增加一张幻灯片，设计出如下的效果：选择"我国的首都"，若选择正确，则在选项边显示文字"正确"，否则显示文字"错误"。效果分别如图 4-50 中的图（1）～（5）所示。注意：字体、大小等，由考生自定。

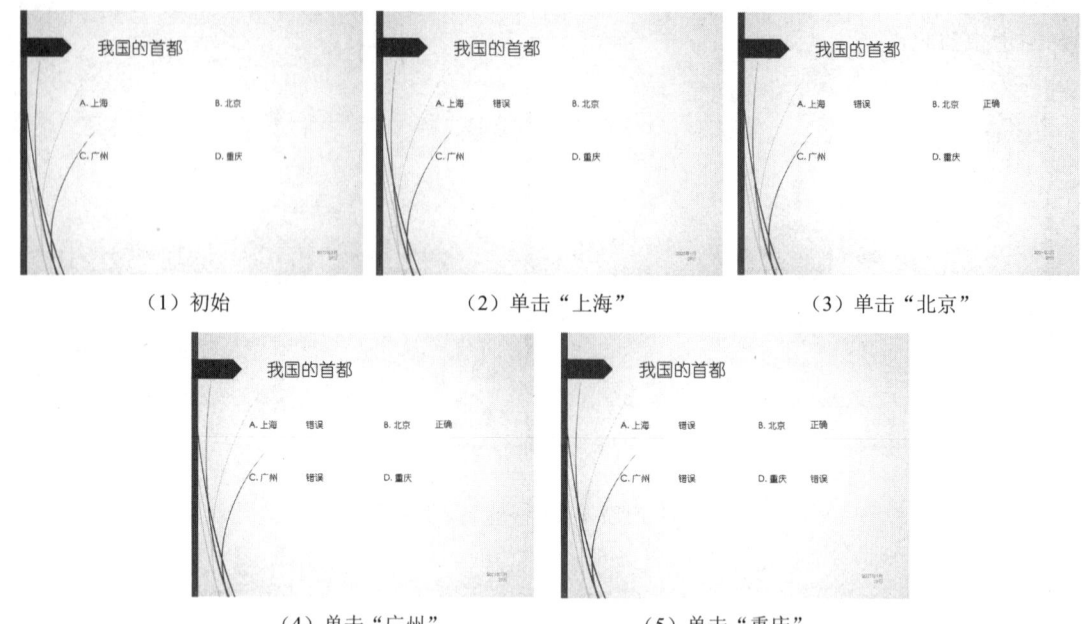

（1）初始　　　　　　　　　（2）单击"上海"　　　　　　　（3）单击"北京"

　　　　　　　　（4）单击"广州"　　　　　　　　　（5）单击"重庆"

图 4-50　习题 5 最后一张幻灯片效果

操作过程

参考试题 5

习题 6　关系营销

试题描述

1. 使用设计主题方案。
● 将第一张幻灯片的设计主题设为"平面"，其余幻灯片的设计主题设为"丝状"。
2. 按照以下要求设置并应用幻灯片的母版。
● 对于首页所应用的母版，将其中的标题样式设为"黑体，54 号字"。
● 对于其他页面所应用的一般幻灯片母版，在日期区中插入格式为"×年×月×日　星期×"并自动更新显示，插入幻灯片编号（页码）。
3. 设置幻灯片的动画效果，要求：
● 将首页标题文本的进入动画方案设置成系统自带的"向内溶解"效果。
● 针对第二张幻灯片，按顺序（播放时按照 a～h 的顺序播放）设置以下的自定义动画效果。
　　a）将标题内容"提纲"的进入效果设置成"棋盘"。
　　b）将文本内容"关系市场学"的进入效果设置成"字幕式"，并且在标题内容出现 1 秒后自动开始，而不需要单击鼠标。
　　c）将文本内容"关系营销的活动"的进入效果设置成"弹跳"。

d）将文本内容"客户发展策略"的进入效果设置成"菱形"。
e）将文本内容"客户发展策略"的强调效果设置成"波浪形"。
f）将文本内容"总思想路线"的动作路径设置成"向右"。
g）经文本内容"总思想路线"的退出效果设置成"层叠"。
h）在页面中添加"前进"与"后退"的动作按钮，当单击按钮时分别跳转到当前页面的下一页与上一页，并设置这两个动作按钮的进入效果为同时"飞入"。

4. 按下面要求设置幻灯片的切换效果。
● 设置所有幻灯片之间的切换效果为"垂直百叶窗"。
● 实现每隔 5 秒自动切换，也可以单击鼠标进行手动切换。

5. 按下面要求设置幻灯片的放映效果。
● 隐藏第 4 张幻灯片，使得播放时直接跳过隐藏页。
● 选择前 10 张幻灯片进行循环放映。

操作过程

参考试题 7

第五部分　理论题

> **考试要求**

1. 掌握 MS Office 2019 各组件的运行环境、视窗元素等。
2. 掌握 Word 2019 的基础理论知识及高级应用技术，能够熟练掌握长文档的排版（页面设置、样式设置、域的设置、文档修订等）。
3. 掌握 Excel 2019 的基础理论知识及高级应用技术，能够熟练操作工作簿、工作表，熟练地使用函数和公式，能够运用 Excel 内置工具进行数据分析，能够对外部数据进行导入/导出等。
4. 掌握 PowerPoint 2019 的基础理论知识及高级应用技术，能够熟练掌握模板、配色方案、幻灯片放映、多媒体效果和演示文稿的输出。
5. 了解 MS Office 2019 的文档安全知识，能够利用 MS Office 2019 的内置功能对文档进行保护。

模块 1 Word

一、单选题

1. （　　）域用于依序为文档中的章节、表、图及其他页面元素编号。
   A. StyleRef　　　　B. TOC　　　　C. Seq　　　　D. PageRef
   答案：A

2. （　　）是特殊的指令，在域中可引发特定的操作。
   A. 域名　　　　B. 域参数　　　　C. 域代码　　　　D. 域开关
   答案：D

3. Smart 图形不包含下面的（　　）。
   A. 图表　　　　B. 流程图　　　　C. 循环图　　　　D. 层次结构图
   答案：A

4. TOC 域属于以下哪一类（　　）。
   A. 等式和公式　　　　B. 索引和目录　　　　C. 文档自动化　　　　D. 日期和时间
   答案：B

5. Word 文档的编辑限制包括（　　）。
   A. 格式设置限制　　　　B. 编辑限制　　　　C. 权限保护　　　　D. 以上都是
   答案：D

6. Word 中的手动换行符是通过（ ）产生的。
A. 插入分页符　　B. 插入分节符　　C. 键入 Enter　　D. 按 Shift+Enter
答案：D

7. Word 插入题注时若加入章节号，如"图 1-1"，则无须进行的操作是（ ）。
A. 将章节起始位置套用内置标题样式　　B. 将章节起始位置应用多级符号
C. 将章节起始位置应用自动编号　　D. 自定义题注样式为"图"
答案：D

8. Word 文档的编辑限制包括（ ）。
A. 格式设置限制　　B. 编辑限制　　C. 权限保护　　D. 以上都是
答案：D

9. Word 文档分为三个层次，由上到下分别是文本层、绘图层和（ ）。
A. 编辑层　　B. 绘画层
C. 文本层之下层　　D. 绘图层之下层
答案：C

10. Word 中运用文档的（ ）功能，可以进行建立批注、标记修订、跟踪修订标记等操作，从而提高文档编辑效率。
A. 审阅　　B. 插入　　C. 查找　　D. 新建
答案：A

11. 插入软回车的快捷键是（ ）。
A. Ctrl+Enter　　B. Alt+Enter　　C. Shift+Enter　　D. Enter
答案：C

12. 插入硬回车的快捷键是（ ）。
A. Ctrl+Enter　　B. Alt+Enter　　C. Shift+Enter　　D. Enter
答案：D

13. 更新域的快捷键是（ ）。
A. F9　　B. Ctrl+F9　　C. Shift+F9　　D. Alt+F9
答案：A

14. 关于 Word 的页码设置，以下表述中错误的是（ ）。
A. 页码可以被插入页眉/页脚区域。
B. 页码可以被插入左右页边距。
C. 如果希望首页和其他页的页码不同则必须设置"首页不同"。
D. 可以自定义页码并添加到构建基块管理器中的页码库中。
答案：C

15. 关于 Word 修订，下列表述中错误的是（ ）。
A. 在 Word 中可以突出显示修订。
B. 不同修订者的修订会用不同颜色显示。
C. 所有修订都用同一种比较鲜明的颜色显示。
D. 在 Word 中可以针对某一修订进行接受或拒绝修订。
答案：C

16. 关于大纲级别和内置样式的对应关系，以下表述中正确的是（　　）。
   A. 如果文字套用内置样式"正文"，则一定在大纲视图中显示为"正文文本"。
   B. 如果文字在大纲视图中显示为"正文文本"，则一定对应样式为"正文"。
   C. 如果文字的大纲级别为1级，则被套用样式"标题1"。
   D. 以上说法都不正确。
   答案：A

17. 关于导航窗格，以下表述中错误的是（　　）。
   A. 利用导航窗格能够浏览文档中的标题。
   B. 利用导航窗格能够浏览文档中的各个页面。
   C. 利用导航窗格能够浏览文档中的关键文字和词。
   D. 利用导航窗格能够浏览文档中的脚注、尾注、题注等。
   答案：D

18. 关于交叉引用，以下表述中正确的是（　　）。
   A. 在书籍、期刊、论文正文中用于标识引用来源的文字称为交叉引用。
   B. 交叉引用是在创建文档时参考或引用的文献列表，通常位于文档的末尾。
   C. 交叉引用设定在对象的上下两边，为对象添加带编号的注释说明。
   D. 为文档内容添加的注释内容设置引用说明，以保证注释与文字对应关系的引用关系称为交叉引用。
   答案：D

19. 关于题注的说明，以下表述中错误的是（　　）。
   A. 题注由标签及编号组成。
   B. 题注主要针对文字、表格、图片和图形混合编排的大型文稿。
   C. 题注设定在对象的上下两边，为对象添加带编号的注释说明。
   D. 题注本质上与脚注和尾注是没有区别的。
   答案：D

20. 可以查看文档页面的页眉页脚的视图方式有（　　）。
   A. 页面视图和草稿视图　　　　　　B. 页面视图和大纲视图
   C. 页面视图和阅读版式视图　　　　D. 页面视图和Web版式视图
   答案：C

21. 可以折叠和展开文档标题并进行标题级别设置和升降级的视图方式是（　　）。
   A. 页面视图　　B. 大纲视图　　C. 草稿视图　　D. Web版式视图
   答案：B

22. 每年的元旦，某信息公司要发大量的内容相同的信，只是信中的称呼不一样，为了不做重复的编辑工作、提高效率，可用以下哪种功能实现（　　）。
   A. 邮件合并　　B. 书签　　C. 信封和选项卡　　D. 复制
   答案：A

23. 能够呈现页面实际打印效果的视图方式是（　　）。
   A. 页面视图　　B. 大纲视图　　C. 草稿视图　　D. Web版式视图
   答案：A

24. 如果 Word 文档中有一段文字不允许别人修改,则可以通过（   ）来实现。
A. 格式设置限制
B. 编辑限制
C. 设置文件修改密码
D. 以上都是
答案：B

25. 如果要将某个新建样式应用到文档中,那么以下哪种方法无法完成样式的应用（   ）。
A. 使用快速样式库或样式任务窗格直接应用。
B. 使用查找与替换功能替换样式。
C. 使用格式刷复制样式。
D. 使用 Ctrl+W 快捷键重复应用样式。
答案：D

26. 若文档被分为多个节,并在"页面设置"的版式选项卡中将页眉和页脚设置为奇偶页不同,则以下关于页眉和页脚的表述中正确的是（   ）。
A. 文档中所有奇偶页的页眉必然都不相同。
B. 文档中所有奇偶页的页眉可以都不相同。
C. 每个节中奇数页页眉和偶数页页眉必然不相同。
D. 每个节的奇数页页眉和偶数页页眉可以不相同。
答案：D

27. 通过设置内置标题样式,以下哪个功能无法实现（   ）。
A. 自动生成题注编号
B. 自动生成脚注编号
C. 自动显示文档结构
D. 自动生成目录
答案：B

28. 我们常用的打印纸张 A3 号和 A4 号的关系是（   ）。
A. A3 是 A4 的一半
B. A3 是 A4 的一倍（两张）
C. A4 是 A3 的四分之一
D. A4 是 A3 的一倍
答案：B

29. 无法为以下哪一种文档注释方式创建交叉引用（   ）。
A. 引文
B. 书签
C. 公式
D. 脚注
答案：A

30. 下列关于目录的表述中,正确的是（   ）。
A. 当新增了一些内容使页码发生变化时,生成的目录不会随之改变,需要手动更改。
B. 目录生成后有时目录文字下会有灰色底纹,打印时也打印出来。
C. 如果要把某一级目录文字字体改为"小三",则需要逐一手动修改。
D. Word 目录的提取是基于大纲级别和段落样式的。
答案：D

31. 页面的页眉信息区域是指（   ）。
A. 页眉设置值的区域
B. 页面的上边距的区域
C. 页面的上边距减页眉设置值的区域

D. 页面的上边距加页眉设置值的区域

答案：A

32. 一个 Word 文档共有 5 页内容，其中第 1 页的正文文字垂直竖排，第 2 页文字有行号，第 3 页的文字段落前有项目符号，第 4 页文字段落首字下沉，第 5 页有页面边框，最优的处理的方法是（　　）。

A. 插入 5 个硬分页　　　　　　　　　B. 插入 4 个"下一页"的节
C. 插入 3 个"下一页"的节　　　　　　D. 插入 5 个"下一页"的节

答案：C

33. 以下_____是可被包含在文档模板中的元素。
①样式　　②快捷键　　③页面设置信息　　④宏方案项　　⑤工具栏
A. ①②④⑤　　　B. ①②③④　　　C. ①③④⑤　　　D. ①②③④⑤

答案：B

34. 以下关于 Word 目录的描述中，表述正确的是（　　）。

A. 默认建立的目录开启了超链接功能。只需要按下 Shift 键，同时在目录上单击，就可以跳转到目录对应的文档位置。
B. 应用"引用"选项卡中的"目录"→"插入目录"命令，可以快速自动地为各种形式的文档生成目录。
C. 当章、节标题发生变化时，按 F9 功能键可以自动更新生成的目录。
D. 如果要更改目录样式，则需要在文档模板中一并进行更改设置。

答案：C

35. 以下不是 Word 的标准选项卡的是（　　）。
A. 审阅　　　　　B. 图表工具　　　　C. 开发工具　　　　D. 加载项

答案：B

36. 以下不是"目录"对话框中的内容的是（　　）。
A. 打印预览与 Web 预览　　　　　　B. 制表符前导符号下拉列表
C. 样式下拉列表　　　　　　　　　　D. 显示级别选项框

答案：C

37. 在 Word 新建段落样式时，可以设置字体、段落、编号等多项样式属性，以下不属于样式属性的是（　　）。
A. 制表位　　　B. 语言　　　C. 文本框　　　D. 快捷键

答案：C

38. 在 Word 中，按照用途可以将域分为（　　）类。
A. 6　　　B. 7　　　C. 8　　　D. 9

答案：D

39. 在 Word 中，域信息由域的代码符号和字符两种形式显示。执行（　　）命令，这两种形式可以相互转换。
A. 更新域　　　B. 切换域代码　　　C. 编辑域　　　D. 插入域

答案：B

40. 在书籍杂志的排版中，为了将页边距根据页面的内侧、外侧进行设置，可将页面设置为（　　）。

A. 对称页边距　　　　B. 拼页　　　　　　C. 书籍折页　　　　D. 反向书籍折页
答案：A

41. 在同一个页面中，如果希望页面上半部分为一栏，后半部分分为两栏，则应插入的分隔符号为（　　）。
A. 分页符　　　　　　　　　　　　　　B. 分栏符
C. 分节符（连续）　　　　　　　　　　D. 分节符（奇数页）
答案：C

42. 主控文档的创建和编辑操作可以在（　　）中进行。
A. 页面视图　　　B. 大纲视图　　　C. 草稿视图　　　D. Web 版式视图
答案：B

二、判断题（T 表示正确，F 表示错误）

1. "管理样式"对话框是样式的总指挥站，使用该对话框可以控制快速样式库和样式任务窗格的样式显示内容，创建、修改和删除样式。
答案：T

2. "下一页"分节符与硬分页的效果相同。
答案：F

3. "邮件合并"不是域的一个类别。
答案：F

4. dotx 格式为启用宏的模板格式，而 dotm 格式无法启用宏。
答案：F

5. Word 保护文档的编辑限制分修订、批注、填写窗体、不允许任何修改（只读）四种。
答案：T

6. Word 的屏幕截图功能可以将任何最小化后收藏到任务栏的程序屏幕视图等插入到文档中。
答案：T

7. Word 文档保护的格式设置限制的对话框中有"全部""推荐的样式""无"三个按钮。
答案：T

8. Word 文档的窗体保护可以分为分节保护和窗体域保护。
答案：T

9. Word 文档的格式可以限制对选定的样式进行格式设置。
答案：T

10. Word 文档中不能一次性删除所有批注。
答案：F

11. Word 允许嵌套使用域。
答案：T

12. Word 中不但提供了对文档的编辑保护，还提供了对节分隔的区域内容进行编辑限制和保护的设置。
答案：T

13. Word 中可以一次性删除所有批注。

答案：T

14. 按一次 Tab 键就右移一个制表位，按一次 Delete 键左移一个制表位。

答案：F

15. 标记为最终状态可以将文档设为只读模式。

答案：T

16. 插入一个分栏符能够将页面分为两栏。

答案：F

17. 打印时，在 Word 中插入的批注将与文档内容一起被打印出来，无法隐藏。

答案：F

18. 对文档区域的分栏只能进行等分分隔处理，无法自定义每个栏的宽度。

答案：F

19. 分栏的栏宽和间隙都可以自定义调整。

答案：T

20. 分页符、分节符等编辑标记只能在草稿视图中查看。

答案：F

21. 根据栏宽和间距，可以设置文档区域 1 到 N（$N>1$）栏的分栏效果。

答案：T

22. 拒绝修订的功能等同于撤销操作。

答案：F

23. 可以根据页边或者文字为基准来设置和调整与页面边框的距离。

答案：T

24. 可以通过插入域代码的方法在文档中插入页码，具体方法是先输入花括号"{"，再输入"Page"，最后输入花括号"}"即可。选中域代码后按下 Shift+F9 组合键，即可显示为当前页的页码。

答案：F

25. 目录和索引分别定位了文档中标题和关键词所在的页码，便于阅读和查找。

答案：T

26. 批注和修订标记的颜色只能是红色。

答案：F

27. 批注会对文档本身进行修改。

答案：F

28. 批注仅是审阅者为文档的一部分内容所做的注释，并不对文档本身进行修改。

答案：T

29. 嵌入式批注就是把批注内容放在批注内容后面。

答案：T

30. 如果采用"拼页"的编辑方式，当第一页的文字采用垂直排版时，那么打印输出的结果是第一页会排在一页纸张的右边，而左边是编辑顺序的第二页。

答案：F

31. 如果删除了某个分节符，其前面的文字将合并到后面的节中，并且采用后者的格式设置。

答案：T

32. 如果通过搜索关键字导航，那么当文档中匹配的关键字太多时，导航窗格就不会显示搜索结果。

答案：F

33. 如果文档中的标题没有套用大纲级别或者是样式标题，那么就无法通过页面导航窗格来定位页面。

答案：T

34. 如果要在更新域时保留原格式，只要将域代码中的"*MERGEFORMAT"删除即可。

答案：F

35. 如果有多人参与批注或修订操作，只能显示所有审阅者的批注和修订，而不能进行选择性显示。

答案：F

36. 如需对某个样式进行修改，可单击"插入"选项卡中的"更改样式"按钮。

答案：F

37. 如需使用导航窗格对文档进行标题导航，必须预先为标题文字设定大纲级别。

答案：F

38. 软分页和硬分页都可以根据需要随时插入。

答案：F

39. 若要使格式设置限制或者编辑限制生效，不一定要启动强制保护。

答案：F

40. 删除批注时只能一个一个地删除。

答案：F

41. 设置页码格式和在指定位置插入页码是两个独立的操作，要分开进行。

答案：T

42. 审阅者添加的修订只能接受，不能拒绝。

答案：F

43. 审阅者在添加批注时，不能更改显示在批注框内的用户名。

答案：F

44. 书签名必须以字母、数字或者汉字开头，不能有空格，可以利用下划线字符来分隔文字。

答案：F

45. 虽然文档的页码可以设置为多种格式类型，但是页码必须由系统生成，因为页码实际上是一种域的值呈现。

答案：T

46. 通过打印设置中的"打印标记"选项，可以设置文档中的修订标记是否被打印出来。

答案：T

47. 通过页面布局的页面背景为页面设置的页面背景填充图片依赖于图片本身的实际大小并且无法调节。

答案：F

48. 图片被裁剪后，被裁剪的部分仍作为图片文件的一部分被保存在文档中。
答案：T

49. 位于每节或者文档结尾，用于对文档某些特定字符、专有名词或术语进行注解的注释，就是脚注。
答案：F

50. 文档的任何位置都可以通过运用 TC 域标记为目录项后建立目录。
答案：T

51. 文档的页眉页脚不是每篇文档都必须要设置的。
答案：T

52. 文档的页面边框受到节区域的限制，而文字或段落边框没有这个限制。
答案：T

53. 文档页面的主题及主题元素：颜色、字体和效果都可以自定义并保存，以供后续使用。
答案：T

54. 文档右侧的批注框只用于显示批注。
答案：F

55. 文字和段落样式的分类，根据创建主题的不同分为内置样式和自定义样式。
答案：T

56. 相邻节与节之间的页眉或页脚的关联关系是可以分开设置的，也就是页眉可以有关联，但页脚可以没有关联。
答案：T

57. 相邻节与节之间的页眉页脚的关联关系是可以选择或者取消的。
答案：T

58. 修订是直接对文章进行的更改，并以批注的形式显示，不仅能看出哪些地方修改了，还可以选择接受或者不接受修改。
答案：T

59. 样式的优先级可以在新建样式时自行设置。
答案：F

60. 页眉和页脚区的信息空间是固定的，不可以逾越。
答案：F

61. 页面的背景可以填充渐变色、图片、图案或者纹理，但是页面背景不受节区域的限制。
答案：T

62. 页面的页码必须放在页脚的位置。
答案：F

63. 页面的页码可以通过键盘直接输入页码编号的数码。
答案：F

64. 页面的左边距不包括装订线的部分。
答案：T

65. 页面的左右边距也就是文档段落的左右缩进。
答案：F

66. 页面中的文字行列数是可以任意自定义的。
答案：F

67. 一般论文中，图片和图形的题注在其下方，表格的题注在其上方。
答案：T

68. 隐藏修订不会从文档中删除现有的修订或批注。
答案：T

69. 应用样式时可以使用格式刷工具进行复制粘贴。
答案：T

70. 有时在页眉上的文字下方会出现一条横线，但是这条横线是无法删除的。
答案：F

71. 与页码设置一样，脚注也支持节操作，可以为注释引用标记在每节中重新编号。
答案：T

72. 域代码不区分英文大小写。
答案：T

73. 域代码中的域参数是必选项，不能省略。
答案：F

74. 域代码中的域名是关键字，不可省略。
答案：T

75. 域结果的格式不能改变。
答案：F

76. 域就像一段程序代码，文档中显示的内容是域代码运行的结果。
答案：T

77. 域是文档中可能发生变化的数据或邮件合并文档中套用信封、标签的占位符。
答案：T

78. 域特征字符可以直接输入。
答案：T

79. 域有两种显示方式：域代码和域结果。
答案：T

80. 在"根据格式化创建新样式"对话框中可以新建表格样式，但表格样式在"样式"任务窗格中不显示。
答案：T

81. 在编号所在页面下面的解释是脚注，在章节结尾或全文末尾处的解释是尾注。
答案：T

82. 在插入页码、制作目录时都用到了域。
答案：T

83. 在插入页码时，页码的范围只能从 1 开始。
答案：F

84. 在大纲视图中是无法观察到文档的段落格式和自然分页的情况的。
答案：T

85. 在各个视图方式下能否显示文档格式标识，是可以自定义设置的。

答案：F

86. 在键盘输入域代码后必须更新域才能显示域结果。

答案：T

87. 在审阅时，对于文档中的所有修订标记只能全部接受或全部拒绝。

答案：F

88. 在文档中单击构建基块库中已有的文档部件，会出现构建基块框架。

答案：T

89. 在文字行的尾端按回车键，可以实现分段的效果，分段主要用于设置以段落为单位的段落格式。

答案：T

90. 在页面设置过程中，若下边距为2cm，页脚区为0.5cm，则版心底部距离页面底部的实际距离为2.5cm。

答案：F

91. 在页面设置过程中，若左边距为3cm，装订线为0.5cm，则版心左边距离页面左边沿的实际距离为3.5cm。

答案：T

92. 只能对已经插入节的区域进行分栏处理。

答案：F

93. 只需双击文档版心正文区就可以退出页眉页脚的编辑状态。

答案：T

94. 只有在页面视图中才能调整页面的显示比例。

答案：F

95. 纸张的型号尺寸是源于纸张系列最大号纸张的面积值，每沿着长度方向对折一次就得到小一号的纸张型号。

答案：T

96. 中国的引文样式标准是ISO690。

答案：F

97. 主控文档中的子文档既可以折叠为几行超链接，也可以展开为长文档并自动生成整个文档的目录。

答案：T

模块2　Excel

一、单选题

1. A2单元格存储了"8913821"要使用函数将"8913821"这一号码升级为"88913821"，应该使用（　　）。

A. MID(A2,2,0,8)　　　　　　　　B. REPLACE (A2, 2, 0, 8)

C. GETMID (A2, 2, 0, 8)　　　　　　　　D. EXTRACTMID (A2, 2, 0, 8)
答案：B

2. B1 单元格存储了"20150825"，要取出当前月应该使用（　　）。
A. MID(B1, 5, 2)　　　　　　　　　　　B. REPLACE (B1, 5, 2)
C. GETMID (B1, 5, 2)　　　　　　　　　D. EXTRACTMID (B1, 5, 2)
答案：A

3. Excel 的筛选功能包括（　　）和高级筛选。
A. 直接筛选　　　B. 自动筛选　　　C. 简单筛选　　　D. 间接筛选
答案：B

4. Excel 可以把工作表转换成 Web 页面所需的（　　）格式。
A. HTML　　　　B. TXT　　　　　C. BAT　　　　　D. EXE
答案：A

5. Excel 图表是动态的，当在图表中修改了数据系列的值时，与图表相关的工作表中的数据（　　）。
A. 出现错误值　　B. 不变　　　　C. 自动修改　　　D. 用特殊颜色显示
答案：C

6. Excel 文档包括（　　）。
A. 工作表　　　　B. 工作簿　　　C. 编辑区域　　　D. 以上都是
答案：D

7. Excel 一维垂直数组中的元素可用（　　）分开。
A. \　　　　　　B. \\　　　　　C. ,　　　　　　D. ;
答案：D

8. Excel 一维水平数组中的元素可用（　　）分开。
A. ;　　　　　　B. \　　　　　　C. ,　　　　　　D. \\
答案：C

9. Excel 用条件格式设置隔行不同颜色的方法（　　）。
A. 条件格式→填充色　　　　　　　　　B. 条件格式→新建规则
C. 条件格式→数据分类　　　　　　　　D. 格式→设置单元格式
答案：B

10. Excel 中，在单元格中输入负数时，两种可使用的表示负数的方法是（　　）。
A. 在负数前加一个减号或用圆括号　　　B. 斜杠(/)或反斜杠(\\)
C. 斜杠(/)或连接符(-)　　　　　　　　D. 反斜杠(\\)或连接符(-)
答案：A

11. Excel 中 PMT 函数用于（　　）。
A. 基于固定利率及等额分期付款方式，返回贷款的每期付款额
B. 等额分期付款方式，返回贷款的每期付款额
C. 基于固定利率，返回贷款的每期付款额
D. 计算贷款的每期付款额
答案：A

12. SUMIF 的第 1 个参数是（　　）。

A. 条件区域 B. 指定的条件
C. 需要求和的区域 D. 其他
答案：A

13. SUMIF 的第 2 个参数是（ ）。
A. 条件区域 B. 指定的条件
C. 需要求和的区域 D. 其他
答案：B

14. SUMIF 的第 3 个参数是（ ）。
A. 条件区域 B. 指定的条件
C. 需要求和的区域 D. 其他
答案：C

15. VLOOKUP 的第 1 个参数的含义是（ ）。
A. 查找值 B. 查找范围 C. 查找列 D. 匹配
答案：A

16. VLOOKUP 的第 2 个参数是（ ）。
A. 查找值 B. 查找范围 C. 查找列数 D. 匹配
答案：B

17. VLOOKUP 的第 3 个参数是（ ）。
A. 查找值 B. 查找范围 C. 查找列数 D. 匹配
答案：C

18. VLOOKUP 函数从一个数组或表格的（ ）中查找含有特定值的字段，再返回同一列中某一指定单元格中的值。
A. 第一行 B. 最末行 C. 最左列 D. 最右列
答案：C

19. 返回参数组中非空单元格数的函数是（ ）。
A. COUNTIF B. COUNT
C. COUNTBLANK D. COUNTA
答案：D

20. 返回参数组中非空值单元格数目的函数是（ ）。
A. COUNT B. COUNTBLANK C. COUNTIF D. COUNTA
答案：D

21. 公式= RIGHT(""中国农业银行"",2)的运算结果是（ ）。
A. 中国 B. 农业 C. 银行 D. 行
答案：C

22. 公式= VALUE(""12"")+SQRT(9)的运算结果是（ ）。
A. #NAME? B. #VALUE? C. 15 D. 21
答案：C

23. 公式=LEFT(RIGHT(""中国农业银行"",4),2)的运算结果是（ ）。
A. 中国 B. 农业 C. 银行 D. 农
答案：B

24. 关于 Excel 表格，下面说法中不正确的是（   ）。
A. 表格的第一行为列标题（称字段名）
B. 表格中不能有空列
C. 表格与其他数据间至少留有空行或空列
D. 为了清晰，表格总是把第一行作为列标题，而把第二行空出来
答案：D

25. 下列关于 Excel 区域定义的论述中不正确是（   ）。
A. 区域可由单一单元格组成
B. 区域可由同一列连续多个单元格组成
C. 区域可由不连续的单元格组成
D. 区域可由同一行连续多个单元格组成
答案：C

26. 关于分类汇总，下列叙述中正确的是（   ）。
A. 分类汇总前首先应按分类字段值对记录排序
B. 分类汇总可以按多个字段分类
C. 只能对数值型字段分类
D. 汇总方式只能求和
答案：A

27. 关于筛选，下列叙述中正确的是（   ）。
A. 自动筛选可以同时显示数据区域和筛选结果
B. 高级筛选可以进行更复杂条件的筛选
C. 高级筛选不需要建立条件区，只有数据区域就可以了
D. 自动筛选可以将筛选结果放在指定的区域
答案：B

28. 下列关于筛选的叙述中，错误的是（   ）。
A. 筛选可以将符合条件的数据显示出来
B. 筛选功能会改变原始工作表的数据结构与内容
C. 可以自定义筛选的条件
D. 可以设置多个字段的筛选条件
答案：B

29. 计算贷款指定期数应付的利息额应该使用函数（   ）。
A. IPMT   B. SLN   C. PV   D. FV
答案：A

30. 计算物品的线性折旧费应使用函数（   ）。
A. IPMT   B. SLN   C. PV   D. FV
答案：B

31. 假设在某工作表 A1 单元格存储的公式中含有$B1，将其复制到 C2 单元格后，公式中的$B1 将变为（   ）。
A. $D2   B. $D1   C. $B2   D. $B1
答案：C

32. 将 Excel 工作表中单元格 E8 的公式 "=$A3+B4" 移至 G8，应变为（   ）。
   A. $A3+B4   B. $A3+D4   C. $C3+B4   D. $C3+D4
   答案：B

33. 将 Excel 表格的首行或者首列固定不动的功能是（   ）。
   A. 锁定   B. 保护工作表   C. 冻结窗格   D. 不知道
   答案：C

34. 将单元格 A3 中的公式 "=$A1+A$2" 复制到单元格 B4 中，则单元格 B4 中的公式为（   ）。
   A. "=$A2+B$2"   B. "=$A2+B$1"   C. "=$A1+B$2"   D. "=$A1+B$1"
   答案：A

35. 将数字截尾取整的函数是（   ）。
   A. TRUNC   B. INT   C. ROUND   D. CEILING
   答案：A

36. 将数字向上舍入到最接近的偶数的函数是（   ）。
   A. EVEN   B. ODD   C. ROUND   D. TRUNC
   答案：A

37. 将数字向上舍入到最接近的奇数的函数是（   ）。
   A. ROUND   B. TRUNC   C. EVEN   D. ODD
   答案：D

38. 默认情况下，每个工作簿包含（   ）个工作表。
   A. 1   B. 2   C. 3   D. 4
   答案：A

39. 某单位要统计各科室人员工资情况，按工资从高到低排序，若工资相同，以工龄降序排列，则以下做法中正确的是（   ）。
   A. 主要关键字为"科室"，次要关键字为"工资"，第二个次要关键字为"工龄"
   B. 主要关键字为"工资"，次要关键字为"工龄"，第二个次要关键字为"科室"
   C. 主要关键字为"工龄"，次要关键字为"工资"，第二个次要关键字为"科室"
   D. 主要关键字为"科室"，次要关键字为"工龄"，第二个次要关键字为"工资"
   答案：D

40. 求取某数据库区域满足某指定条件数据的平均值用（   ）函数。
   A. DGETA   B. DCOUNT   C. DAVERAGE   D. DSUM
   答案：C

41. 如何快速地将一个数据表格的行、列交换（   ）。
   A. 利用复制、粘贴命令
   B. 利用剪切、粘贴命令
   C. 使用鼠标拖动的方法实现
   D. 使用复制命令，然后使用选择性粘贴，再选中"转置"，确定即可
   答案：D

42. 设置 Excel 单元格颜色以便突出显示的方法（   ）。
   A. 条件格式→突出显示   B. 条件格式→突出设置单元格格式

C. 条件格式→突出显示单元格规则 D. 条件格式→突出显示单元格
答案：C

43. 设置数据按颜色分组的方法（　　）。
A. 条件格式→设置颜色
B. 条件格式→设置分类的条件→设置颜色
C. 条件格式→新建规则
D. 条件格式→设置颜色→设置分类的条件
答案：C

44. 使用Excel的数据筛选功能，是将（　　）。
A. 满足条件的记录显示出来，而删除掉不满足条件的数据
B. 不满足条件的记录暂时隐藏起来，只显示满足条件的数据
C. 不满足条件的数据用另外一个工作表来保存起来
D. 将满足条件的数据突出显示
答案：B

45. 使用记录单增加记录时，当输完一个记录的数据后，按（　　）便可再次出现一个空白记录单以便继续增加记录。
A. "关闭"按钮　　　　　　　　　B. "下一条"按钮
C. [↑]键　　　　　　　　　　　D. [↓]键或回车键或"新建"按钮
答案：D

46. 数据条的渐变填充是通过（　　）实现的。
A. 条件格式→数据条→渐变填充　　B. 条件格式→渐变填充
C. 格式设置单元格格式　　　　　　D. 条件格式→数据条
答案：A

47. 数据透视表在"插入"选项卡下的（　　）组中。
A. 插图　　　B. 文本　　　C. 表格　　　D. 符号
答案：C

48. 统计某数据库中记录字段满足某指定条件的非空单元格数用（　　）函数。
A. DCOUNTA　　B. DCOUNT　　C. DAVERAGE　　D. DSUM
答案：A

49. 为了实现多字段的分类汇总，Excel提供的工具是（　　）。
A. 数据地图　　B. 数据列表　　C. 数据分析　　D. 数据透视表
答案：D

50. 下拉列表框的设置可以通过使用（　　）命令来完成。
A. 名称管理器　　B. 数据有效性　　C. 公式审核　　D. 模拟分析
答案：B

51. 下列函数中，（　　）函数不需要参数。
A. DATE　　B. DAY　　C. TODAY　　D. TIME
答案：C

52. 要取出某时间值的分钟数要用（　　）函数。
A. HOUR　　B. MINUTE　　C. SECOND　　D. TIME

答案：B

53. 要在 Excel 工作簿中同时选择多个不相邻的工作表，可以在按住（　　）键的同时依次单击各个工作表的标签。

  A. Shift   B. Alt   C. Ctrl   D. Caps Lock

  答案：C

54. 一个工作表各列数据均含标题，要对所有列数据进行排序，用户应选取的排序区域是（　　）。

  A. 含标题的所有数据区   B. 含标题任一列数据
  C. 不含标题的所有数据区   D. 不含标题任一列数据

  答案：A

55. 以下 Excel 运算符中优先级最高的是（　　）。

  A. :   B. ,   C. *   D. +

  答案：A

56. 以下不属于 Excel 中数字分类的是（　　）。

  A. 常规   B. 货币   C. 文本   D. 条形码

  答案：D

57. 以下哪种方式可在 Excel 中输入数值-6（　　）。

  A. ""6   B. -6   C. \\6   D. \\\\6

  答案：B

58. 以下哪种方式可在 Excel 中输入文本类型的数字"0001"（　　）。

  A. ""0001""   B. '0001   C. \0001   D. \\0001

  答案：B

59. 下列有关表格排序的说法中正确的是（　　）。

  A. 只有数字类型可以作为排序的依据   B. 只有日期类型可以作为排序的依据
  C. 笔画和拼音不能作为排序的依据   D. 排序规则有升序和降序

  答案：D

60. 在 Excel 表格的单元格中出现一连串的"####"符号，则表示（　　）。

  A. 需重新输入数据   B. 需删去该单元格
  C. 需调整单元格的宽度   D. 需删去这些符号

  答案：C

61. 在 Excel 单元格中输入的数据有两种类型，一种常量，可以是数值或文字。另一种是以"="开头的（　　）。

  A. 公式   B. 批注   C. 数字   D. 字母

  答案：A

62. 在 Excel 的高级筛选中，条件区域中不同行的条件关系是（　　）。

  A. 或关系   B. 与关系   C. 非关系   D. 异或关系

  答案：A

63. 在 Excel 的高级筛选中，条件区域中写在同一行的条件关系是（　　）。

  A. 或关系   B. 与关系   C. 非关系   D. 异或关系

  答案：B

64. 在 Excel 的工作表中，每个单元格都有其固定的地址，如"A5"表示（　　）。
A．"A"代表"A"列，"5"代表第"5"行
B．"A"代表"A"行，"5"代表第"5"列
C．"A5"代表单元格的数据
D．以上都不是
答案：A

65. 在 Excel 的工作表中建立的数据表，通常把每一行称为一个（　　）。
A．记录　　　　　　B．二维表　　　　　　C．属性　　　　　　D．关键字
答案：A

66. 在 Excel 公式复制时，为使公式中的（　　），必须使用绝对地址（引用）。
A．引用不随新位置而变化　　　　　　B．单元格地址随新位置而变化
C．引用随新位置而变化　　　　　　　D．引用大小随新位置而变化
答案：A

67. 在 Excel 中，（　　）可将选定的图表删除。
A．"文件"菜单下的命令　　　　　　B．按 Delete 键
C．"数据"菜单下的命令　　　　　　D．"图表"菜单下的命令
答案：B

68. 在 Excel 中，单元格地址有 3 种引用方式，它们是相对引用、绝对引用和（　　）。
A．相互引用　　　　B．混合引用　　　　C．简单引用　　　　D．复杂引用
答案：B

69. 在 Excel 中，当公式中出现被零除的现象时，产生的错误值是（　　）。
A．#DIV/0!　　　　B．#N/A!　　　　C．#NUM!　　　　D．#VALUE!
答案：A

70. 在 Excel 中，关于"筛选"叙述中正确的是（　　）。
A．自动筛选和高级筛选都可以将结果筛选至另外的区域中
B．执行高级筛选前必须在另外的区域中给出筛选条件
C．自动筛选的条件只能有一个，高级筛选的条件可以有多个
D．如果所选条件出现在多列中，并且条件间有与的关系，必须使用高级筛选
答案：B

71. 在 Excel 中，求最大值的函数是（　　）。
A．IF()　　　　　　B．COUNT()　　　　C．MIN()　　　　　D．MAX()
答案：D

72. 在 Excel 中，如果我们只需要数据列表中记录的一部分时，可以使用 Excel 提供的（　　）。
A．排序　　　　　　B．自动筛选　　　　C．分类汇总　　　　D．以上全部
答案：B

73. 在 Excel 中，使用函数 LEFT(A1,4)等价于（　　）。
A．LEFT(4, A1)　　B．MID(A1,4)　　　C．MID(A1,1,4)　　D．MID(A1, 4,1)
答案：C

74. 在 Excel 中，下面不是获取外部数据的方法的是（　　）。
   A. 现有链接　　　　B. 来自网站　　　　C. 来自 Access　　　　D. 来自 Word
   答案：D

75. 在 Excel 中，在（　　）选项卡中可进行工作簿视图方式的切换。
   A. 开始　　　　B. 页面布局　　　　C. 审阅　　　　D. 视图
   答案：D

76. 在 Excel 中，在打印学生成绩单时，对不及格的成绩用醒目的方式表示（如用红色表示等），当要处理大量的学生成绩时，利用（　　）命令最为方便。
   A. 查找　　　　B. 条件格式　　　　C. 数据筛选　　　　D. 定位
   答案：B

77. 在 Excel 中，在进行自动分类汇总之前必须（　　）。
   A. 对数据清单进行索引
   B. 选中数据清单
   C. 必须对数据清单按要求进行分类汇总的列进行排序
   D. 数据清单的第一行里必须有列标记
   答案：C

78. 在 Excel 中创建图表，首先要打开（　　），然后在"图表"组中操作。
   A. "开始"选项卡　　　　　　　　B. "插入"选项卡
   C. "公式"选项卡　　　　　　　　D. "数据"选项卡
   答案：B

79. 在 Excel 的某个单元格中输入"(123)"，则该单元格中的内容为（　　）。
   A. -123　　　　B. "123"　　　　C. "(123)"　　　　D. 123
   答案：A

80. 在 Excel 中建立图表时，有很多图表类型可供选择，能够很好地表现一段时期内数据变化趋势的图表类型是（　　）。
   A. 柱形图　　　　B. 折线图　　　　C. 饼图　　　　D. XY 散点图
   答案：B

81. 在 Excel 中使用填充柄对包含数字的区域复制时应按住（　　）键。
   A. Alt　　　　B. Ctrl　　　　C. Shift　　　　D. Tab
   答案：B

82. 在 Excel 中套用表格格式后，会出现（　　）选项卡。
   A. 图片工具　　　　B. 表格工具　　　　C. 绘图工具　　　　D. 其他工具
   答案：B

83. 在 Excel 中要想设置行高、列宽，应选用（　　）选项卡中的"格式"命令。
   A. 开始　　　　B. 插入　　　　C. 页面布局　　　　D. 视图
   答案：A

84. 在表格中，如需运算的空格恰好位于表格底部，需将该空格以上的内容累加，可通过插入以下哪个公式实现（　　）。
   A. =ADD(BELOW)　　　　　　　　B. =ADD(ABOVE)
   C. =SUM(BELOW)　　　　　　　　D. =SUM(ABOVE)

答案：D

85. 在单元格 A1 中输入字符"XYZ"，在单元格 B1 中输入"100"（均不含引号），在单元格 C1 中输入函数=IF(AND(A1=""XYZ"",B1<100),B1+10,B1-10)，则 C1 单元格中的结果为（　　）。

  A. 80   B. 90   C. 100   D. 110

答案：B

86. 在 Excel 中，对数据表进行排序时，在"排序"对话框中能够指定的排序关键字的个数限制为（　　）。

  A. 1 个   B. 2 个   C. 3 个   D. 任意

答案：D

87. 在一个表格中，为了查看满足部分条件的数据内容，最有效的方法是（　　）。

  A. 选中相应的单元格   B. 采用数据透视表工具

  C. 采用数据筛选工具   D. 通过宏来实现

答案：C

88. 在一工作表中筛选出某项的正确操作方法是（　　）。

  A. 鼠标单击数据表外的任一单元格，执行"数据"→"筛选"菜单命令，鼠标单击想查找列的向下箭头，从下拉菜单中选择筛选项

  B. 鼠标单击数据表中的任一单元格，执行"数据"→"筛选"菜单命令，鼠标单击想查找列的向下箭头，从下拉菜单中选择筛选项

  C. 执行"查找与选择"→"查找"菜单命令，在"查找"对话框的"查找内容"框中输入要查找的项，单击"关闭"按钮

  D. 执行"查找与选择"→"查找"菜单命令，在"查找"对话框的"查找内容"框中输入要查找的项，单击"查找下一个"按钮

答案：B

89. 自定义序列可以通过（　　）来建立。

  A. 执行"开始"→"格式"菜单命令

  B. 执行"数据"→"筛选"菜单命令

  C. 执行"开始"→"排序和筛选"→"自定义排序"→"次序"→"自定义序列"命令

  D. 执行"数据"→"创建组"菜单命令

答案：C

二、判断题

T 表示正确，F 表示错误

1. COUNT 函数用于计算区域中单元格个数。

答案：F

2. Excel 中数组常量中的值可以是常量和公式。

答案：T

3. Excel 保护工作簿中，分为结构和窗口两个选项。

答案：T

4. Excel 保护工作簿中，可以保护工作表和锁定指定的单元格的内容。

答案：T

5. Excel 的同一个数组常量中不可以使用不同类型的值。
答案：F

6. Excel 工作表的数量可根据工作需要做适当的增加或减少，并可以进行重命名、设置标签颜色等相应的操作。
答案：T

7. Excel 可以通过 Excel 选项自定义选项卡和自定义快速访问工具栏。
答案：T

8. Excel 使用的是从公元 0 年开始的日期系统。
答案：F

9. Excel 中 RAND 函数在工作表中计算一次结果后就固定下来。
答案：F

10. Excel 中不能进行超链接设置。
答案：F

11. Excel 中的数据库函数的参数个数均为 4 个。
答案：F

12. Excel 中的数据库函数都以字母 D 开头。
答案：T

13. Excel 中三维引用的运算符是"!"。
答案：F

14. Excel 中使用分类汇总，必须先对数据区域进行排序。
答案：T

15. Excel 中数组区域的单元格可以单独编辑。
答案：F

16. Excel 中提供了保护工作表、保护工作簿和保护特定工作区域的功能。
答案：T

17. Excel 中只能用"套用表格格式"设置表格样式，不能设置单个单元格样式。
答案：F

18. HLOOKUP 函数只在表格或区域的第一行中搜寻特定值。
答案：T

19. MEDIAN 函数返回给定数值集合的平均值。
答案：F

20. MOD 函数得到的是商。
答案：F

21. ROUND 函数返回指定小数位数的四舍五入数值，第二个参数只能是正整数。
答案：F

22. ROUND 函数是向上取整函数。
答案：F

23. 不带分隔符的文本文件导入 Excel 中时无法分列。
答案：T

24. 不同字段之间进行"或"运算的条件必须使用高级筛选。

答案：T

25. 单击"数据"选项卡→"获取外部数据"→"自文本"，按文本导入向导命令可以把数据导入工作表中。

答案：T

26. 当原始数据发生变化后，只需单击"更新数据"按钮，数据透视表就会自动更新数据。

答案：T

27. 对一张已经排好序的 Excel 表格，可以直接执行分类汇总操作。

答案：T

28. 分类汇总只能按一个字段分类。

答案：T

29. 高级筛选不需要建立条件区，只需要指定数据区域就可以。

答案：F

30. 高级筛选可以对某一字段设定多个（2个或2个以上）条件。

答案：T

31. 高级筛选可以将筛选结果放在指定的区域。

答案：T

32. 高级筛选可以快速将满足条件的记录显示到指定区域。

答案：T

33. 排序时如果有多个关键字段，则所有关键字段必须选用相同的排序趋势（递增/递减）。

答案：F

34. 取消"汇总结果显示在数据下方"选项后，将不再显示汇总结果。

答案：F

35. 如果对一个工作表进行保护，并锁定单元格的内容之后，想要重新编辑，得先取消保护。

答案：T

36. 如果对一个工作表进行保护，并锁定单元格内容之后，用户只能选定单元格，不能进行其他的操作。

答案：T

37. 如果所选条件出现在多列中，并且条件间有"与"的关系，必须使用高级筛选。

答案：F

38. 如需编辑公式，可单击"插入"选项卡中 fx 图标启动公式编辑器。

答案：T

39. 使用记录单可以快速地在指定位置插入一条记录。

答案：T

40. 数据透视表中的字段是不能进行修改的。

答案：F

41. 数据透视图就是将数据透视表以图表的形式显示出来。

答案：T

42. 通过数据验证的设置，可对数据的输入值进行校验。
答案：T

43. 修改了图表数据源单元格的数据，图表会自动跟着刷新。
答案：T

44. 要将最近使用的工作簿固定到列表，可打开"最近所用的文档"，单击想固定的工作簿右边对应的按钮即可。
答案：T

45. 运用"条件格式"中的"项目选取规则"，可自动显示学生成绩中某列前 10 个单元格的格式。
答案：T

46. 再次执行分类汇总时一定会将替换前一次的汇总结果。
答案：F

47. 在 Excel 表格中是无法执行分类汇总操作的。
答案：F

48. 在 Excel 工作表中建立数据透视图时，数据系列只能是数值。
答案：T

49. 在 Excel 中，不排序就无法正确执行分类汇总操作。
答案：T

50. 在 Excel 中，除在"视图"功能中可以进行显示比例调整，还可以在工作簿右下角的状态栏中拖动缩放滑块进行快速设置。
答案：T

51. 在 Excel 中，分类汇总的数据折叠层次最多是 8 层。
答案：T

52. 在 Excel 中，符号"&"是文本运算符。
答案：T

53. 在 Excel 中，工作表和表格是同一个概念。
答案：F

54. 在 Excel 中，后台"保存自动恢复信息的时间间隔"默认为 10 分钟。
答案：T

55. 在 Excel 中，迷你图可以显示一系列数值的变化趋势，并突出显示最值。
答案：T

56. 在 Excel 中，切片器只能用于数据透视表中。
答案：F

57. 在 Excel 中，数组常量不得含有不同长度的行或列。
答案：T

58. 在 Excel 中，数组常量可以分为一维数组和二维数组。
答案：T

59. 在 Excel 中，只能设置表格的边框，不能设置单元格的边框。
答案：F

60. 在 Excel 中，只要应用了一种表格格式，就不能对表格格式做更改和清除。

答案：F

61. 在Excel中创建数据透视表时，可以从外部（如DBF、MDB等数据库文件）获取源数据。

答案：T

62. 在Excel中当我们插入图片、剪贴画、屏幕截图后，选项卡就会出现"图片工具-格式"选项卡，打开"图片工具"选项卡面板做相应的设置。

答案：T

63. 在Excel中既可以按行排序，也可以按列排序。

答案：T

64. 在Excel中可以更改工作表的名称和位置。

答案：T

65. 在Excel中可以进行嵌套分类汇总。

答案：T

66. 在Excel中设置"页眉和页脚"，只能通过"插入"选项卡来插入页眉和页脚，没有其他的操作方法。

答案：F

67. 在Excel中输入分数时，需在输入的分数前加上一个"0"和一个空格。

答案：T

68. 在Excel中套用表格格式后可在"表格样式选项"中选取"汇总行"显示出汇总行，但不能在汇总行中进行数据类别的选择和显示。

答案：F

69. 在Excel中只能插入和删除行、列，但不能插入和删除单元格。

答案：F

70. 在Excel中只能清除单元格中的内容，不能清除单元格中的格式。

答案：F

71. 在Excel中只要运用了套用表格格式，就不能消除表格格式，把表格转为原始的普通表格。

答案：F

72. 在创建数据透视表时，"列标签"中的字段对应的数据将各占透视表的一列。

答案：T

73. 在创建数据透视表时，"数值"中的字段指明的是进行汇总的字段名称及汇总方式。

答案：T

74. 在创建数据透视表时，"行标签"中的字段对应的数据将各占透视表的一行。

答案：T

75. 在创建数据透视表时，"行标签"中的字段只能有一个。

答案：F

76. 在创建数据透视图的同时自动创建数据透视表。

答案：T

77. 在"排序"选项卡中可以指定关键字段按字母排序或按笔画排序。

答案：T

78. 只有每列数据都有标题的工作表才能够使用记录单功能。
答案：T

79. 自定义自动筛选可以一次性地对某一字段设定多个（2个或2个以上）条件。
答案：T

80. 自动筛选的条件只能有一个，高级筛选的条件可以有多个。
答案：F

81. 自动筛选和高级筛选都可以将结果筛选至另外的区域中。
答案：F

82. 自动筛选可以快速地将满足条件的记录显示到指定区域。
答案：F

83. 自动筛选只能筛选出满足与关系的条件的记录。
答案：F

模块 3　PowerPoint

一、单选题

1. PowerPoint 文档保护方法包括（　　）。
A. 用密码进行加密　　　　　　　　B. 转换文件类型
C. IRM 权限设置　　　　　　　　　D. 以上都是
答案：D

2. PowerPoint 中，下列说法中错误的是（　　）。
A. 可以动态显示文本和对象
B. 可以更改动画对象的出现顺序
C. 图表中的元素不可以设置动画效果
D. 可以设置幻灯片切换效果
答案：C

3. 改变演示文稿外观可以通过（　　）来实现。
A. 修改主题　　　　　　　　　　　B. 修改母版
C. 修改背景样式　　　　　　　　　D. 以上三个都对
答案：D

4. 幻灯处放映过程中，单击鼠标右键，选择"指针选项"中的荧光笔，在讲解过程中可以进行写和画，其结果是（　　）。
A. 对幻灯片进行了修改
B. 对幻灯片没有进行修改
C. 写和画的内容留在幻灯片上，下次放映还会显示出来
D. 写和画的内容可以保存起来，以便下次放映时显示出来
答案：D

5. 幻灯片的主题不包括（　　）。
A. 主题动画　　　　B. 主题颜色　　　　C. 主题效果　　　　D. 主题字体
答案：A

6. 幻灯片中占位符的作用是（　　）。
A. 表示文本长度　　　　　　　　　B. 限制插入对象的数量
C. 表示图形大小　　　　　　　　　D. 为文本、图形预留位置
答案：D

7. 可以用拖动方法改变幻灯片的顺序是（　　）。
A. 幻灯片视图　　　　　　　　　　B. 备注页视图
C. 幻灯片浏览视图　　　　　　　　D. 幻灯片放映
答案：C

8. 如果希望在演示过程中终止幻灯片的演示，则随时可按的终止键是（　　）。
A. Delete　　　　　B. Ctrl+E　　　　C. Shift+C　　　　D. Esc
答案：D

9. 下面哪个视图中，不可以编辑、修改幻灯片（　　）。
A. 浏览　　　　　　B. 普通　　　　　C. 大纲　　　　　　D. 备注页
答案：A

二、判断题

T 表示正确，F 表示错误

1. PowerPoint 中不但提供了对文稿的编辑保护，还可以设置对节分隔的区域内容进行编辑限制和保护。
答案：F

2. PPT 文档保护可以对文件的内容进行加密，只要在"文件"菜单的"信息"选项中进行设置。
答案：T

3. PPT 文档保护可以对文件的内容进行加密。
答案：T

4. 当在一张幻灯片中将某文本行降级时，使该行缩进一个幻灯片层。
答案：F

5. 可以改变单个幻灯片背景的图案和字体。
答案：T

6. 演示文稿的背景色最好采用统一的颜色。
答案：T

7. 在 PowerPoint 中，旋转工具能旋转文本和图形对象。
答案：T

8. 在幻灯片母版设置中，可以起到统一标题内容作用。
答案：F

9. 在幻灯片母版中进行设置，可以起到统一整个幻灯片的风格的作用。
答案：T

10. 在幻灯片中，超链接的颜色设置是不能改变的。
答案：F

11. 在幻灯片中，剪贴图有静态和动态两种。
答案：T

12. 在幻灯片中，可以对文字进行三维效果设置。
答案：T

模块 4　Office 文档安全

一、单选题

1. Office 提供的对文件的保护包括（　　）。
A. 防打开　　　　　B. 防修改　　　　　C. 防丢失　　　　　D. 以上都是
答案：D

2. Office 文件获取数字签名方式包括（　　）。
A. 从商业认证机构　　　　　　　　　B. 从内部安全管理员
C. 使用 SELFCERT 程序　　　　　　　D. 以上都是
答案：D

3. 防止文件丢失的方法有（　　）。
A. 自动备份　　　　B. 自动保存　　　　C. 另存一份　　　　D. 以上都是
答案：D

4. 宏病毒的特点是（　　）。
A. 传播快、制作和变种方便、破坏性大和兼容性差
B. 传播快、制作和变种方便、破坏性大和兼容性好
C. 传播快、传染性强、破坏性大和兼容性好
D. 以上都是
答案：A

5. 宏代码也是用程序设计语言编写的，与其最接近的高级语言是（　　）。
A. Delphi　　　　　B. Visual Basic　　　C. C#　　　　　　　D. Java
答案：B

6. 宏可以实现的功能不包括（　　）。
A. 自动执行一串操作或重复操作　　　B. 自动执行杀毒操作
C. 创建定制的命令　　　　　　　　　D. 创建自定义的按钮和插件
答案：B

7. 下列对象中，不可以设置链接的是（　　）。
A. 文本上　　　　　B. 背景上　　　　　C. 图形上　　　　　D. 剪贴图上
答案：B

二、判断题

T 表示正确，F 表示错误

1. Office 的 Word 文档有两种密码，一种是打开密码，一种是文档保护密码。

答案：T

2. Office 中的宏很容易潜入病毒，即宏病毒。

答案：T

3. 按人员限制权限可以分为用户账户限制和文档的权限。

答案：T

4. 宏是一段程序代码，可以用任何一种高级语言编写宏代码。

答案：F

5. 可以用 VBA 编写宏代码。

答案：T

6. 如果文本从其他应用程序引入后，由于颜色对比的原因难以阅读，最好改变背景的颜色。

答案：F

7. 无须特别授权，可以直接对 Office 文件设置 IRM 功能。

答案：F

8. 用密码进行加密时，如果忘记设置的密码了，就无法使用此文档。

答案：T

9. 在 Office 的所有组件中，都可以通过录制宏来记录一组操作。

答案：F

10. 在 Office 的所有组件中，用来编辑宏代码的"开发工具"选项卡并不在功能区中，需要特别设置。

答案：T

11. 在保存 Office 文件时，可以设置打开或修改文件的密码。

答案：T

12. 在受保护的视图下打开的文档，所有人都不能编辑。

答案：T

主要参考文献

[1] 徐立新,李庆亮,李吉彪. 大学计算机基础[M]. 北京:电子工业出版社,2013.
[2] 吴建军. 大学计算机基础[M]. 杭州:浙江大学出版社,2013.
[3] 吴卿. 办公软件高级应用[M]. 杭州:浙江大学出版社,2012.
[4] 马文静. Office 2019办公软件高级应用[M]. 北京:电子工业出版社,2020.